现·代·农·药·应·用·技·术·丛·书

除草剂卷

（第二版）

周凤艳　孙家隆　主编

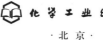

化学工业出版社

·北京·

内容简介

本书在第一版的基础上，简述了农田杂草发生特点、除草剂应用特点以及除草剂相关知识等基础内容，以除草剂品种为主线，详细介绍了当前主要除草剂品种信息及其应用技术，包括结构式（包含分子式、分子量和 CAS 登录号）、名称（化学名称、其他名称）、理化性质、毒性、剂型、作用机理、防除对象、使用方法、注意事项等内容。另外，在每个单剂品种后面，还重点介绍了主要复配制剂的应用技术，内容新颖实用，具有很强的指导性和适用性。

本书适合广大种植专业户、农药销售人员、农业技术员及从事除草剂应用技术研究、推广人员和农业院校相关专业的师生阅读。

图书在版编目（CIP）数据

现代农药应用技术丛书. 除草剂卷/周凤艳，孙家隆主编. —2 版. —北京：化学工业出版社，2021. 8（2023.8重印）
ISBN 978-7-122-39263-3

Ⅰ.①现… Ⅱ.①周… ②孙… Ⅲ.①除草剂-农药施用 Ⅳ.①S48

中国版本图书馆 CIP 数据核字（2021）第 105838 号

责任编辑：刘　军　孙高洁
文字编辑：李娇娇　陈小滔
责任校对：李雨晴
装帧设计：关　飞

出版发行：化学工业出版社（北京市东城区青年湖南街 13 号　邮政编码 100011）
印　　装：大厂聚鑫印刷有限责任公司
880mm×1230mm　1/32　印张 9½　字数 301 千字
2023 年 8 月北京第 2 版第 3 次印刷

购书咨询：010-64518888
售后服务：010-64518899
网　　址：http://www.cip.com.cn
凡购买本书，如有缺损质量问题，本社销售中心负责调换。

定　　价：38. 00 元

"现代农药应用技术丛书"编委会

主　　任：孙家隆

副 主 任：金　静　齐军山　郑桂玲　周凤艳

委　　员：（按姓名汉语拼音排序）

顾松东　郭　磊　韩云静　李长松

曲田丽　武　健　张　博　张茹琴

张　炜　张悦丽

本书编写人员名单

主　　编：周凤艳　孙家隆

副 主 编：武　健　韩云静　张　炜

编写人员：（按姓名汉语拼音排序）

高庆华　山东省滨州市农业农村局

韩云静　安徽省农业科学院

沈　艳　安徽省农业科学院

孙家隆　青岛农业大学

武　健　安徽省农业科学院

张　炜　青岛农业大学

张　勇　安徽省农业科学院

周凤艳　安徽省农业科学院

周振荣　安徽省当涂县农业技术推广服务中心

丛书序

本丛书自 2014 年初版以来，受到普遍好评。业界的肯定，实为对作者的鼓励和鞭策。

自党的十八大以来，全国各行各业在蒸蒸日上、突飞猛进地发展，一切都那么美好、祥和，令人欣慰。农药的研究与应用，更是日新月异，空前繁荣。

根据 2017 年 2 月 8 日国务院第 164 次常务会议修订通过的《农药管理条例》，结合新时代"三农"发展需要，"现代农药应用技术丛书"进行了全面修订。这次修订，除了纠正原丛书中不妥和更新农药品种之外，还做了如下调整：首先是根据国家相关法律法规，删除了农业上禁止使用的农药品种，并对限制使用的农药品种做了特殊的标注说明。考虑到当前农业生产的多元性，丛书在第一版的基础上增加了相当数量的农药新品种，特别是生物农药品种，力求满足农业生产的广泛需要。新版丛书入选农药品种达到 600 余种，几乎涵盖了当前使用的全部农药品种。再者是考虑到农业基层的实际需要，在具体品种介绍时力求简明扼要、突出实用性、加强应用技术和安全使用注意事项，以期该丛书具有更强的实用性。在《杀虫剂卷（第二版）》，还对入选农药品种的相关复配剂及应用做了比较全面的介绍。最后是为了读者便于查阅，对所选农药品种按照汉语拼音顺序编排，同时删除了杀鼠剂部分。

这套丛书，一如其他诸多书籍，表达了作者期待已久的愿望，寄托着作者无限的祝福，衷心希望该丛书能够贴近"三农"、服务"三农"，为"三农"蒸蒸日上、健康发展助力。

本书再版之际，首先衷心感谢化学工业出版社的大力支持以及广大读者的关心和鼓励。

农药应用技术发展极快，新技术、新方法不断涌现，限于作者的水平和经验，这次修订也只能从当前比较成熟的实用资料中做一些选择与加工，难免有疏漏之处。恳请广大读者提出宝贵意见，以便在重印和再版时作进一步修改和充实。

孙家隆

2020 年 10 月

前言

农田杂草是农业生产中的主要生物灾害，由于除草剂的防除对象是杂草这一与作物相近的植物，因而其使用技术比其他农药更复杂，在施用时需要更加谨慎。只有合理有效地施用除草剂，才能保证对作物的安全性，进而保障农业生产安全。为了适应农业生产的需要，特别是为了响应基层农业技术人员和除草剂经销人员的要求，我们参阅了多种专业技术著作和科普网站，收集了近年来除草剂使用方面的最新资料，在此基础上，对原版书籍进行了修改编写。

本修订版根据目前国内除草剂的管理、登记使用情况，删除了上一版中已被禁用或限制使用的除草剂，增加了近五年来新研发和推广使用的新品除草剂，共计159种。每一种除草剂收录了较为详细的信息，包括中文通用名称、英文通用名称、商品名称、其他名称、化学名称、结构式、CAS登记号、分子式、分子量、理化性质、毒性、剂型、作用方式与机理、适用作物、防除对象、使用方法、注意事项等方面，供农业科技人员和农业生产人员查阅。研究生张维杰校对了全部书稿，并进行了格式调整，其专注而又勤奋的学问精神值得肯定与赞扬。

本书编写过程中得到了国家重点研发计划子课题（2016YFD0201305）的支持，在此表示诚挚的谢意。由于作者水平所限，书中不妥之处在所难免，敬请读者批评指正。

编者

2020 年 12 月

第一版前言

农田杂草防除已成为农业生产中的重要内容，如果杂草防除不及时，不但要增加更多的投入，如二次除草、人工除草等，还会影响农作物的产量和农产品质量，严重影响农业发展和农民收入，而科学选择除草剂与合理配方是除草的关键。为了适应农业生产的需要，特别是基层农业技术人员和除草剂经销人员的要求，我们参阅多种专业技术著作和科普网站上的相关资料；同时，还咨询了多名国内除草剂方面的知名专家，征求了国内外一些除草剂企业和经销商的意见，在此基础上，编写了本书。

本书主要收集了当前国内外广泛使用的 156 个除草剂品种，并按照化学结构（如氨基甲酸酯类、苯氧羧酸类、二硝基苯胺类、环己烯酮类、二苯醚类、取代脲类和磺酰脲类、酰胺类、有机磷类以及杂环类等）分类，每一种除草剂品种均做了较为详细的介绍，如中文通用名称、英文通用名称、其他名称、化学名称、结构式、CAS 登记号、分子式、分子量、理化性质、毒性、剂型、作用方式与机理、适用作物、防除对象、使用方法、注意事项、登记情况及生产厂家和开发单位等方面，内容丰富，可操作性极强，非常适合农业科技人员和农业生产人员查阅。

本书编写过程中得到了安徽省农业科学院王振荣研究员的悉心指导和"农田有害生物抗药性监测与治理"创新团队项目（12C1105）的资助，在此表示诚挚的谢意。同时也对参与部分编写工作的浙江省化工院唐伟博士、安徽农业大学樊翠翠，以及参与校稿的河南科技大学王义虎同志一并表示感谢。

由于作者水平所限，加之时间仓促，书中疏漏与不妥之处在所难免，欢迎广大同行和使用者不吝赐教。

编者
2013 年 12 月

目 录

第一章

通 论

第一节　农田杂草的发生特点

随着农业的不断发展，对杂草的认识和防除也越来越受到人们的重视。农田杂草具有同农作物不断竞争的能力，在自然条件下，更能适应复杂多变，甚至是不良的生长环境。杂草与农作物的长期共生和适应，导致其具有多种多样的生物学特性及发生规律。因此了解农田杂草的生物学特性及发生规律，就可能了解到杂草在农作物生长过程中的薄弱环节，对制订科学的杂草治理策略和防除技术有重要的理论和实践指导意义。

一、杂草的定义和危害

1. 杂草的定义及杂草的演化历史

杂草是指人类有目的栽培的植物以外的植物，一般是非栽培的野生植物或对人类无用的植物。广义的杂草定义则是指对人类活动不利或有害于生产场地的一切植物，主要为草本植物，也包括部分小灌木、蕨类及藻类。从生态观点来看，杂草是在人类干扰的环境下起源、进化而形成的，既不同于作物又不同于野生植物，它是对农业生产和人类活动均有多种影响的植物。农田杂草则是指生长在农田中非人类有目的栽培的植物，也就是说农作物田中除有意识栽培的农作物以外的所有植物都是杂草。比如夏玉米田里的稗草、狗尾草、马齿苋等野生植物是杂草，同时小麦的自生苗同样也是杂草。

2. 农田杂草的危害

农田杂草是农业生产中的一大类生物灾害，据统计，世界每年因杂草危害造成的农作物产量损失为 10%～15%。杂草主要是通过与农作物争夺生长资源及化感作用等抑制农作物的生长发育而导致农作物减产，因此要提高人们对杂草在农业上危害的认识。

① 与农作物争夺肥、水、光、生长空间　杂草是无孔不入的，从土壤表层到深层、从作物行内到行间、从农田到渠道，充斥于一切场所，使土壤、水域、农产品等受到严重的污染，使作物生长环境恶化。据测定，连作多年的稻田，每千克稻谷中混有稗草种子 1000～1300 粒，扁秆蔍草种子 200～400 粒；眼子菜严重的稻田，每亩（1 亩 ＝ 666.7m²）地上部有草株鲜重 1t，干重 104kg，使稻田 1～2cm 表层温度降低 1℃。许多杂草根系发达，吸收能力强，苗期生长速度快，光合效率高，营养生长能快速向生殖生长过渡，具有干扰农作物的特殊性能，夺取水分、养分和光照的能力比农作物大得多，从而影响农作物的生长发育。

② 是农作物病害、虫害的中间寄主和越冬场所　例如稗草是稻飞虱、黏虫、稻细菌性褐斑病的寄主；刺儿菜是棉蚜、地老虎、向日葵菌核病等的寄主。如棉蚜先在刺儿菜、车前草等杂草上越冬，然后为害棉花。小蓟、田旋花等都是小麦丛矮病的传播媒介等。

③ 降低农作物产量和质量　如水稻夹心稗对产量影响非常明显，实验证明，每穴水稻夹有一株稗草时可减产 35.5%，两株稗草时可减产 62%，三株时可减产 88%；又如，每平方米有马唐 20 株时，可使棉花减产 82%，有 20 株千金子，减产 83%。据统计，普通年份因杂草为害可减产 10%～15%，重者减产 30%～50%。

④ 增加管理用工和生产成本　每年全世界都要投入大量的人力、

物力和财力用于防除杂草。据初步统计，目前我国农村大田除草用工占田间劳动 1/3～1/2，如草多的稻田、棉田每亩用于除草的往往超过 10 个工。这样，全国每年用于除草的劳动日为 50 亿～60 亿个。

⑤ 影响人畜健康　有些杂草的根、茎、叶、种子含有毒素，掺杂作物中会影响人畜健康。如毒麦，混入小麦磨成的面粉，人食后有毒害作用，轻者引起头晕、恶心、呕吐，重者发生昏迷，更为严重者可致死。

⑥ 影响农田水利设施安全　灌溉渠内长满了杂草，容易堵塞水渠，影响正常的排水、灌溉。

二、杂草的分类

1. 按形态学特征分类

根据杂草的形态特征，常将杂草分为三大类。许多除草剂的选择性就是从杂草的形态获得的。

① 禾草类　主要包括禾本科杂草。其主要形态特征有：茎圆形或略扁，具节，节间中空；叶鞘不开张，常有叶舌；叶片狭窄而长，平行叶脉，叶无柄；胚具有 1 片子叶。

② 莎草类　主要包括莎草科杂草。茎三棱形或扁三棱形，无节，茎常实心。叶鞘不开张，无叶舌。叶片狭窄而长，平行叶脉，叶无柄。胚具有 1 片子叶。

③ 阔叶草类　包括所有的双子叶植物杂草及部分单子叶植物杂草。茎圆形或四棱形，叶片宽阔，具网状叶脉，叶有柄。胚具有 2 片子叶。

2. 按生物学特性分类

① 一年生杂草　一年生杂草是农田的主要杂草类群，如稗、马唐、萹蓄、藜、狗尾草、碎米莎草、异性莎草等，种类非常多。一般在春、夏季发芽出苗，到夏、秋季开花，结实后死亡，整个生命周期在当年内完成。这类杂草都以种子繁殖，幼苗、根、茎不能越冬。

② 二年生杂草　二年生杂草又称越年生杂草，一般在夏、秋季发芽，以幼苗和根越冬，次年夏、秋季开花，结实后死亡，整个生命周期需要跨越两个年度。如野胡萝卜、看麦娘、波斯婆婆纳、猪殃殃等，多危害夏熟作物田。

③ 多年生杂草　多年生杂草一生中能多次开花、结实，通常第一年只生长不结实，第二年起结实。多年生杂草除能以种子繁殖外，还可

利用地下营养器官进行营养繁殖。如车前草、蒲公英、狗牙根、田旋花、水莎草、扁秆藨草等，可连续生存3年以上。

④ 寄生杂草　寄生杂草如菟丝子、列当等是不能进行或不能独立进行光合作用合成养分的杂草，即必须寄生在别的植物上靠特殊的吸收器官吸取寄主的养分而生存。半寄生杂草含有叶绿素，能进行光合作用，但仍需从寄主吸收水分、矿物养分等部分必需营养，如桑寄生和独脚金。

3. 按生态学特性分类

根据杂草生长的环境不同，可将杂草分为旱田杂草和水田杂草两大类。据杂草对水分适应性的差异，又可分为如下6类。

① 旱生型　旱生型杂草如马唐、狗尾草、反枝苋、藜等多生于旱作物田中及田埂上，不能在长期积水的环境中生长。

② 湿生型　湿生型杂草如稗草、鳢肠等喜生长于水分饱和的土壤，能生长于旱田，不能长期生存在积水环境中。若田中长期积水，幼苗则死亡。

③ 沼生型　沼生型杂草如鸭舌草、节节菜、萤蔺等的根及植物体的下部浸泡在水层，植物体的上部挺出水面。若缺乏水，植株生长不良甚至死亡。

④ 沉水型　沉水型杂草如小茨藻、金鱼藻等植物体全部浸没在水中，根生于水底土中或仅有不定根生长于水中。

⑤ 浮水型　浮水型杂草如眼子菜、浮萍等植物体或叶漂浮于水面或部分沉没于水中，根不入土或入土。

⑥ 藻类型　藻类型如水绵等低等绿色植物，全体生于水中。

三、杂草防治方法

杂草防治是将杂草对人类生产和经济活动的有害性降低到人们能够承受的范围之内。杂草防治的方法很多，归纳起来大致包括以下几种方式：

（1）物理防治　物理防治是指用物理性措施或物理性作用力，如机械、人工等，导致杂草个体或器官受伤受抑或致死的杂草防除方法。物理防治对作物、环境等安全、无污染，同时还兼有松土、保墒、培土、追肥等有益作用。

（2）农业防治　农业防治是指利用农田耕作、栽培技术和田间管理措施等控制和减少农田土壤中杂草种子的基数，抑制杂草的成苗和生长，减少草害，降低农作物产量和质量损失的杂草防治策略。

（3）化学防治　化学防治是一种应用化学药剂（除草剂）有效治理杂草的快捷方法。具有广谱、高效、选择性强的特点，是目前杂草防治的主要方法。

（4）生物防治　生物防治是利用不利于杂草生长的生物天敌，像某些昆虫、病原真菌、细菌、病毒、线虫、食草动物或其他高等植物来控制杂草的发生、生长蔓延和危害的杂草防治方法。

另外，杂草防治方法还有生态防治、杂草检疫等方法，以上方法为农业丰收、作物高产做出了贡献。

四、主要作物田常见杂草类型及特点

作物田中杂草主要特点如下。

① 结实量大，落粒性强，所产生的种子数量通常是农作物的几十倍、数百倍甚至更多，数量巨大。如苋和藜每株能结出 2 万～7 万粒种子。

② 传播方式多样，如刺儿菜、泥胡菜、苣荬菜的种子有绒毛和冠，可借助风力将种子传播到很远的距离；茵草、野燕麦、稗草的种子可随水流传播等。

③ 种子寿命长，在田间存留时间长，如藜的种子在土壤中埋藏 20～30 年后仍能发芽，稗草种子经牲畜食用过腹排出后，在 40℃ 厩肥中经过 1 个月仍能发芽。灰绿藜、碱蓬等能在盐碱地上生长等。

④ 成熟和发芽出苗时期不一致，杂草种子的成熟期比农作物早，通常是边开花，边结实，边成熟，随成熟随脱落在田间，一年可繁殖数代。如小藜在黄淮海流域内，每年 4 月下旬至 5 月初开花，5 月下旬果实成熟，一直到 10 月份仍能开花结实。大部分杂草出苗不整齐，如荠菜、藜等除冷热季节外，其他季节均可出苗开花。马唐、狗尾草、牛筋草、龙葵等 4～8 月均可出苗生长，危害农田。

⑤ 适应性强，可塑性强，抗逆性也强。生态条件苛刻时，生长量极小，而条件适宜时，生长极繁茂，且都会产生种子，一年生杂草可大量种子繁殖。一些多年生杂草，不但可以产生种子，而且还可以通过根、茎（根状茎、块根、球茎、鳞茎）等器官进行营养繁殖，如刺儿菜是根芽繁殖，芦苇、白茅是根茎繁殖，加拿大一枝黄花地下茎可越冬繁殖等。

⑥ 拟态性，与作物伴生，例如稗草伴随水稻，野燕麦伴随小麦。

1. 稻田常见杂草类型及特点

水稻是我国主要粮食作物之一，种植面积为 4.5 亿亩，但稻田杂草发生危害面积逐年扩大。根据地理位置和水稻生产的特点可划分为南方稻区和北方稻区，由于各个地区的气候和土壤条件、耕作制度和耕作习惯不同，又将稻区分成 6 个带。

（1）华南双季稻作带 南亚热带三熟区或早晚稻双季连作。主要杂草有稗草、扁秆藨草、牛毛草、鸭舌草、异型莎草、水龙、草龙、丁香蓼、圆叶节节菜、日照飘拂草、四叶萍、眼子菜、野慈姑、矮慈姑、尖瓣花等。常见的杂草群落组成类型为：稗草＋异型莎草＋草龙、稗草＋水龙＋圆叶节节菜、稗草＋异型莎草＋圆叶节节菜＋水龙、日照飘拂草＋圆叶节节菜＋稗草、矮慈姑＋尖瓣花＋野慈姑等。

（2）华中单双季稻作带 中北部亚热带。一季稻与小麦或油菜等复种，或连作双季稻一年二熟，是最大的水稻产区。主要杂草有稗草、鸭舌草、异型莎草、扁秆藨草、牛毛草、萤蔺、节节菜、鳢肠、水莎草、千金子、陌上菜、泽泻、水苋菜、双穗雀稗、空心莲子草、眼子菜、四叶蘋等。常见的群落组成类型为：稗草＋异型莎草＋鸭舌草＋水苋菜、稗草＋扁秆藨草、稗草＋水莎草、鸭舌草＋稗草＋矮慈姑、千金子＋稗草＋矮慈姑、异型莎草＋牛毛草＋稗草、稗草＋异型莎草＋水苋菜＋矮慈姑、鸭舌草＋稗草＋四叶萍＋空心莲子草、稗草＋眼子菜＋空心莲子草、水苋菜＋稗草＋节节菜、异型莎草＋节节菜＋牛毛毡、野慈姑＋双穗雀稗＋稗草、扁秆藨草＋鳢肠＋千金子＋稗草、空心莲子草＋稗草＋节节菜等。

（3）华北单季稻作带 暖温带。主要杂草有稗草、异型莎草、扁秆藨草、野慈姑、萤蔺、泽泻、节节菜、鳢肠、鸭舌草等。常见的群落组成类型为：稗草＋异型莎草＋扁秆藨草、水莎草＋稗草＋异型莎草、水苋菜＋稗草＋异型莎草、鸭舌草＋稗草＋异型莎草、鸭舌草＋牛毛毡＋稗草、鸭舌草＋牛毛毡＋眼子菜、野慈姑＋鸭舌草＋稗草、水苋菜＋鳢肠＋水莎草等。

（4）东北早熟稻作带 寒温带，一季稻。主要杂草有稗草、眼子菜、萤蔺、扁秆藨草、日本藨草、雨久花、狼杷草、小茨藻、沟繁缕、野慈姑、母草、水葱、泽泻等。常见的杂草群落组成类型为：稗草＋扁秆藨草＋野慈姑、稗草＋扁秆藨草＋水莎草、稗草＋扁秆藨草＋牛毛毡、稗草＋扁秆藨草＋牛毛毡＋眼子菜等。

（5）西北干燥区稻作带　典型大陆性气候，早熟单季稻。主要杂草有稗草、毛鞘稗、扁秆藨草、碎米莎草、眼子菜、角茨藻、泽泻、芦苇、香蒲、轮藻、草泽泻、水绵等。常见的群落组成类型为：稗草＋芦苇＋扁秆藨草、芦苇＋稗草＋草泽泻、轮藻＋芦苇＋扁秆藨草。

（6）西南高原稻作带　一季早稻或一季中稻。主要杂草有稗草、牛毛毡、异型莎草、眼子菜、滇藨草、小茨藻、陌上菜、沟繁缕、耳基水苋、鸭舌草、野荸荠、水莎草、矮慈姑等。常见的杂草群落组成类型为：鸭舌草＋稗草＋眼子菜、眼子菜＋稗草、稗草＋异型莎草＋小茨藻等。

2. 麦田常见杂草及特点

麦类是我国主要粮食作物，包括小麦（冬小麦和春小麦）、大麦（冬大麦和春大麦）、黑麦和元麦（青稞）。种植面积和总产量仅次于水稻，是第二大粮食作物。

由于地理环境、气候条件和栽培条件的不同，杂草的种类和习性也有很大的区别。东北及内蒙古自治区东部春麦区主要杂草有：卷茎蓼、藜、野燕麦、苣荬菜、本氏蓼、大刺儿菜、鼬瓣花、野荞麦、问荆等。常见的杂草群落组成类型为：卷茎蓼＋藜＋问荆、问荆＋卷茎蓼＋藜、本氏蓼＋问荆＋卷茎蓼、绿狗尾＋大马蓼＋本氏蓼、野燕麦＋大马蓼＋本氏蓼、苣荬菜＋绿狗尾＋藜等。

青海、西藏春麦区主要杂草有：野燕麦、猪殃殃、田旋花、藜、密穗香薷、荠冀、卷茎蓼、薄蒴草等。常见的杂草群落组成类型为：野燕麦＋藜＋密穗香薷、密穗香薷＋野燕麦＋藜、荠其＋田旋花、薄蒴草＋密穗香薷＋野燕麦等。

新疆、甘肃的春麦区主要杂草有：野燕麦、田旋花、芦苇、野芥菜、苣荬菜等。常见的杂草群落组成类型为：田旋花＋野燕麦＋藜、野燕麦＋田旋花、芦苇＋苣荬菜＋藜、萹蓄＋藜＋田旋花等。

北方冬麦区，主要位于黄淮海地区，包括长城以南至秦岭、淮河以北，播种面积占全国麦田50％左右，主要杂草有：葎草、藜、播娘蒿、荠菜、萹蓄、米瓦罐、打碗花、野燕麦、猪殃殃等。河南中北部，河北、山东大部，晋中南和陕西关中麦区常见的杂草群落组成类型为：葎草＋田旋花、大马蓼＋萹蓄、田旋花＋荠菜＋萹蓄、播娘蒿＋萹蓄＋小藜、小藜＋大马蓼＋萹蓄等。陕西和山西中北部黄土高原至长城以南麦区常见的杂草群落组成类型为：刺儿菜＋小藜＋独行菜＋鹤虱、鹤虱＋离子草＋糖芥等。

南方冬麦区，地处秦岭、淮河以南，大雪山以东地区，主要杂草有：看麦娘、大马蓼、牛繁缕、碎米莎、猪殃殃、棒头草、硬草、雀麦等。广州至福建一带麦区常见的杂草群落组成类型为：看麦娘＋牛繁缕＋大马蓼＋芫荽菊、看麦娘＋牛繁缕＋大马蓼＋野燕麦、野燕麦＋看麦娘＋牛繁缕、胜红蓟＋牛繁缕＋看麦娘、碎米莎＋看麦娘＋裸柱菊、雀舌草＋看麦娘＋裸柱菊等。福建、两广北部至浙江、江西、湖南中部麦区常见的杂草群落组成类型为：看麦娘＋牛繁缕＋雀舌草＋碎米莎、看麦娘＋雀舌草＋牛繁缕＋碎米莎、春蓼＋看麦娘＋牛繁缕＋雀舌草等。浙江、江西、湖南、四川北部至秦岭、淮河以南麦区常见的杂草群落组成类型为：牛繁缕＋看麦娘＋硬草、棒头草＋硬草＋牛繁缕、硬草＋牛繁缕＋萹蓄等。

3. 油菜田常见杂草及特点

油菜是我国五大油料作物之一，2018～2019年度我国油菜种植面积为1亿亩。其中冬油菜产区主要分布在四川、安徽、湖南、湖北、江苏、浙江、贵州、上海、河南和陕西等地区，面积和产量约占全国的90％。春油菜产区主要分布在青海、新疆、内蒙古和甘肃等地，面积和产量约占全国的10％。

油菜田主要杂草：看麦娘、日本看麦娘、稗草、千金子、棒头草、早熟禾等禾本科杂草；繁缕、牛繁缕、雀舌草、碎米莎、通泉草、猪殃殃、大巢菜、小藜、波斯婆婆纳等阔叶杂草。稻茬冬油菜田以看麦娘和日本看麦娘为最多。

4. 玉米田常见杂草及特点

玉米是我国主要的粮食作物，一般为春播、夏播和与小麦套播，2017年玉米播种面积达6.36亿亩。黑龙江、吉林、辽宁、内蒙古、新疆主要是春玉米，黄淮海地区主要是夏玉米。据报道全国玉米面积约1/2受到不同程度的草害。主要杂草如稗、马唐、野燕麦、牛筋草、千金子、藜、苋、反枝苋、马齿苋、狗尾草、画眉草、铁苋菜、龙葵、苍耳、苘麻、打碗花、田旋花、小蓟、苣荬菜、曼陀罗、胜红蓟等。若玉米田不除草，可减产50％以上。

5. 大豆田常见杂草及特点

全国各地均栽培大豆，总面积约1.2亿亩，但主要集中在黑龙江、吉林、辽宁、河北、河南、山东、江苏和安徽等省，其种植面积和产量分别占全国种植面积和总产的75％～80％。大豆草害面积平均在80％

左右，每年损失大豆占总产量的 9%～14%。

东北春大豆生产区，主要优势杂草有稗草、卷茎蓼、问荆、鸭跖草、本氏蓼、苘麻、绿狗尾、藜、马齿苋、铁苋菜等。黄淮海夏大豆生产区的主要害草有马唐、牛繁缕、绿狗尾、金狗尾、反枝苋、鳢肠等。长江流域大豆生产区的主要杂草有千金子、稗草、牛筋草、碎米莎草、凹头苋等。华南双季大豆区的主要杂草有：马唐、稗草、牛筋草、碎米莎草、胜红蓟等。

6. 棉花田常见杂草及特点

棉花是我国主要的经济作物之一，2018 年种植总面积约 335.4 万公顷。根据棉区的生态条件和棉花生产特点分为五大棉区。

（1）黄河流域棉区　占全国种植面积 50%。主要杂草为马唐、绿狗尾、旱稗、反枝苋、马齿苋、凹头苋、藜、龙葵、田旋花、小蓟等，5 月中、下旬形成出草高峰，7 月随雨季的到来形成第二高峰。

（2）长江流域棉区　占全国种植面积近 40%。主要杂草为马唐、牛筋草、千金子、狗尾草、旱稗、双穗雀稗、狗牙根、鳢肠、小旋花、小蓟、繁缕、酸模叶蓼、藜、香附子等，5 月中左右形成出草高峰，6 月中至 7 月初形成第二高峰。湿度大时杂草相对密度高、危害重。

（3）西北内陆棉区　为内陆干旱气候，光照充足，昼夜温差大，灌溉棉区主要杂草为马唐、田旋花、铁苋菜、藜、西伯利亚蓼等，5 月中旬为第一出草高峰，7 月上旬至 8 月初为第二出草高峰。

（4）华南棉区　温度高，无霜期长，但商品棉较少。主要杂草为稗草、马唐、千金子、胜红蓟、香附子、辣子草、蓼等。生长季节因多雨、土壤湿度大，草害重。

（5）北部特早熟棉区　年平均温度较低，6～10℃之间，无霜期短，春天霜期持续较长，只能种特早熟棉，种植面积最小。主要杂草为稗草、马唐、铁苋菜、鸭跖草、荞麦蔓、马齿苋、反枝苋、藜、蓼等。

第二节　除草剂应用特点

化学除草是现代化农业的主要标志之一，它具有节省劳力、除草及时、经济效益高等特点。

农田化学除草的应用可以追溯到 19 世纪末期，1895 年，法国葡萄种植者 Bonnet 在防治欧洲葡萄霜霉病时，观察到波尔多液中的 $CuSO_4 \cdot H_2O$ 对野胡萝卜、芥菜等十字花科杂草有杀灭作用，但不伤害禾谷类作物。这一偶然发现成为农田化学除草的开端。与此同时，美国、英国、德国、法国发现并使用硫酸铜、硫酸亚铁、氯酸钠等防除小麦田杂草。此阶段可以说是无机化学除草阶段，当然不但药剂用量大，而且效果也不理想。直到 1932 年选择性除草剂二硝酚与地乐酚的发现，使除草剂由无机物向有机物转化。1942 年内吸性除草剂 2,4-滴的发现，真正开始了除草剂的新阶段，大大促进了有机除草剂工业的迅速发展。由于 2,4-滴选择性强、杀草活性高、合成相对简单、生产成本低而且对人、畜毒性小而在农业生产中迅速推广，成为 20 世纪农业中的重大发现之一。此后，许多化学公司竞相开发新的除草剂，促进了多种新型、高效除草剂诞生与推广。1971 年合成的草甘膦，具有杀草谱广、对环境无污染的特点，是有机磷除草剂的重大突破。加之多种新剂型和新使用技术的出现，使除草效果大为提高。从 1980 年起，除草剂市场份额占农药总销售额的 41%，超过了杀虫剂，而跃居三大类农药榜首。

2000 年以来，我国杂草防控进入了以除草剂为主的时代，主要作物田化学除草面积率达 100%，每年使用除草剂有效成分达 8 万吨以上。

一、除草剂的使用

如果除草剂是被植物的根或正在萌发的芽吸收，那么必须在杂草出苗前施药于土壤；有些除草剂主要是由植物的地上部吸收，则须喷施在出苗杂草上；有些除草剂在土壤中被吸附或迅速降解，而失去活性；有些除草剂则在土壤中较稳定，能在很长时间内保持活性。所以，除草剂的除草效果在很大程度上取决于除草剂的作用特性和使用技术。

除草剂的正确使用方法应遵循两个原则：一是应能让杂草充分接触除草剂，并最大程度地吸收药剂；二是尽量避免或减少作物接触药剂的机会，保证除草剂的施用有效、安全、经济。如果使用方法不当，不但除草效果差，有时还会引起药害。因此，了解除草剂喷施技术的原理和方法非常重要。

除草剂的施用方法较多，对作物而言，除草剂可在作物种植前施用，可在作物播后苗前施用，或在作物出苗后施用；对杂草而言，除草剂可在杂草出苗前进行土壤处理，或在杂草出苗后进行茎叶处理。有的除草剂在作物苗后不能满幅喷施，必须用带有防护罩的喷雾器在作物行间定向喷施到杂草上。

1. 土壤处理

土壤处理即在杂草未出苗前，将除草剂喷撒于土壤表层或喷撒后通过混土操作将除草剂混入土壤中，建立起一层除草剂封闭层，也称土壤封闭处理。除草剂土壤处理除了利用生理生化选择性外，也利用时差或位差选择性除草保苗。

土壤处理剂的药效和对作物的安全性受土壤的类型、有机质含量、土壤含水量和整地质量等因素影响。由于沙土吸附除草剂的能力比壤土差，所以，除草剂的使用量在沙土地应比在壤土地少。从对作物的安全性来考虑，施用于沙土地中的除草剂易被淋溶到作物根层，从而产生药害，所以，在沙土地中使用除草剂要特别注意，掌握好用药量，以免发生药害。整地质量好，土壤颗粒小，有利于喷施的除草剂形成连续完整的药膜，提高封闭作用。常用处理方法如下：

① 种植前土壤处理　种植前土壤处理是在播前或移栽前，杂草未出苗时喷施除草剂或拌毒土撒施于田中。施用易挥发或易光解的除草剂（如氟乐灵）还须混土。有些除草剂虽然挥发性不强，但为了使杂草根部接触到药剂，施用后也混土，以保证药效，混土深度一般为 4～6cm。

② 播后苗前土壤处理　播后苗前土壤处理是在作物播种后和杂草出苗前将除草剂均匀喷施于地表。适用于能被杂草根和幼芽吸收的除草剂，如酰胺类、三氮苯类和取代脲类除草剂等。

③ 混土施药法　此种施药方法能使药剂被杂草根、胚芽鞘和下胚轴等部位吸收，特别是易于挥发、光解的除草剂应采用混土施药法。混土施药法是将除草剂施于土壤表面，然后用圆盘耙、耕耘机、旋转锄、钉齿耙等农用工具进行耙地混土，将药剂与土壤均匀混合，以避免或减少除草剂的挥发和光解，从而达到防除杂草、提高效率和延长持效期的目的，如氟乐灵等。

④ 作物苗后土壤处理　在作物苗期，杂草还未出苗时将除草剂均匀喷施于地表。如在移栽稻田，移栽后 5～7d 撒施丁草胺颗粒剂；又如在华北地区的麦套玉米田，小麦收获后喷施乙·莠悬乳剂。施药时，玉米已出苗，而绝大部分杂草还未出苗。

2. 茎叶处理

茎叶处理是将除草剂药液均匀喷洒于已出苗的杂草茎叶上。茎叶处理除草剂主要是通过形态结构和生理生化选择来实现除草保苗的。

茎叶处理受土壤的物理、化学性质影响小，可看草施药，具灵活、机动性，但持效期短，大多只能杀死已出苗的杂草。有些苗后处理除草剂（如芳氧苯氧基丙酸类除草剂）的除草效果受土壤含水量影响较大，在干旱时除草效果下降。把握好茎叶处理的施药时期是发挥良好除草效果的关键，施药过早，大部分杂草尚未出土，难以收到良好效果；施药过迟，杂草对除草剂的耐药性增强，除草效果也下降。

除草剂施用可根据实际需要采用不同的施用方式，如满幅、条带、点片、定向处理等。在农田作物生长期施用灭生性除草剂时，如在玉米、棉花地施用草甘膦，一定要采用定向喷雾，通过控制喷头的高度或在喷头上装一个防护罩，控制药液的喷洒方向，使药液接触杂草或土表而不触及作物。

涂抹施药法是选用内吸性传导性强的除草剂，利用其位差选择原理，以高浓度的药液通过一种特制的涂抹装置，将除草剂涂抹到杂草植株上，通过杂草茎叶吸收和传导，使药剂进入杂草体内。因此只要杂草局部器官接触到药剂就能起到杀草作用。

3. 其他处理方法

① 超低容量喷雾法　超低容量喷雾法是一种飘移积累性喷雾法，药液的雾化并非借助泵压形成，而是经过高速离心力的作用，因而雾滴直径甚小，仅 $100\mu m$ 左右。这样细小的雾滴不仅能在植物正面展布，而且也能在植物叶片背面均匀沾着。超低容量喷雾由于药效的浓度较高，故消耗的药液较少，节省用药，提高工效。但是除草剂应用时，一般不采用超低容量喷雾法，原因是药效的浓度较高，使用安全性差，除草剂易产生药害。

② 秋季施药法　土壤处理除草剂的持效期易受挥发、光解、化学和微生物降解、淋溶、土壤胶体吸附等因素影响，其中化学和微生物降解、挥发、光解是主要影响因素。东北地区冬季严寒，微生物基本不活动，秋施除草剂到第二年解冻前降解是极其微小的，是防除第二年春季杂草的有效措施。

秋施药优点：a.春季杂草萌发就能接触到药剂，因此防除野燕麦等早春杂草效果好；b.春季施药时期，即 4 月下旬至 6 月初，大风日数多，占全年大风日数的 45% 左右，空气相对湿度是全年最低的时期，药剂飘移和挥发损失大，对土壤保墒不利；c.缓冲了春季机械力量紧张的局面，争取农时；d.增加了对作物的安全性，如秋施氟乐灵对大豆根部的抑制作用比春施轻，因此秋施氟乐灵的大豆田保苗和产量比春施高。

秋施除草剂的技术特点：a.施药前土壤达播种状态，地表无大土块和植物残株。切不可将药施后的混土耙地代替施药前整地。b.施药要均匀。施药前要把药械调整好，使其达到流量准确，雾化良好，喷雾均匀。c.混土要彻底。施药后 2h 内混土，可采用双列圆盘耙，车速不能低于 6km/h，车速越快，混土效果越好，混土深度 5~7cm。

③ 航空施药法　航空化学除草是用飞机喷洒除草剂，具有喷洒均匀、效率高、防效好、抢农时等优点。飞机喷洒农药由于雾化好，覆盖均匀，使用浓度高，能充分发挥药剂触杀作用，同样用药量比地面人工和机械喷洒药效好，可节省除草剂。

除 2,4-滴、异噁草酮易挥发飘移，不易用飞机喷洒外，大多数苗前土壤处理除草剂均可用飞机喷洒。苗后茎叶处理除草剂，喷施时要注意除草剂飘移药害。

二、除草剂的剂型和使用的基本原则

（一）除草剂的剂型

由于大部分合成的除草剂原药不能直接施用，须在其中加入一些助剂（如溶剂、填充料、乳化剂、润湿剂、分散剂、黏着剂、抗凝剂、稳定剂等）制成一定含量的适合使用的制剂形态即剂型。据此，除草剂常见的剂型有以下几种：

① 可湿性粉剂（wettable powder，WP）　可湿性粉剂是原药同填充料（如碳酸钙、陶土、白瓷土、滑石粉、白炭黑等）和一定量的润湿剂及稳定剂混合磨制成的粉状制剂。可湿性粉剂易被水润湿，可均匀分散或悬浮于水中，宜用水配成悬浮液喷雾，使用时要不断混匀药液，也可拌成毒土撒施。

② 颗粒剂（granule，GR）　颗粒剂是由原药加辅助剂和固体载体制成的粒状制剂，多用于水田撒施，遇水崩解，有效成分在水中扩散、分布全田而形成药层。该剂型使用简便、安全。此外，水溶性除草剂如草甘膦可制成水溶性颗粒剂（water soluble granule，SG or WSG），其

用水稀释后可得到较长时间稳定的几乎透明的液体。

③ 水剂（aqueous solution，AS）　水剂是水溶性的农药溶于水中，加入一些表面活性剂制成的液剂，如20%2甲4氯水剂、48%灭草松水剂等，使用时兑水喷雾。

④ 可溶粉剂（water soluble powder，SP）　可溶粉剂是指在使用浓度下，有效成分能迅速分解而完全溶解于水中的一种剂型，外观呈流动性粉粒。此种剂型的有效成分为水溶性，填料可以是水溶性，也可以是非水溶性，如10%甲磺隆可溶粉剂。

⑤ 乳油（emulsifiable concentrate，EC）　原药加乳化剂和溶剂配制成的透明液体。加水后，分散于水中呈乳液状。此剂型脂溶性大、吸附力强，能透过植物表明的蜡质层，最适宜做茎叶喷雾。

⑥ 悬浮剂（suspension concentrate，SE）　悬浮剂是难溶于水的固体农药以小于5μm的颗粒分散在液体中形成的稳定悬浮糊剂（水性悬浮剂 suspension concentrate，SC/flowable，FL）与浓乳剂混合后制成的。它是将固体和亲油性农药，加入适量的润湿剂、分散剂、增稠剂、防冻剂、消泡剂和水，经湿磨而成。使用前用水稀释。质量好的悬浮剂在长期贮藏后不分层、不结块，用水稀释后易分散、悬浮性好。有的悬浮剂农药品种在贮藏后会出现分层现象，使用前应充分摇匀。

⑦ 水乳剂（emulsion，oil in water，EW）　是指亲油性有效成分以浓厚的微滴分散在水中呈乳液状的一种剂型，俗称水包油。该种剂型基本不用有机溶剂，因而比乳液安全，对环境影响小，如6.9%精噁唑禾草灵浓乳剂。有些除草剂也可制成水质液体分散在非水溶性油质液体连续相中（油乳剂 emulsion，water in oil，EO）。

⑧熏蒸剂（vapour releasing product，VP）　熏蒸剂是在室温下可以气化的制剂。大多数熏蒸剂注入土壤后，其蒸气穿透层能起暂时的土壤消毒作用，如溴甲烷。

⑨ 片剂（tablet，TB）　片剂是由原药加填料、黏着剂、分散剂、湿润剂等助剂加工而成的片状制剂。该剂型使用方便，直接投放在水田的水分散片剂（water dispersible tablet），或稀释后喷雾的水溶性片剂（water soluble tablet）。

⑩ 水分散粒剂（water dispersible granule，WG）　水分散粒剂是加水后能迅速崩解，并分散成悬浮液的颗粒剂型。

（二）除草剂使用的基本原则

除草剂的除草效果是其自身的毒力和环境条件综合作用的结果。所以，在田间使用除草剂的药效除了受自身的生物活性大小影响外，还受到环境因素（包括生物因子和非生物因子）和施药技术的影响。

1. 除草剂剂型和加工质量

同一种除草剂不同的剂型对杂草防除效果不尽相同。如莠去津悬浮剂的药效比可湿性粉剂高。因为悬浮剂的莠去津有效成分的粒径比在可湿性粉剂中小，前者的粒径在 $5\mu m$ 以下，而后者大多在 $20\sim30\mu m$ 之间。加工质量不好，如细度不够，或有沉淀、结块，乳化性能差，直接影响除草剂的均匀施用，从而降低药效。

2. 环境因素

（1）生物因子

① 作物 作物的种类和生长状况对除草剂的药效有一定的影响，同一种除草剂在不同作物上的药效不一样。因为不同的作物与杂草的竞争力强弱不同。竞争力强、长势好的作物能有效地抑制杂草的生长，防止杂草再出苗，从而提高除草剂的防效。在竞争力弱、长势差的作物地里，施用除草剂后残存的杂草受作物的影响小，很快恢复生长。另外，土壤中杂草种子也可能再次发芽、出苗，造成危害。因此，为了保证除草剂的药效，在确定施用量时，需要考虑到作物的种类和长势。

② 杂草 不同的杂草种类或同一种杂草不同的叶龄期对某种除草剂的敏感程度不同，因此，杂草群落结构、杂草大小对除草剂的药效影响极大。另外，杂草的密度对除草剂的田间药效亦有一定的影响。

③ 土壤微生物 土壤中某些真菌、细菌和放线菌等可能参与除草剂降解，从而使除草剂的有效生物活性下降。因此，当土壤中分解某种除草剂的微生物种群较大时，则应适当增加该除草剂用量，以保证其药效。

（2）非生物因子

① 土壤条件 土壤质地、有机质含量、pH 和墒情等因素直接影响土壤处理除草剂在土壤中吸附、降解速度、移动和分布状态，从而影响除草剂的药效。在有机质含量高、黏性重的土壤中，除草剂吸附量大，活性低，药效下降。土壤 pH 影响一些除草剂的离子化作用和土壤胶粒表面的极性，从而影响除草剂在土壤中的吸附。土壤 pH 也影响一些除草剂的降解。如磺酰脲类除草剂在酸性土壤中降解快，而在碱性土壤中降解慢。土壤墒情对土壤处理除草剂的药效影响极大，土壤墒情差不利于除草剂药效的发挥。为了保证土壤处理除草剂的药效，在土表干燥时

施药，应提高喷液量，或施药后及时浇水。

土壤墒情和营养条件影响杂草的出苗和生长，也会影响到除草剂的药效。土壤墒情差，杂草出苗不齐，可降低土壤处理除草剂的药效，对药后处理除草剂也不利。

② 气候　温度、相对湿度、风、光照、降雨等对除草剂药效均有影响。一般来说，高温、高湿有利于除草剂药效的发挥，风速主要影响施药时除草剂雾滴的沉降。风速过大，除草剂雾滴易飘移，减少在杂草整株上的沉降量，而使除草剂的药效下降。对需光的除草剂来说，光照是发挥除草剂活性的必要条件。对易光解的除草剂，光照加速其降解，降低其活性。对土壤处理除草剂，施药前后降雨可提高土壤墒情而提高药效。但对茎叶处理除草剂，施药后就下雨，杂草茎、叶上的除草剂会被冲刷掉而降低药效。

③ 施药技术

a. 施药剂量　为了达到经济、安全、有效的目的，除草剂的施药量必须根据杂草的种类、大小和发生量来确定，同时，考虑到作物的耐药性。杂草叶龄高、密度大，应选用高限量。反之，则选用低限量。

b. 施药时间　一般是针对不同杂草的某一生育期而言的。如酰胺类除草剂对未出苗的一年生禾本科杂草有效。在这些杂草出苗后使用，则防效极差，对大龄杂草则无效。又如烟嘧磺隆（玉农乐）对2～5叶期杂草效果好，杂草过大时使用则达不到防治效果。

c. 施药质量　在除草剂使用时，施药质量极为重要。施药不均，使得有的地块药量不够，除草效果下降，而有的地块药量过多，有可能造成作物药害。

三、除草剂分类

除草剂品种繁多，将除草剂进行合理分类，能帮助我们掌握除草剂的特性，从而能合理、有效地使用。

（一）根据除草剂的施用时间

（1）苗前处理剂　这类除草剂在杂草出苗前施用，对未出苗的杂草有效，对出苗杂草活性低或无效。如大多数酰胺类、取代脲类除草剂等。

（2）苗后处理剂　这类除草剂在杂草出苗后施用，对出苗的杂草有效，但不能防除未出苗的杂草，如喹禾灵、2甲4氯和草甘膦等。

（3）苗前兼苗后处理剂（或苗后兼苗前处理剂）　这类除草剂既能作为苗前处理剂，也能作为苗后处理剂，如异丙隆等。

（二）根据除草剂对杂草和作物的选择性

（1）选择性除草剂　这类除草剂在一定剂量范围内能杀死杂草，而对作物无毒害，或毒性很低。如2,4-滴、2甲4氯、灭草松（苯达松）、燕麦畏、敌稗和吡氟禾草灵（稳杀得）等。但是除草剂的选择性是相对的，只在一定的剂量下对作物特定的生长期安全。当施用剂量过大或在作物敏感期施用时会影响作物的生长和发育，甚至完全杀死作物。

（2）非选择性除草剂或灭生性除草剂　这类除草剂对作物和杂草都有毒害作用，如草甘膦等。主要用在非耕地或作物出苗前杀灭杂草，或用带有防护罩的喷雾器在作物行间定向喷雾。

（三）根据除草剂对不同类型杂草的活性

（1）禾本科杂草除草剂　主要是用来防除禾本科杂草的除草剂，如芳氧苯氧基丙酸类除草剂能防除很多一年生或多年生禾本科杂草，对其他杂草无效。如二氯喹啉酸，对稻田稗草特效，对其他杂草无效或效果不好。

（2）莎草科杂草除草剂　主要是用来防除莎草科杂草的除草剂，如杀草隆能在水、旱地防除多种莎草，但对其他杂草效果不好。

（3）阔叶杂草除草剂　主要用来防除阔叶杂草的除草剂，如2,4-滴、麦草畏（百草敌）、灭草松和苯磺隆。

（4）广谱除草剂　有效地防除单、双子叶杂草的除草剂，如烟嘧磺隆能有效地防除玉米地的禾本科杂草和阔叶杂草，又如灭生性的草甘膦对大多数杂草有效。

（四）根据除草剂在植物体内的传导方式

（1）内吸性传导型除草剂　这类除草剂可被植物根或茎、叶、芽鞘等部位吸收，并经输导组织从吸收部位传导至其他器官，破坏植物体内部结构和生理平衡，造成杂草死亡，如2甲4氯、吡氟禾草灵（稳杀得）和草甘膦等。

（2）触杀性除草剂　这类除草剂不能在植物体内传导或移动性很差，只能杀死植物直接接触药剂的部位，不伤及未接触药剂的部位，如敌稗等。

（五）根据除草剂对杂草的作用方式

除草剂可分为光合作用抑制剂、呼吸作用抑制剂、脂肪酸合成抑制剂、氨基酸合成抑制剂、微管形成抑制剂、生长素干扰剂等。

（六）根据除草剂的化学结构

按化学结构分类更能较全面反映除草剂在品种间的本质区别，以避免因同类除草剂的作用机理相同或接近，防除对象也相似造成的混淆或重叠现象。如可分为：苯氧羧酸类、苯甲酸类、芳氧苯氧基丙酸类、环己烯酮类、酰胺类、取代脲类、三氮苯类、二苯醚类、联吡啶类、二硝基苯胺类、氨基甲酸酯类、有机磷类、磺酰脲类、咪唑啉酮类、磺酰胺类。

四、除草剂药害类型及诊断

除草剂不同于杀虫剂、杀菌剂，其防治对象——杂草和所保护的对象——作物均属于植物，有着共同的近缘关系。虽然多数除草剂对不同作物具有选择性，但这种选择是相对的，而不是绝对的。当使用不当、环境因素不利时，均可导致药害的发生。

（一）药害的分类

1. 按发生药害的时期分

（1）当季药害　因使用除草剂不当对当时、当季作物造成的药害。如在小麦3叶期以前或拔节期以后使用2甲4氯对小麦造成的药害。

（2）残留药害　因使用长残效除草剂对下茬、下季作物造成的药害；或者是前茬使用的除草剂药量过大造成除草剂残留，引起下茬作物药害。如咪唑乙烟酸、异噁草松对后茬敏感作物玉米、瓜类、马铃薯、水稻、蔬菜产生的药害，玉米田使用莠去津对下茬烟草的药害，豆田过量使用氟磺胺草醚对后茬玉米造成药害等。

（3）飘移药害　因使用除草剂发生飘移，对邻近作物造成的药害。

2. 按药害反应的时间分类

（1）急性药害　施药数小时或几天内即表现出症状的药害。

（2）慢性药害　施药后两周或更长时间，甚至在收获产品时才表现出症状的药害，如苹果园使用莠去津对苹果树造成的药害。

（3）按药害症状性质分类

① 隐患性药害　药害并没在形态上表现出来，难以直观测定，最终造成产量和品质下降。如丁草胺对水稻根系的影响而使穗粒数、千粒重等下降。

② 可见性药害　肉眼可分辨的在作物不同形态部位上的异常表现。

（4）按药害的受害程度分类

① 严重药害　植株大面积枯萎、生长畸形，最后甚至死亡。

② 中等药害　植株部分叶片枯萎、生长弯曲、发育畸形。

③ 轻度药害　植株部分叶片黄化或失绿、生长缓慢。

（二）常用除草剂的药害诊断

药害的总体特点：输导型除草剂药害症状出现晚，往往整株受害，严重者导致绝产，难以恢复；触杀型除草剂药害症状出现快，局部出现症状，若生长点未受害，可以恢复，前期往往表现受害严重。不同类型的除草剂药害表现也不尽相同，主要分为 9 大类：

（1）苯氧羧酸类除草剂　植物根、茎、叶、花和果实畸形。敏感作物叶片、叶柄和茎尖卷曲，茎基部变粗、肿裂、霉烂。根受害后变短变粗，根毛缺损呈"毛刷状"。如 2 甲 4 氯。

（2）芳氧苯氧基丙酸类除草剂　首先表现为生长停滞，后表现为叶片变紫、变红或变黄，并逐渐坏死。如精喹禾灵、精吡氟禾草灵、精噁唑禾草灵等。

（3）二硝基苯胺类除草剂　通常不影响种子发芽。禾本科植物胚芽鞘吸收，造成幼芽生长停滞，幼根缩短、变粗、畸形；双子叶植物胚轴吸收，造成胚轴缩短、变粗、肿胀，侧根减少。如氟乐灵、二甲戊灵、仲丁灵。

（4）酰胺类除草剂　基本发生在作物发芽期和幼苗期。根变短、粗，弯曲，侧根减少，幼芽扭曲、畸形，根茎交界处变褐，萎缩，叶片皱缩、心叶扭曲、叶色变浓。如乙草胺、异丙草胺、甲草胺、异丙甲草胺、丁草胺等。

（5）三氮苯类除草剂　先下部叶片叶缘、叶尖失绿变黄，而后向中基部发展，叶脉通常为淡绿色。根部一般不表现症状。该类除草剂茎叶处理表现为触杀型。如莠去津、扑草净、西草净、嗪草酮等。

（6）酰磺脲类除草剂　根部接触药剂后，表现为侧根少、主根短，逐渐发展为根变黑。幼嫩新叶褪绿变黄、变红，植株矮缩。豆类作物的叶脉变褐。叶面施药，常导致禾本科作物心叶扭曲。如苯磺隆、苄嘧磺隆、烟嘧磺隆、噻吩磺隆、氯嘧磺隆等。

（7）咪唑啉酮类除草剂　幼嫩心叶变薄，或产生黄色褐色条纹，并皱缩变形，叶缘翻卷，植株矮化等。如咪唑乙烟酸、甲氧咪草烟等。

（8）二苯醚类除草剂　叶片产生接触性斑点，严重药害会导致叶片干枯、脱落。轻微药害是本药剂特点，不影响产量。如三氟羧草醚、氟磺胺草醚、乙氧氟草醚、乳氟禾草灵等。

（9）其他除草剂

① 磺草酮、甲基磺草酮　受害叶片褪绿，变成黄白色，部分叶片皱缩。

② 异噁草松　叶片褪绿变白，多由于残留导致下茬药害，另外飘移、挥发均可导致作物药害。

③ 灭草松　导致触杀型药害斑点。

（三）除草剂药害的主要原因

（1）使用长残效除草剂　不同作物大面积使用咪唑乙烟酸等长残留除草剂，连续多年使用在土壤中持续积累，在轮作农田中对后茬敏感作物造成严重药害，导致作物减产或绝产，甚至发生在施用后 2～3 年之久。

大豆田使用氯嘧磺隆与咪唑乙烟酸后，次年改种水稻，不论直播或插秧，水稻均受害，这种现象最为普遍，损失也最严重。

玉米田使用莠去津，次年种植油菜、向日葵、胡萝卜、亚麻、甜菜受害。

（2）除草剂混用不当　除草剂混用可以提高除草效果，并且省工、省时、省成本、扩大杀草谱，兼治病虫草。但盲目混用不但无增效作用，反而会使药效降低，造成药害。

出现药害的常见品种有敌稗和有机磷类除草剂混用；氨基甲酸类除草剂和禾草丹混用；禾草克和灭草松混用；2甲4氯和酸性除草剂混用；吡氟禾草灵和灭草松混用。

（3）除草剂过量使用、误用　除草剂的施用量和浓度比杀虫剂、杀菌剂更为严格，每种除草剂都有规定的用量。一般农民在使用除草剂时用药量均偏高，认为量越大越好，往往易产生药害。杂草过多时，用药量相对加大，也会造成药害。如苯磺隆用量过大，可对小麦产生药害。

把除草剂用于敏感作物，不同品种除草剂特性不同，对农作物的敏感程度也不一样。如氟吡甲禾灵、吡氟禾草灵、禾草克等防除阔叶农作物田间的禾本科草效果好，但对禾本科农作物小麦、谷子、玉米等药害严重甚至死亡，造成严重减产或绝产。

（4）用药时期、方法、间隔期不当　农作物在不同的生长发育阶段对除草剂的敏感性也不同。一般农作物的敏感时期是幼芽期和抽穗扬花期，在这个时期使用除草剂很容易造成药害。

在施用除草剂时，如果混土深度、盖种厚度、喷液量等不当容易造成药害。连续施用同一种药剂的间隔期过短，也易导致药害。

（5）药械性能不良、作业不标准、药械清洗不彻底　目前多数农民装备了与小四轮配套的小型喷杆式喷雾机，然而多数压力不足，喷嘴质量差，达不到喷洒除草剂的农艺要求。还有相当一部分使用背负式手动喷雾器，这些手动喷雾器结构简单、价格低廉、材质差、易损坏、压力低、跑冒滴漏现象严重、农艺性能差，不适合喷洒除草剂。

施药机械不标准，田间作业前对机械性能缺乏精确调试、喷嘴流速不均以及喷洒的重复等，都能产生药害。用过除草剂的喷雾器，没经彻底清洗，又喷杀草剂或其他药剂，往往致使敏感作物发生药害。

（6）作物的不同品种对除草剂的耐性的差异　由于不同的作物对不同的除草剂耐受性不同，特别是同一种作物不同的品种对除草剂的耐性也存在差异，在生产中由于种植的品种比较杂，所以也会造成除草剂的药害问题。

尤其是玉米，不同类型玉米品种对除草剂耐性差异明显。爆裂型、甜玉米品种对除草剂更加敏感，烟嘧磺隆与硝磺酮会伤害若干甜玉米与其自交系。

大豆的不同品种对嗪草酮的耐性存在差异，往往在部分品种中产生药害。

（7）土壤因素　不正确依据土壤湿度、pH、土壤类型和有机质含量用药，时常导致发生药害。如草灭畏（豆科威）、利谷隆在轻质土坡中，常因降大雨而将药剂淋溶到土壤深层从而产生药害。土壤pH高，长残效除草剂的残效期会变长。

（8）气候因素　温度、光照、相对湿度、降雨（引发药液下渗、溅染、积水）、刮风（挥发）、土壤墒情差、质地贫瘠、部分地块土壤有机质含量低、沙壤土中除草剂下渗到种子根系上而加大农作物吸收量，易导致作物产生药害。如使用乙草胺、异丙甲草胺、嗪草酮等除草剂，在降雨量增大时，农作物药害表现十分明显。另外，低洼易涝地块相对更易产生药害。

（9）除草剂飘移　部分除草剂飘移性大，在规定农作物上施用时，极易飘移到邻近作物上，产生飘移药害。

（10）除草剂自身选择性不强、降解产物、产品质量差　有些除草剂自身选择性不强，对敏感作物易造成伤害。如氟磺胺草醚、嗪草酮等。除草剂在土壤中通过各种方式进行降解，有些除草剂的降解产物对作物也有伤害，如禾草丹等。

（四）除草剂药害的补救措施

处理药害的原则：对于药害十分严重的，估计最终产量损失 60% 以上，甚至绝产的地块，应立即改种其他作物，以免延误农时，带来更大的损失。而对于药害较轻的地块，可采取以下几种措施来补救：

（1）喷水淋洗　若是由叶面和植株喷洒某种除草剂而发生的药害，可以迅速用大量清水喷洒受药害的作物叶面，反复喷洒清水 2～3 次，增施磷钾肥，中耕松土，促进根系发育，以增强作物恢复能力。

同时，由于用大量清水淋洗，使作物吸收较多水，增加了作物细胞中的水分，对作物体内的药剂浓度能起到一定的稀释作用，也能在一定程度上起到减轻药害的作用。

（2）使用叶面肥及植物生长调节剂　在发生药害的农作物上，可迅速施尿素等速效肥料增加养分，或喷施含有腐植酸、黄腐酸的叶面肥；喷施植物生长调节剂赤霉素、芸苔素内酯、复硝酚钠、生根粉等，可缓解乙草胺、莠去津等除草剂产生的药害。

（3）保护剂应用　保护剂能增加作物对除草剂的耐性，提高除草剂的选择性及扩大除草剂的使用范围，并能保护作物免受除草剂的伤害。

有些保护剂对除草剂有一定的解毒作用，保护剂增加敏感作物对此类除草剂的耐性。保护剂对硫代氨基甲酸酯类、卤代乙酰胺类和均三氮苯类除草剂解毒作用明显。萘二甲酐（NA）已经证明能保护几种作物免受二十几种除草剂的伤害。

（4）去除药害较严重的部位　在果树上较常用，对受害较重的树枝，应迅速去除，以免药剂继续下运传导和渗透，并迅速灌水，以防止药害继续扩大。

（5）加强田间管理　稻田出现药害时，应立即排掉含毒田水，并继续用清水冲灌。土壤处理剂药害原则上不采用漫灌水，茎叶处理剂药害可适当灌溉。

第三节　除草剂相关知识

一、除草剂真伪及简单识别方法

（一）合格的除草剂标签

标签内容应包括品名、规格、剂型、有效成分（用我国除草剂通用名称，用质量含量表明有效成分含量）、除草剂登记证号、产品标准代号、准产证号、净重或净体积、适用范围、使用方法、施用禁忌、中毒症状和急救、药害、安全间隔期、储存要求等。还应标示毒性标志和除草剂类别标志，以及生产日期和批号。

国外除草剂在我国销售，必须先在我国进行登记，因此进口除草剂标签上应有我国除草剂登记证号和在我国登记的中文商品名，标签上除无标准代号和准产证号外，其他内容应与国内除草剂标签要求一致。

合格除草剂的标签具体包括以下内容：

（1）除草剂名称　包括有效成分的中文通用名，百分含量和剂型，进口除草剂商品名。

（2）除草剂登记证号、生产许可证号或生产批准证书号（进口除草剂按规定只有登记号而不需生产许可证号）。

（3）净重（g 或 kg）或净容量（mL 或 L）。

（4）生产厂名、地址、电话和邮编等。

（5）除草剂类别　如苯氧羧酸类、二硝基苯胺类除草剂等。

（6）使用说明书　① 产品特性，登记作物及防治对象，施用日期，用药量和施用方法；②限用范围；③与其他除草剂或物质混用禁忌。

（7）毒性分级，标志及注意事项　①毒性标志；②中毒主要症状和急救措施；③安全警句；④安全间隔期（即最后一次施药至收获前的时间）；⑤储存的特殊要求。

（8）生产日期和批号。

（9）质量保证期。

（二）合格的除草剂包装

（1）外包装　根据相关规定，除草剂的外包装箱应采用带防潮层的瓦楞纸板。外包装容器要有标签，在标签上标明品名、类别、规格、毛重、净重、生产日期、批号、储运指示标志、毒性标志、生产厂名。除草剂外包装容器中必须有合格证、说明书。液体除草剂制剂一般每箱不得超过 15kg，固体除草剂制剂每袋净重不得超过 25kg。

（2）内包装　除草剂制剂内包装上必须牢固黏贴标签，或直接印刷，标示在小包装上。除草剂标签具有法律效力，如果用户按除草剂标签上的使用方法施药，没有药效，甚至出现药害，厂家应负全部责任。除草剂内包装材料要坚固，严密不渗漏，不影响除草剂质量。乳油等液体除草剂制剂一般用玻璃瓶、金属瓶或塑料瓶盛装，加配内塞外盖，部分采用了一次性防盗盖。粉剂一般采用纸袋、塑料袋或塑料瓶、铝塑压膜袋包装。

（三）除草剂的常见加工剂型识别

除草剂分原药和制剂（成药）两类。原药是未加工的除草剂，主要供加工成药用，一般不直接施用，固体叫原粉，液体叫原油。原粉加填料加助剂制成可湿性粉剂，如二氯喹啉可湿性粉剂等；原油加溶剂加乳化剂制成乳油等，如丁草胺乳油等。常用除草剂从剂型上分有乳油、粉剂、可湿性粉剂、悬浮剂、颗粒剂等。

（1）乳油　一般是浅黄色或深棕色单相透明液体，加水稀释后施用。检验时先看颜色，再看乳化性能，如乳油有分层、沉淀或悬浮物、溶液浑浊或流动性不好，可以判断为劣质除草剂。乳油除草剂多为玻璃瓶包装，先用肉眼观察是否上下均匀一致，如发现有分层现象，可将瓶子上下震荡，待 1h 后，如不再有分层现象，说明此除草剂有效；如仍出现分层，说明除草剂已失效。

（2）粉剂　细度按国家标准规定 85％ 通过 200 目筛，不结块，而且流动性好，可直接喷施作物。鉴别时，可取清水一杯，加入适量药粉搅匀，静置半小时，如粉末全部溶解无沉淀，说明此除草剂没有失效。还可以取清水一杯，将除草剂药粉轻轻洒在水面上，如 1min 内粉末全部渗入水中，说明药物没有失效；如粉末长时间不浸润，说明除草剂已失效。

（3）可湿性粉剂　具有一定细度（国家标准规定 95％ 通过 325 目筛），能被水润湿并均匀悬浮在水中，施用时应按规定倍数兑水稀释。

合格品不结团，不成块，易分散，润湿时间小于 15min，悬浮率大于 40%；不合格成团结块，不易分散，润湿时间大于 15min。

（4）悬浮剂　黏稠状可以流动的液体制剂，在水中具有良好的分散性和悬浮性，可以任何比例与水混合。合格品久置不分层，偶有分层现象经摇振即可恢复不分层状态；不合格品分层，摇振后不易恢复，水中分散性、悬浮性都不好。

（5）颗粒剂　颗粒均匀、具有一定硬度，不易破碎的固体制剂，一般是用沙子等固体颗粒吸附一定药剂制成。

（四）真假除草剂的识别方法

1. 失效除草剂鉴别

（1）直观法　对粉剂除草剂，先看药剂外表，如果已经明显受潮结块，药味不浓或有其他异味，并能用手搓成团，说明已基本失效；对乳油除草剂，先将药剂瓶静置，如果药液浑浊不清或分层（即油水分离），有沉淀物生成或絮状物悬浮，说明药剂可能已经失效。

（2）加热法　适用于粉剂除草剂。取除草剂 5～10g 放在金属片上加热，如果产生大量白烟，并有浓烈的刺鼻气味，说明药剂良好，否则说明已经失效。

（3）漂浮法　适用于可湿性粉剂。先取 200mL 清水，再取 1g 除草剂，轻轻地、均匀地撒在水面上，仔细观察，在 1min 内湿润并能溶于水的，是未失效的除草剂，否则即为已经失效的除草剂。

（4）悬浮法　适用于可湿性粉剂除草剂。取除草剂 30～50g，放在玻璃容器内，先加少量水调成糊状，再加入 150～250g 清水摇匀，静置 10min 观察，未失效的除草剂溶解性好，药液中悬浮的粉粒细小，沉降速度慢且沉淀量少；失效的除草剂则与之相反。

（5）振荡法　适用乳油除草剂。对于出现油水分层的除草剂，先用力振荡药瓶，静置 1h 后观察，如果仍出现分层，说明药液已变质失效。

（6）热溶性　适用于乳油除草剂。把有沉淀物的除草剂连瓶一起放入 50～60℃ 的温水中，经 1h 后观察，若沉淀物慢慢溶解说明药剂尚未失效，若沉淀不溶解或很难溶解，说明已经失效。

（7）稀释法　适用于乳油除草剂。取除草剂 50g，放在玻璃瓶中，加入 150g，用力振荡后静置 30min，如果药液呈均匀的乳白色，且上无浮油，下无沉淀，说明药剂良好，否则即为失效除草剂。

2. 假除草剂鉴别

（1）灼烧法　对于粉剂，取 4～5g 放在酌烫的金属薄皮上，若冒白烟，证明此药失效或为假药。

（2）包装鉴别法　一般假冒除草剂包装粗糙，如包装形式不符合贮存、运输及使用要求，外包装无防潮层，内包装简陋易损。

（3）标签鉴别法　标签应有品名、规格、净重、生产厂名、除草剂登记号、使用说明、产品标准号、注意事项、生产日期、批号或毒性标志。

（4）外观、气味鉴定法　例如，丁草胺：浅蓝色药液，有芳香味。45%氟乐灵：药液为红色，兑水后为黄色。除草醚：粉剂为黑褐色粉末，可湿性粉剂为淡黄色粉末。

二、除草剂中毒及急救

1. 除草剂中毒分类

农药中毒是指在农药接触的过程中，如果进入人体的农药，超过人体正常的最大耐受量，使生理功能失调，引起毒性危害和病理性变化而出现一系列中毒症状。

除草剂一般是通过破坏植物生命特有的代谢过程选择性地毒杀杂草，对哺乳动物的内吸毒性一般较低。但是如果处理操作不当，有些除草剂可能引起严重中毒刺激眼睛、皮肤和黏膜。例如，大量接触五氯酚钠引起严重中毒和死亡。

除草剂中毒一般可分为急性中毒和慢性中毒两种。

（1）急性中毒　往往是一次性口服、吸入农药或皮肤大量接触农药后很快表现出中毒症状。其中毒症状主要为疲乏无力、头疼、流汗、视力模糊、呕吐、肌肉抽搐、头晕、流涎、呼吸困难，眼睛受刺激，皮肤出现红疹、瞳孔缩小、腹痛腹泻、休克等。

（2）慢性中毒　是指长期经常服用或接触少量药剂，逐渐表现出中毒症状。慢性中毒症状不仅可在本人身上表现出来，甚至还会在后代身上表现出来。中毒症状主要表现为"三致"即致癌性、致畸性和致突变性。如 2,4,5-滴可引起怪胎，这类农药现已禁用。五氯酚、二硝酚等苯酚类除草剂对鱼类都有极高的毒性，氟乐灵对鱼类毒性也很高。没有接触过除草剂农药的人，由于食物链转送的关系（如食氟乐灵中毒的鱼），也会因食物含毒而慢性中毒，这就是所谓公害问题。不仅影响面大，而且后果严重。

2. 除草剂中毒症状及急救方法

常用的除草剂大多为中、低等毒性的农药。五氯酚钠、2,4-滴类、氯酸钠等为中等毒性；敌稗、扑草净、西玛津、莠去津等属低毒农药。

联吡啶类的敌草快等除草剂经口中毒后会使心、肺、肝、肾等脏器受损，但大多数人中毒者多是故意吞服自杀，还没有使用中引起中毒的报道。在使用除草剂中因不按操作规程，使药液与皮肤、眼睛、黏膜接触，会产生刺激作用，可引起过敏性皮炎、眼睛刺激和疼痛；鼻黏膜受刺激有辣味感，上呼吸道受刺激后引起咳嗽等症状。

（1）五氯酚钠　五氯酚钠可由呼吸道、消化道以及皮肤进入人体引起中毒，但无蓄积作用，在进入人体后 24h 内就有 70% 随尿排出，4%～7% 从胃肠道排出，在 4d 内可排尽。五氯酚钠对肝、肾有一定损害，从呼吸道吸入可引起肺炎。对皮肤黏膜有刺激作用，可发生接触性皮炎。

① 中毒症状

a.急性中毒　轻度中毒表现为乏力、头痛、头晕、胸闷、多汗、食欲减退、下肢无力等症。重度中毒除上述症状外还表现出大汗淋漓、发热、脱水、恶心、呕吐、抽搐、昏迷、呼吸困难等症状，甚至出现呼吸肌麻痹、循环衰竭等症状。急性中毒后期会出现肝肿大，肝功能异常，从尿、血中可测出五氯酚钠，血糖增高，尿糖、酮体阳性，基础代谢增高。

b.慢性中毒　多发生在生产工人中，表现出低热、失眠、心悸、低血压等症状，有的还会发生血小板减少性紫癜、周围神经炎等。皮肤中毒可引起皮炎，出现烧灼感，瘙痒，红肿，水疱，手掌脱皮。还可引起眼睛刺痛、流泪、结膜炎等。鼻腔黏膜受刺激后，有辣味感；表现刺激性咳嗽，气短，胸闷等。

② 急救治疗

a.经口中毒者应立即进行催吐、洗胃。用 2% 碳酸氢钠洗胃。皮肤污染用肥皂水、清水彻底冲洗。

b.因无特效解毒剂，应对症治疗。脱水可进行补液维持电解质平衡。抽搐用牛黄安宫丸。严禁使用阿托品及巴比妥类药物，以免增加毒性，加重病情。在治疗时要使用保护肝、肾的药物。

（2）苯氧羧酸类　苯氧羧酸类除草剂有 2,4-滴、2 甲 4 氯等。这类农药主要经消化道、呼吸道及皮肤进入人体内，但在体内停留的时间较短，约 6h 可随尿排出。这类农药在体内较稳定，基本不转化。它们在体内作用主要是刺激胆碱能系统，减少胰岛素分泌，抑制肾上腺皮质激素的形成。2,4-D 钠盐、2 甲 4 氯不易被皮肤吸收，对皮肤刺激性小。若发生中毒，应予以催吐、洗胃等，加速农药的排出。

（3）氯酸钠　氯酸钠是灭生性除草剂，仅用于非耕地区。它经消化道吸入进入体内，大部分以原形经肾排出。它对消化道黏膜有刺激作用，可使血红蛋白变为高铁血红蛋白，使红细胞溶解，产生大量组织胺，大量的组织胺可使内脏毛细管扩张，渗透性增加，而引起肾小管肿胀、变性、坏死。氯酸钠对人的半数致死量（LD_{50}）为 $15\sim25g$，致死原因为高铁血红蛋白血症以及急性肾功能衰竭。

① 中毒症状　中毒者表现为恶心、呕吐、腹痛、腹泻、头痛、头昏、乏力、怕冷、四肢麻木、呼吸困难、紫绀、尿少等，严重时出现谵妄、痉挛、休克、肝肿大、黄疸、急性肾功能衰竭等。

② 急救治疗

a. 误食中毒时应立即催吐、洗胃、导泻，给予牛奶、蛋清等保护胃黏膜。

b. 口服或静脉点滴注射碳酸钠或乳酸钠等碱性药物，以促进氯酸钠溶解，减少阻塞，加快排泄，减少对肾功能的损害。

c. 有肾衰竭症状时按少尿阶段及多尿阶段症状对症治疗。少尿阶段，给高糖、高热量、低蛋白饮食，液体摄入以量出为入、宁少勿多为原则，成人每天控制在 500mL 加上前一天尿量。要注意电解质和酸碱平衡，如有严重尿毒症不好转时，可用腹膜及血液透析治疗。多尿阶段，以补液为主，一般为尿量的 2/3，以不出现失水现象为准。使用利尿剂时，可用速尿灵或利尿酸钠，剂量可按每千克体重 $0.5\sim1.0mg$ 计算。应用抗菌素治疗感染时，少尿阶段用量少，多尿阶段要加大用量。可采用肾区热敷或理疗、肾周围封闭治疗等解除肾血管痉挛。

d. 大量的维生素 C 静脉滴注，每日二次，加 25% 硫代硫酸钠溶液 10mL 静脉注射。

e. 患有高铁血蛋白症时，用美蓝溶液以 25% 葡萄糖溶液稀释后缓慢静脉滴注。美蓝的剂量按每千克体重 $1\sim2mg$。如用药 2h 后仍未好转，再重复注射一次。

f. 有严重贫血时，进行输血。

g. 严禁中毒者饮酒，因酒可影响高铁血红蛋白还原。

（4）敌稗　敌稗毒性低，不易引起中毒。中毒时仅对皮肤、眼睛有刺激作用。发生中毒时，按以下方法急救治疗。

① 表现为接触性皮炎者可用3％硼酸溶液湿敷，待皮疹无渗出液后可局部涂炉甘石洗剂。

② 每日一次用0.5～1g硫代硫酸钠静脉注射。内服抗过敏药，禁止用热水洗。

（5）扑草净和西玛津　扑草净和西玛津的毒性较低，一般不易引起中毒，如果误服或通过呼吸道长时间吸入，也可引起中毒。

① 中毒症状

a.慢性中毒症状　慢性中毒症状表现为体重下降，尿量增加，血红细胞减少，血红蛋白含量降低。

b.急性中毒症状　急性中毒症状表现为全身乏力，头部发晕，口内有异味，嗅觉减退或消失。若呼吸道受刺激。严重时会出现支气管肺炎、肺水肿，及肝、肾功能受损害。

② 急救治疗

a.对呼吸困难者应及时给予吸氧。

b.可用维生素B、铁剂、钴剂等药物进行治疗。

c.应用抗菌素抗感染。

（6）敌草快　敌草快属联吡啶类化合物。这类除草剂在吞服后会损伤大部分内脏器官，尤其是肺、心、肝、肾脏，大量服用后几小时就可致死。敌草快的大部分中毒多为故意自杀吞服引起。虽然代谢产物联吡啶在肠内的吸收速度相对较慢，但口服超过中毒剂量的敌草快后，在6～18h内联吡啶就会在体内大量分布，在各重要脏器和组织中的量可致死。这时，即使立即采取清除血液中的联吡啶的措施，也很不容易减轻机体内各器官的负荷量。

① 中毒症状　接触敌草快的浓缩溶液后能引起人体组织损伤、手皮肤干裂和指甲脱落。长期接触皮肤表现水泡和溃疡。经皮大量吸收后会引起全身中毒，长期吸入喷雾微滴会引起鼻出血。眼睛被污染后会引起严重结膜炎，可长期不愈而成永久性角膜混浊。

敌草快可经擦伤或溃疡和溃烂的皮肤进入体内。敌草快对中枢神经系统有严重的毒害作用，对肾脏的损伤严重，经肾脏排出为其主要排泄途径。吞服中毒早期表现为对组织具有腐蚀作用，口、喉、胸、腹部有烧灼性疼痛。早期症状还有表现兴奋、烦躁不安、定向困难和精神病表现的病例。中毒后，有强烈的恶心、呕吐，呕吐物和粪便可能带血，有的还出现肠阻塞、绞痛，并伴有大量液体在肠内潴留。还有脱水、低血压、心动过速症状，休克往往是引起死亡的常见原因。肝脏受损表现出黄疸，心肌受损出现循环功能衰竭，也会发生支气管肺炎。

②急救治疗

a.皮肤被污染后应用大量清水冲洗。眼睛受污染时必须先用清水长时间清洗，再请眼科医生治疗。出现皮炎、裂纹、继发感染或指甲受损伤时，必须及时请皮肤科医生治疗。

b.经口吸入引起的中毒，应立即服用吸附剂皂黏土（Bentonite，7.5％悬液，一种主要成分为硅铝酸镁的黏土）、漂白土（Fullers earth，30％悬液），其效果较好，这是一项中毒后的最有效的治疗措施。服用皂黏土、漂白土的剂量：成年和12岁以上儿童100～150g，12岁以下儿童每千克体重2g。需注意的是，有时会出现高钙血症和粪石。迅速服用吸附剂和彻底洗肠是使病人存活的最佳措施，应使病人尽快服用30g/240mL悬液，即使已自发呕吐后，也要鼓励病人服用吸附剂。在呼吸保持畅通的情况下，插入胃管，多次用吸附剂浆进行灌洗，将吸附剂浆逐渐灌入肠内，直到肠内不能接受为止。每2～4h重复服用活性炭和其他吸附剂，首次服用时可加入山梨醇，其剂量为：成人和12岁以上儿童每千克体重1.0～1.5g，最大量为150g。需特别指出的是，山梨醇溶液应按1∶1用水稀释后服用。还应特别注意，由于农药已对食道和胃造成腐蚀性损伤，极易造成穿孔，因此在插胃管时应特别小心。如果发现有肠阻塞，胃管输液要缓慢或停止。

c.不要轻易增加氧气，肺内的高浓度氧会增加敌草快引起的肺损伤。只有当肺损伤到不能恢复时，为了解除病人缺氧的症状，可给氧。

d.可静脉滴注等渗盐水、林格氏溶液、5％葡萄糖水溶液。早期中毒时输液，可加快毒物的排出，纠正脱水现象，改善酸中毒等。如肾脏出现衰竭，必须立即停止输液。

e.可采用经玻璃纸覆盖的活性炭进行血液灌流，但在试用血液灌流时，要监视血钙和血小板的浓度，一旦发现减少，要及时给予补充。

f.敌草快中毒出现惊厥和精神病行为时，可以缓慢地静脉注射安定，这是最佳控制措施。安定的剂量：成人和12岁以上儿童5～10mg，每10～15min重复一次，最大量为30mg。5～12岁儿童每千克体重0.25～0.40mg。每15min重复一次，最大量为10mg。5岁以下儿童每千克体重0.25～0.40mg，每15min重复一次，最大量为5mg。

g. 药物治疗。皮质类固醇、过氧化物歧化酶、心得安、环磷酰胺、维生素 E、核黄素、烟酸、维生素 C、安妥明、去铁敏、乙酰半胱氨酸、水合萜二醇等，都曾用于敌草快中毒的治疗，但还没有其有效或有害的证明。

h. 口腔、咽部、食道黏膜深层溃烂、胰腺炎、肠炎引起腹痛等时，可用硫酸吗啡镇痛。成人和 12 岁以上儿童的剂量：$10 \sim 15mg$ 皮下注射，每 4h 一次。12 岁以下儿童剂量：每千克体重 $0.1 \sim 0.2mg$，每 4h 一次。

i. 口腔、咽部疼痛，可采用漱口、冷饮或麻醉定等帮助解除疼痛。

三、自然因素对除草剂药效的影响

除草剂的除草效果受许多因素制约，如除草剂种类、当地的杂草种类及其生育阶段、土壤类型和复杂的气候条件等，都会影响除草剂的药效。

但主要影响除草剂药效的是土壤质地和有机质含量、土壤水分、土壤 pH、土壤微生物与气象因素等。

（一）风、雨对除草剂药效的影响

① 在风速超过 8m/s 的条件下喷洒除草剂，药效会降低 5%。干旱的气候条件下，大风可把施过除草剂的表层药膜刮走。

② 如果田间风速超过 3 级，大风天气应停止除草剂施药作业。

③ 土壤湿度靠降雨来调节，施在土壤表层的除草剂需要适度的降雨，将其淋溶到杂草种子发芽和根系生长的土层深度，使之充分接触和吸收。

④ 适时降雨和合适的雨量（以 $10 \sim 15mm$ 为宜），有利于土壤处理的除草剂发挥药效。

⑤ 北方地区春播作物播后芽前施药往往药效不显著，主要是土壤和施药后无雨。

⑥ 一般除草剂处理 $4 \sim 6h$ 后，降雨对除草剂效果影响很小。

（二）温、湿度对除草剂药效影响

除草剂的使用效果与温度高低成正比。温度高能加速除草剂在植物体内的传导，同时气温也影响药剂的吸收，杂草吸收和输送药剂的能力强，除草剂容易在杂草的敏感部位起作用，发挥良好的除草效果。喷药后的最初 10h 内温度影响药剂吸收的效应最显著。高温季节应在上午

10 点前、下午 4 点后施药，低温季节则最好在上午 10 点后至下午 3 点前施药。

在温度低的天气条件下，除草剂的使用效果不仅会明显降低，而且农作物体内的解毒作用会因气温低而比较缓慢，从而诱发药害。

取代脲类除草剂在正常土温情况下需 5～10d 见效，而早春 5～7d 即可见效，但也有特例：如 2 甲 4 氯用于小麦田除草，在低温条件下（20℃以下）其除草效果比较好，而且对作物安全，使用除草剂最适宜的温度为 20～35℃。

湿度一般指空气湿度，对除草剂的杀草效果有很大的影响，在空气湿度比较大的情况下施用茎叶除草剂，可延缓杂草表面的干燥时间，有利于杂草叶面气孔开放，从而吸收大量的除草剂，达到提高除草效果的目的。

湿度过大，杂草叶面结露导致药液流失，降低药效；湿度过小，杂草难以吸收除草剂，除草效果差；干旱条件下，作物和杂草生长缓慢，作物耐药性差，有利于杂草茎叶形成较厚的角质层，降低茎叶的可湿润性，影响对除草剂的吸收。

（三）日照、干旱对除草剂药效的影响

日照条件下，有利于杂草对除草剂吸收和传导，光合作用与日照成正比，而除草剂的运转是随着光合作用产生的糖类通过筛管传导的。强日照条件下，温度升高，除草剂活性增强，提高除草剂功效；日照弱时，喷洒茎叶处理除草剂时，光照弱，药剂的传导也弱，若缺乏光照，甚至不能传导。

不同的除草剂对光有不同的反应，如除草醚等是光活性除草剂，在光的作用下才起杀草作用。西玛津、敌草隆等光合作用抑制剂也需在有光的情况下，才能发挥杂草的光合作用，发挥除草效果。但是有些除草剂在阳光照射下很快被分解失效或挥发，氟乐灵、灭草敌（灭草猛）等见光后则易发生光解而失效。因此，这类土壤处理的除草剂施药时要浅混土才能发挥除草作用。

（四）水质对除草剂药效的影响

水质对除草剂的影响主要是指稀释除草剂所用水的硬度和酸碱度。硬度是指 100mL 水中含钙离子和镁离子的多少，由于这两种元素易与某些除草剂的有效成分结合生成盐类，而被土壤固定，所以硬度大的水会使除草剂药效下降。加入肥料助剂硫酸铵或硝酸铵，硫酸根或硝酸根

离子和水中钙离子与镁离子结合形成硫酸盐或硝酸盐，从而克服后者对除草剂除草效果的影响，并能够明显提高除草剂除草活性。

（五）土壤条件

土壤处理除草剂的杀草效果受土壤条件影响明显。但主要影响除草剂药效的是土壤质地和有机质含量、土壤水分、土壤 pH、土壤微生物等。

（1）土壤质地对除草剂药效的影响　土壤处理除草剂的杀草效果以沙土、壤土、黏土顺序递减，对作物的药害也以沙土、壤土、黏土顺序递减，反之，土壤用药量要酌减。一般黑土和细土比浅色的粗质土需要施入的除草剂多，原因是细土颗粒胶体具有较大的表面积，吸附量大。一般来说，沙质土对除草剂吸附较少，使用土壤处理药剂时易使用低量；黏质土一般较沙质土对药剂的吸附能力强，用药剂量稍高。

（2）有机质含量对除草剂药效的影响　土壤有机质含量关系到单位面积除草剂的用量，这是因为有机质具有吸附作用和某些微生物的强烈繁殖而造成其分解，从而降低药效。土壤有机质含量高，对除草剂吸附能力强，除草剂药液不易在土壤中移动而形成稳定的除草剂药层，出现封不住的现象，从而降低除草剂的活性。有机质含量高的地块，为保证药效，使用土壤处理剂除草时，应加大除草剂的使用量或采取苗后茎叶处理。

（3）土壤水分对除草剂药效的影响　土壤墒情好，水分充足，作物和杂草生长旺盛，有利于作物分解除草剂和杂草吸收除草剂，并在杂草体内传导运输，从而达到最佳除草效果。干旱情况下，除草剂的分子则被牢固地吸附在土粒表面，较难发挥除草作用。水分过多时，除草剂的分子游离在水中，发生解吸附现象，药剂脱离土粒的吸附随水分的移动而流失。土壤含量高有利于除草剂的药效发挥，反之，则不利于除草剂药效的发挥。

（4）土壤 pH 对除草剂药效的影响　土壤 pH 主要通过影响吸附除草剂与土壤成分的化学反应而间接影响淋溶。一般除草剂当 pH 在 5.5～7.5 时能较好地发挥作用。

咪唑啉酮类和磺酰脲类除草剂的活性随着土壤 pH 的增加而增加，磺酰脲类除草剂在高 pH 时残留严重（pH＞6.8）；磺酰脲类除草剂在 pH＜7 时，不能溶解，大多数被土壤和有机质吸附，当 pH＞7 时，除草剂分子游离出来，可以被作物吸收。

四、提高除草剂防效的技术措施

（一）除草剂品种的选择

（1）除草剂特性　在选择除草剂时，应选择高效、低毒、低残留的除草剂。

根据除草剂的作用原理来选择除草剂。如作物田选择选择性除草剂，非耕田选择灭生性除草剂。土壤水分含量较好，土壤有机质适中选择土壤处理剂；土壤干旱条件下，土壤有机质含量过高应选用茎叶处理剂。

根据除草剂的杀草谱不同，选择合适的除草剂。如莠去津和烟嘧磺隆同是玉米田除草剂，但莠去津只能在播期使用，对三叶期以后的杂草不能杀死，烟嘧磺隆对玉米田后期杂草有良好效果且不伤害玉米。

（2）杂草种类　应根据杂草的种类、生长发育特性选择除草剂。阔叶杂草选择阔叶除草剂，禾本科杂草使用禾本科除草剂，阔叶杂草和禾本科杂草混生则二者混用或使用合剂。多年生杂草，一般选用传导性除草剂；一年生或两年生杂草，既可选用传导性除草剂，又可选用触杀性除草剂。

（3）作物　同一种作物当中，应选择应用剂量范围大、施用时间幅度宽的安全性除草剂。特别对于大龄杂草，应选用安全性比较强的品种。

同时避免选择吡嘧磺隆、异噁草松、咪草烟、氯嘧磺隆等长残效除草剂，以免对后茬敏感作物造成药害。

如果必须施用长残效除草剂时，应根据杂草特性、气候条件和土壤特性适当降低其用量。

（二）除草剂混用

除草剂混用是指将两种或两种以上除草剂混合在一起使用的方法。在生产中，除草剂混用极为普遍。这是由于杂草一般都是多种混生在一起的，而每种除草剂却有它一定的杀草范围，因此使用一种除草剂难以防除多种杂草；同时，长期单用某种除草剂，还会引起杂草群落的变化，某些杂草会受到抑制，而另一些杂草成为优势种或恶性杂草；此外，长期单用某种除草剂还有可能逐渐增强杂草的抗药性。因此，实际应用时一般采用两种或两种以上的除草剂混配使用。

1. 除草剂之间混用遵循原则

（1）各有效成分混配后应是增效而不增毒。如禾草敌既是除草剂，又是敌稗的助剂，二者混用可以使敌稗对杂草叶面的渗透加速，作用增强，拮抗作用表现出除草剂混用后防治效果下降。

除草剂混用是为了达到某个目标而将不同除草剂有机地混配在一起。混用后如果表现出拮抗作用，则不论哪种形式何种目的，都是不能混用的。使用除草剂的目的不仅仅是有效地防治杂草，更重要的是确保农作物的优质高产。因此，除草剂混用后，在增强杂草治理的同时，还必须对作物安全，不仅对当茬作物安全，还必须对后茬作物也不产生药害，同时，对环境安全。

（2）混剂必须是 2 种或 3 种以上除草剂按一定比例配制。混剂中各有效成分在单独使用时应对靶标有效，如果是一种除草剂与另一种添加剂（乳化剂、增效剂等）配合而成则不属于除草剂混剂，而是除草剂单剂。

（3）混配时各有效成分不能发生物理和化学变化。能增效的化学变化除外。不同除草剂混合后可能会发生一系列物理、化学变化，如出现乳化性能下降、可湿性粉剂悬浮率降低等情况，从而破坏除草剂的稳定性。

（4）各有效成分应具有不同的作用机制。除草剂混用的目的是扩大杀草谱，把具有不同作用机制的除草剂混用可以提高防效，做到一药多治。

（5）必须考虑作物和杂草种类是否适宜，施药的时间和处理的方法是否一致。如乙草胺与莠去津可以混用，因为它们的应用时期及处理方法相同。

2. 除草剂与杀虫剂混用

除草剂、杀虫剂混用既能够防除杂草又能防除害虫，但有些混合相对于单用能够增加作物药害。除草剂、杀虫剂混合应有效并且安全，如2,4-滴、麦草畏、2 甲 4 氯与 S-氰戊菊酯（来福灵）、四溴菊酯或毒死蜱（乐斯本）混用可以在小麦田应用。表 1-1 为除草剂与杀虫剂不易混合的组合。

表 1-1　除草剂与杀虫剂不易混合的组合

除草剂	杀虫剂	原因
2,4-滴	毒死蜱	增加麦类药害

除草剂	杀虫剂	原因
咪草酯	有机磷类	造成大麦和向日葵药害
咪草酯	乙拌磷	造成大麦药害
麦草畏	油基质的杀虫剂	增加小麦药害发生概率
2甲·灭草松（莎阔丹）	四溴菊酯、有机磷类	导致作物药害
精吡氟禾草灵（精稳杀得）	毒死蜱、马拉硫磷、甲萘威（西维因）	降低药效
烯禾啶（拿捕净）	甲萘威（西维因）	降低药效
草甘膦	S-氰戊菊酯（来福灵）、甲萘威（西维因）联苯菊酯（安通）	对抗性作物没有拮抗，产生药害
磺酰脲类	有机磷类、毒死蜱、马拉硫磷	导致作物药害

3. 除草剂与杀菌剂混用

除草剂、杀菌剂混用不仅能够防除杂草，而且能够保持作物不受病原菌的侵害。在禾谷类作物中，嘧苯磺隆、咪草酯、野燕枯、麦草畏（百草敌）、精噁唑禾草灵（骠马）、2甲4氯可以与代森锰锌混用防除小麦杂草。

精噁唑禾草灵（骠马）或芳氧基苯氧基丙酸类除草剂与溴苯腈、甲氧基丙烯酸酯类杀菌剂混用能提高药效。甲氧基丙烯酸酯类杀菌剂会导致小麦叶片药害严重，但新生的组织不受其影响。

第二章

常用除草剂品种

氨氟乐灵

（prodiamine）

$$C_{13}H_{17}F_3N_4O_4, 350.29, 29091-21-2$$

化学名称　2,4-二硝基-N_3,N_3-二丙基-6-三氟甲基苯-1,3-二胺。

其他名称　氨基氟乐灵，氨基丙氟灵，Barricade。

理化性质　原药为黄色结晶体，熔点 124℃，蒸气压 0.029mPa（25℃）；水中溶解度为 0.183mg/kg（pH 7.0，25℃），其他有机溶液中溶解度（20℃，g/L）：丙酮 226，苯 74，乙醇 7，己烷 20。对酸、碱、热稳定，对光稳定性中等，无腐蚀性。

毒性　急性经口 LD_{50}（mg/kg）：大鼠＞5000。大鼠急性经皮 LD_{50}＞2000mg/kg。以 200mg/kg 剂量喂养大鼠 2 年，未见不良影响。

作用机理　选择性芽前土壤处理类除草剂，主要通过杂草的胚芽鞘和胚轴吸收，抑制细胞分裂过程中纺锤体的形成，影响根系和芽的生长，从而抑制新萌发的杂草种子生长发育，对已出苗的杂草无效。

剂型　65%水分散粒剂，93%、97%原药。

防除对象　主要用于防除苹果、桃、柑橘等果园或者苗圃、水稻、大豆等作物的一年生禾本科杂草和阔叶杂草，以及部分多年生杂草，如早熟禾、稗草、马唐、狗尾草、马齿苋等。

使用方法

（1）草坪　草坪成坪后杂草萌发前土壤处理，保持土壤湿润，65%氨氟乐灵水分散粒剂每亩用药 80～120g，一年可使用多次，但总剂量不能超过 1800g/hm²。

（2）非耕地　65%氨氟乐灵水分散粒剂每亩用药 80～115g，杂草出土前土壤喷雾处理。

注意事项

（1）氨氟乐灵用于草坪除草时，为避免药害，在新种植草坪成坪前勿使用本品；

（2）氨氟乐灵要在杂草萌发前使用，对已发芽杂草无效。

氨氯吡啶酸
（picloram）

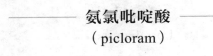

C₆H₃Cl₃N₂O₂, 241.5, 1918-02-1

$C_6H_3Cl_3N_2O_2$, 241.5, 1918-02-1

化学名称　4-氨基-3,5,6-三氯吡啶-2-羧酸。

其他名称　毒莠定，远藤。

理化性质　纯品浅棕色至棕褐色固体，熔点 174℃，179℃分解，强酸性，溶解度（20℃，mg/L）：水 560，正庚烷 10，二甲苯 105，丙酮 23900，甲醇 19100。

毒性　原药对大鼠急性经口毒性 LD_{50} 为 4012mg/kg，低毒；对绿头鸭急性毒性 LD_{50}＞1944mg/kg，中等毒性；对虹鳟 LC_{50}（96h）为 8.8mg/L，中等毒性；对大型溞 EC_{50}（48h）为 44.2mg/kg，中等毒性；对月牙藻 EC_{50}（72h）为 60.2mg/L，低毒；对蜜蜂接触毒性低，喂食毒性中等；对蚯蚓低毒。对眼睛和呼吸道具刺激性，无皮肤刺激性，无染色体畸变风险。

剂型 95%原药，96%原药，21%水剂，24%水剂。

作用机理 人工合成植物激素类除草剂，其作用机理与吲哚乙酸相似，通过根和叶片迅速吸收，在植株中系统传导，可同时向顶和向基双向传导，于生长点累积，主要作用于核酸代谢，并且使叶绿体结构及其他细胞器发育畸形，干扰蛋白质合成，作用于分生组织活动等，最后导致植物死亡。

防除对象 单剂主要用于森林、非耕地防除阔叶植物，如紫茎泽兰、薇甘菊、野豌豆、柳叶菊、铁线莲、黄花蒿、青蒿、兔儿伞、百合花、唐松草、毛茛、地榆、白崛菜、委陵菜、紫菀、牛蒡、苣荬菜、刺儿菜、苍耳、葎草、田旋花、反枝苋、刺苋、铁苋菜、水蓼、藜、繁缕、一年蓬、悬浮花、野枸杞、酸枣、茅霉、胡枝子、紫穗槐、忍冬、叶底珠、胡桃楸、南蛇藤、山葡萄、蒙古栎、平榛、黄榆、紫椴、黄檗等。

使用方法 杂草苗期至生长旺盛期、灌木展叶后至生长旺盛期施药。用于森林、非耕地防除阔叶杂草，24%水剂亩制剂用量300～600mL，兑水50L稀释均匀后茎叶喷雾。森林防除灌木需增加剂量，24%水剂亩制剂用量380～1140mL。

注意事项

(1) 森林施药时，喷雾器喷头应戴保护罩，以免药液喷溅到树体上，引发伤害。杨、槐等阔叶树种对本品敏感，不宜使用；落叶松较敏感，幼树阶段不可使用，其他阶段慎用，应尽量避开根区施药，防止药剂随雨水大量渗入土壤，造成药害。

(2) 豆类、葡萄、蔬菜、棉花、果树、烟草、向日葵、甜菜、花卉、桑树、桉树等对氨氯吡啶酸敏感，施药时应注意避免飘移。

复配剂及使用方法

(1) 304g/L滴·氨氯水剂，主要用于春小麦田防除一年生阔叶杂草，茎叶喷雾，推荐亩用量80～100mL；

(2) 20%二吡·烯·氨吡可分散油悬浮剂，主要用于油菜田防除一年生杂草，茎叶喷雾，推荐亩用量60～85mL；

(3) 30%氨氯·二氯吡水剂，主要用于春油菜防除一年生阔叶杂草，茎叶喷雾，推荐亩用量25～35mL；

(4) 30%氨氯·二氯吡水剂，主要用于春油菜防除一年生阔叶杂草，茎叶喷雾，推荐亩用量25～35mL等。

氨唑草酮

(amicarbazone)

$C_{10}H_{19}N_5O_2$, 241.3, 129909-90-6

化学名称 4-氨基-5-氧代-3-异丙基-*N*-叔丁基-1,2,4-三唑-1-甲酰胺。

其他名称 胺唑草酮，BAY314666。

理化性质 纯品氨唑草酮为无色晶体，熔点137.5℃，相对密度1.12，溶解度（20℃，mg/L）：水4600。

毒性 原药对大鼠急性经口毒性LD_{50}为1015mg/kg，中等毒性；对山齿鹑急性毒性LD_{50}为1965mg/kg，中等毒性；对虹鳟LC_{50}（96h）＞120mg/L，低毒；对大型溞EC_{50}（48h）＞40.8mg/kg，中等毒性；对蜜蜂中等毒性。对眼睛具刺激性，无神经毒性、皮肤和呼吸道刺激性，无生殖影响和致癌风险。

剂型 97％原药，70％水分散粒剂，20％可分散油悬浮剂，30％可分散油悬浮剂。

作用机理 三唑啉酮类除草剂，光合作用抑制剂，主要通过根系和叶面吸收，敏感植物的典型症状为褪绿、停止生长、组织枯黄直至最终死亡，与其他光合作用的抑制剂（如三嗪类除草剂）有交互抗性。

防除对象 用于玉米田防除一年生阔叶杂草和禾本科杂草，对苘麻、藜、野苋、宾州苍耳和番薯属植物等具有较好防效。

使用方法 玉米苗后2～4叶期、一年生杂草3～5叶期，70％水分散粒剂亩制剂用量20～30g兑水稀释后均匀茎叶喷雾。

注意事项

（1）干旱、高温季节，应选择傍晚用药。夏季高温下用药，有时玉米叶片会出现轻微药害，但是7～10d后会恢复。

（2）建议在后茬种植小麦，或空茬的区域使用，对后茬种植阔叶作物的地区，需要试验后方能使用。

（3）甜玉米田不宜使用。

（4）在以牛筋草、马唐等禾本科杂草为主的玉米田，不建议使用。

（5）田间使用时注意掌握用药适期，严格控制施药剂量。施药剂量过高，玉米 5 叶期后过晚用药，可能造成药害加重。

复配剂及使用方法

（1）26％烟嘧·氨唑可分散油悬浮剂，主要用于玉米田防除一年生杂草，茎叶喷雾，推荐亩用量 70～90mL；

（2）24％烟嘧·氨唑酮可分散油悬浮剂，主要用于玉米田防除一年生杂草，茎叶喷雾，推荐亩用量 80～100mL。

苯磺隆

（tribenuron-methyl）

$C_{15}H_{17}N_5O_6S$, 395.4, 101200-48-0

化学名称 2-[N-(4-甲氧基-6-甲基-1,3,5-三嗪-2-基)-N-甲基氨基甲酰胺基磺酰基]苯甲酸甲酯。

其他名称 阔叶净，巨星，麦磺隆，Express，Express TM，DPX-l 5300。

理化性质 纯品苯磺隆为灰白色固体，熔点 142℃，175℃分解，土壤及酸性条件下不稳定，碱性条件下稳定，溶解度（20℃，mg/L）：水 2483，正己烷 20800，二氯甲烷 250000，丙酮 39100，乙酸乙酯 16300。

毒性 原药对大鼠急性经口毒性 LD_{50}＞5000mg/kg，低毒，短期喂食毒性高；对山齿鹑急性毒性 LD_{50}＞2250mg/kg，低毒；对虹鳟 LC_{50}（96h）为 738mg/L，低毒；对大型溞 EC_{50}（48h）为 894mg/kg，低毒；对月牙藻 EC_{50}（72h）为 0.11mg/L，中等毒性；对蜜蜂中等毒性，对蚯蚓低毒。对呼吸道具刺激性，有皮肤致敏性，无神经毒性和眼睛、皮肤刺激性，无染色体畸变风险。

作用机理 本品属选择性内吸传导型磺酰脲类除草剂，是侧链氨基酸（缬氨酸、亮氨酸、异亮氨酸）生物合成抑制剂。施药后经叶面与根吸收后转移到体内，抑制乙酰乳酸合成酶，使缬氨酸和异亮氨酸合成受阻，干扰细胞分裂，抑制芽梢和根生长。温度低时杂草死亡速度慢。

剂型　95％原药，75％、80％水分散粒剂，10％、20％、75％可湿性粉剂，75％干悬浮剂，20％、25％可溶粉剂。

防除对象　主要用于小麦田、观赏麦冬防除阔叶杂草如繁缕、麦家公、大巢菜、蓼、鼬瓣花、野芥菜、雀舌草、碎米荠、播娘蒿、反枝苋、田芥菜、地肤、遏兰菜、田蓟等，对猪殃殃防效较差，对田旋花、泽漆、荞麦蔓等杂草效果不显著。

使用方法　在小麦2叶期至拔节期、杂草3～4叶期使用，以10％可湿性粉剂为例，小麦田亩制剂用量10～15g，观赏麦冬亩用量30～35g兑水30～50L稀释均匀后喷雾。

注意事项

(1) 后茬套种、轮作花生的麦田、沙质土、有机质含量低且为碱性的土壤，应在冬前使用，每亩用制剂量以最低推荐剂量使用；

(2) 可加兑水量0.2％的非离子表面活性剂，有助于提高防效；

(3) 喷洒时注意防止药剂飘移到敏感的阔叶作物上，避免药剂与其他作物接触。

复配剂及使用方法

(1) 75％氟唑·苯磺隆水分散粒剂，主要用于冬小麦田防除一年生杂草，茎叶喷雾，推荐亩用量4～5g；

(2) 36％唑草·苯磺隆水分散粒剂，主要用于小麦田防除一年生阔叶杂草，茎叶喷雾，推荐亩用量6～8g；

(3) 18％氯吡·苯磺隆可分散油悬浮剂，主要用于冬小麦田防除一年生阔叶杂草，茎叶喷雾，推荐亩用量40～50g；

(4) 55％苯·唑·2甲钠可湿性粉剂，主要用于小麦田防除一年生阔叶杂草，茎叶喷雾，推荐亩用量40～50g；

(5) 30％苯磺·炔草酯可湿性粉剂，主要用于小麦田防除一年生杂草，茎叶喷雾，推荐亩用量15～18g；

(6) 75％双氟·苯磺隆水分散粒剂，主要用于冬小麦田防除一年生阔叶杂草，茎叶喷雾，推荐亩用量3～4g；

(7) 38％苄嘧·苯磺隆可湿性粉剂，主要用于冬小麦田防除一年生阔叶杂草，茎叶喷雾，推荐亩用量7.5～10g；

(8) 20％乙羧·苯磺隆可湿性粉剂，主要用于冬小麦田防除一年生阔叶杂草，茎叶喷雾，推荐亩用量12.5～15g等。

苯嘧磺草胺

（saflufenacil）

C$_{17}$H$_{17}$ClF$_4$N$_4$O$_5$S, 500.92, 372137-35-4

化学名称　N'-[2-氯-4-氟-5-[3-甲基-2,6-二氧-4-(三氟甲基)-3,6-二氢-1(2H)-嘧啶]苯甲酰]-N-异丙基-N-甲基硫酰胺。

其他名称　巴佰金。

理化性质　熔点 189.9℃，相对密度 1.595，溶解度（20℃，mg/L）：水 2100，丙酮 275000，甲醇 29800，甲苯 2300，乙酸乙酯 65500。土壤中不稳定，易分解。

毒性　原药对大鼠急性经口毒性 LD$_{50}$＞2000mg/kg，低毒；对绿头鸭急性毒性 LD$_{50}$＞2000mg/kg，低毒；对杂色鳉 LC$_{50}$（96h）＞98.0mg/L，中等毒性；对大型溞 EC$_{50}$（48h）＞98.2mg/kg，中等毒性；对蜜蜂接触毒性低；对蚯蚓低毒。无神经毒性，无致癌风险。

剂型　97.4％原药，70％水分散粒剂。

作用机理　脲嘧啶类苗后茎叶处理除草剂，抑制原卟啉原氧化酶（PPO）活性。

防除对象　用于柑橘园、非耕地防除阔叶杂草，如马齿苋、反枝苋、藜、蓼、苍耳、龙葵、苘麻、黄花蒿、苣荬菜、泥胡菜、牵牛花、苦苣菜、铁苋菜、鳢肠、饭包草、旱莲草、小飞蓬、一年蓬、蒲公英、萎蕤菜、还阳参、皱叶酸模、大籽蒿、酢浆草、乌蔹莓、加拿大一枝黄花、薇甘菊、鸭跖草、牛膝菊、耳草、粗叶耳草、胜红蓟、地桃花、天名精、葎草等。

使用方法　苗后茎叶处理，株高或茎长 10～15cm 时喷雾处理，70％水分散粒剂亩制剂用量 5～7.5g，兑水稀释均匀后茎叶喷雾。

注意事项

（1）一般配有助剂，具有增效作用，可显著提高防效或降低使用剂量。

（2）大风时或大雨前不要施药，避免飘移引起药害。

复配剂及使用方法

(1) 32％苯嘧·草甘膦可分散油悬浮剂，主要用于非耕地防除杂草，茎叶喷雾，推荐亩用量 150～200mL；

(2) 75％苯嘧·草甘膦水分散粒剂，主要用于非耕地防除杂草，茎叶喷雾，推荐亩用量 60～90mL。

苯嗪草酮
（metamitron）

$C_{10}H_{10}N_4O$, 202.2, 41394-05-2

化学名称 4-氨基-4,5-二氢-3-甲基-6-苯基-1,2,4-三嗪-5-酮。

其他名称 苯嗪草，苯甲嗪，goltix，Bietomix，Homer，Martell，Tornado。

理化性质 纯品为黄色晶体，熔点 166.6℃，250℃分解，溶解度（20℃，mg/L）：水 1770，丙酮 37000，二甲苯 2000，乙酸乙酯 20000，二氯甲烷 33000。在酸性介质中稳定，pH>10 时不稳定。

毒性 苯嗪草酮原药对大鼠急性经口毒性 LD_{50} 为 1183mg/kg，中等毒性，短期喂食毒性高；对日本鹌鹑急性毒性 LD_{50} 为 1302mg/kg，中等毒性；对虹鳟 LC_{50}（96h）$\geqslant$190mg/L，低毒；对大型溞 EC_{50}（48h）为 5.7mg/kg，中等毒性；对月牙藻 EC_{50}（72h）为 0.4mg/L，中等毒性；对蜜蜂接触毒性低、经口毒性中等；对蚯蚓中等毒性。对眼睛、皮肤、呼吸道无刺激性，无染色体畸变和致癌风险。

作用机理 三嗪类选择性芽前除草剂，主要通过植物根部吸收，再输送到叶子内，通过抑制光合作用的希尔反应而起到杀草作用。

剂型 98％原药，70％水分散粒剂，75％水分散粒剂，58％悬浮剂。

防除对象 用于甜菜田防治单子叶和双子叶杂草，如龙葵、反枝苋、藜、茼麻等。

使用方法 播种前进行土壤喷雾处理，以 75％水分散粒剂为例，亩制剂用量 400～500g，二次稀释混匀后均匀喷雾。如果天气和土壤条件不好时，可在播种后甜菜出苗之前进行土壤处理。或者在甜菜萌发后，杂草1～2叶期进行处理；倘若甜菜处于四叶期，杂草徒长时，仍可按上述推荐剂量进行处理。

注意事项

（1）在施药后降大雨等不良气候条件下可能会使作物产生轻微药害，作物在一周至二周内恢复正常生长。

（2）苯嗪草酮除草效果不够稳定。尚需与其他除草剂，如丙烯草丁钠（枯草多）等搭配使用，才能保证防治效果。

（3）苯嗪草酮在土壤中半衰期，根据土壤类型不同而有所差异，范围为一周到三个月。

（4）土壤处理时，整地要平整，避免有大土块及植物残渣。

苯噻酰草胺

（mefenacet）

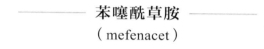

$C_{16}H_{14}N_2O_2S$, 298.36, 73250-68-7

化学名称　2-(1,3-苯并噻唑-2-基氧)-N-甲基乙酰苯胺。

其他名称　稗友，除稗特。

理化性质　纯品为无色晶体，熔点134.8℃，相对密度1.32，溶解度（20℃，mg/L）：水4，二氯甲烷200000，己烷500，甲苯35000，异丙醇7500。

毒性　原药对大鼠急性经口毒性 LD_{50} ＞5000mg/kg，低毒；对山齿鹑急性毒性 LD_{50} 为5000mg/kg，低毒；对鲑鱼 LC_{50}（96h）为6mg/L，中等毒性；对大型溞 EC_{50}（48h）为1.81mg/kg，中等毒性；对 *Scenedesmus subspicatus* 的 EC_{50}（72h）为0.18mg/L，中等毒性；对蚯蚓中等毒性。无生殖影响和染色体畸变风险。

剂型　95％、98％原药，30％泡腾颗粒剂，50％、88％可湿性粉剂。

作用机理　酰苯胺类除草剂，通过芽鞘和根吸收，经木质部和根吸收，经木质部和韧皮部传导至杂草的幼芽和嫩叶，抑制细胞生长和分裂，最终造成植株死亡。

防除对象 用在水稻田防除水稻稗草和异型莎草有特效，对碎米莎草、牛毛毡及鸭舌草等一年生杂草也有较好防效。

使用方法 水稻抛秧、移栽后3～5d用药，50％可湿性粉剂亩制剂用量60～80g（北方地区）、50～60g（南方地区），拌细土（或化肥）15～20kg均匀撒施，用药时水田保持3～4cm深水层，保持水层7～10d，不能淹没秧心。稻直播田于水稻播种出苗后1.5～3叶一心期、稗草1.5叶期左右，其他大部分杂草刚出土时，每亩用30％泡腾颗粒剂120～140g均匀抛撒，药后，保持水层3～5cm 3～5d，水层不得淹没稻心。

注意事项

（1）药后需保水，如缺水可缓慢补水，不能排水，以免降低除草效果。沙质土、漏水田使用效果差。

（2）杂草萌芽期防治最好，超过4叶期会影响效果，请注意适期用药。

复配剂及使用方法

（1）42％吡嘧·苯噻酰可湿性粉剂，主要用于水稻移栽田防除一年生杂草，药土法，推荐亩用量60～80g；

（2）81％苯·苄·硝草酮可湿性粉剂，主要用于水稻移栽田防除一年生杂草，药土法，推荐亩用量40～50g；

（3）0.36％苄嘧·苯噻酰颗粒剂，主要用于水稻移栽田防除一年生杂草，撒施，推荐亩用量6～10kg；

（4）30％苯·苄·甲草胺泡腾粒剂，主要用于水稻移栽田防除一年生杂草，撒施，推荐亩用量60～80g；

（5）75％乙磺·苯噻酰可湿性粉剂，主要用于水稻移栽田防除一年生杂草，药土法，推荐亩用量50～60g等。

苯唑草酮

（topramezone）

$C_{16}H_{17}N_3O_5S$, 363.39, 210631-68-8

化学名称 〔3-(4,5-二氢-3-异噁唑基)-4-甲基磺酰-2-甲基苯〕(5-羟基-1-甲基-1H-吡唑-4-基)甲酮。

其他名称 苞卫。

理化性质 纯品为白色晶体状固体，熔点 220.9℃，300℃分解，相对密度 1.406，弱酸性，溶解度（20℃，mg/L）：水 100000，丙酮 10000，甲苯 10000，正己烷 10000，乙酸乙酯 10000。

毒性 原药对大鼠急性经口毒性 LD_{50}＞2000mg/kg，低毒，短期喂食毒性高；对山齿鹑急性毒性 LD_{50}＞2000mg/kg，低毒；对虹鳟 LC_{50}（96h）＞100mg/L，低毒；对大型溞 EC_{50}（48h）＞100mg/kg，低毒；对月牙藻 EC_{50}（72h）为 17.2mg/L，低毒；对蜜蜂接触毒性低，喂食毒性中等；对蚯蚓低毒。对眼睛、皮肤具刺激性，具生殖影响，无染色体畸变风险。

剂型 97%原药，4%可分散油悬浮剂，30%悬浮剂。

作用机理 吡唑啉酮类苗后茎叶处理内吸传导型除草剂，可通过叶、根和茎吸收，抑制 HPPD 活性，导致植物色素合成受阻，白化死亡。

防除对象 用于玉米田防除一年生杂草，如马唐、稗草、牛筋草、狗尾草、野黍、藜、蓼、苘麻、反枝苋、豚草、曼陀罗、牛膝菊、马齿苋、苍耳、龙葵、一点红等。

使用方法 玉米苗后 2～4 叶、杂草 2～4 叶期使用，30%悬浮剂亩制剂用量 4～6mL 兑水 30～50kg 稀释均匀后进行茎叶喷雾。

注意事项

（1）幼小和旺盛生长的杂草对苯唑草酮更敏感。

（2）低温和干旱的天气，杂草生长会变慢，影响杂草对苯唑草酮的吸收，死亡时间变长。

（3）在大风时或大雨前不要施药，避免飘移引起药害。

（4）后茬种植苜蓿、棉花、花生、马铃薯、高粱、大豆、向日葵、菜豆、豌豆、甜菜、油菜等作物需先进行小面积试验，再进行种植。

（5）推荐剂量下对各种品种的玉米（大田玉米、甜玉米、爆花玉米）显示较好的安全性。套种或混种其他作物的玉米田，不能使用。

复配剂及使用方法 26%苯唑·莠去津可分散油悬浮剂，用于玉米田防除一年生杂草，茎叶喷雾，推荐剂量 150～200mL。

吡草醚

（pyraflufen-ethyl）

C$_{15}$H$_{13}$Cl$_2$F$_3$N$_2$O$_4$, 413.2, 129630-19-9

化学名称 2-氯-5-(4-氯-5-二氟甲氧基-1-甲基吡唑-3-基)4-氟苯氧乙酸乙酯。

其他名称 速草灵，霸草灵，吡氟苯草酯，Ecopart。

理化性质 纯品吡草醚为奶油色粉状固体，熔点126.8℃，240℃分解，相对密度1.57，溶解度（20℃，mg/L）：水0.082，正庚烷234，甲醇7390，丙酮175000，乙酸乙酯107000。在土壤与水中不稳定，易降解。

毒性 吡草醚原药对大鼠急性经口毒性 LD$_{50}$＞5000mg/kg，低毒；对山齿鹑急性毒性 LD$_{50}$＞2000mg/kg，低毒；对虹鳟 LC$_{50}$（96h）＞0.100mg/L，中等毒性，慢性毒性高；对大型溞 EC$_{50}$（48h）＞0.100mg/kg，中等毒性；对月牙藻 EC$_{50}$（72h）为0.00023mg/L，高毒；对蜜蜂低毒；对蚯蚓中等毒性。对眼睛、皮肤、呼吸道无刺激性，具生殖影响，无染色体畸变风险。

作用机理 该药为触杀性新型苯基吡唑类苗后除草剂，其作用机制是抑制植物体内的原卟啉原氧化酶，并利用小麦及杂草对药吸收和沉积的差异产生不同活性的代谢物，达到选择性地防治小麦地杂草的效果。

剂型 95％原药，40％母药，2％悬浮剂。

防除对象 用于小麦田防治猪殃殃、淡甘菊、小野芝麻、繁缕和其他重要的阔叶杂草。也可用于棉花成熟期脱叶。

使用方法

（1）冬前或春后杂草2～4叶期，每亩使用2％悬浮剂30～40mL兑水40～50kg，稀释均匀后进行茎叶喷雾。

（2）棉花成熟期脱叶，2％悬浮剂亩制剂用量15～20mL兑水40～60kg混匀，均匀喷雾于棉花叶片上。

注意事项

（1）收获前50d为安全间隔期，不得施药。后茬种植棉花、大豆、瓜类、玉米等作物安全性较好。

（2）大风天或预计 1h 内降雨不得施药，避免药液飘移到邻近的敏感作物田。

（3）勿与有机磷系列药剂（乳油）以及 2,4-滴、2 甲 4 氯（乳油）混用。

（4）小麦拔尖开始后避免使用吡草醚。

（5）使用后小麦会出现轻微的白色小斑点，一般对小麦的生长发育及产量无影响。

复配剂及使用方法 30.2％草甘·吡草醚悬浮剂，主要用于非耕地防除杂草，茎叶喷雾，推荐亩用量 266～333mL。

吡氟酰草胺
(diflufenican)

$C_{19}H_{11}F_5N_2O_2$, 394.29, 83164-33-4

化学名称 $2',4'$-二氟-2-(α,α,α-氟甲基间苯氧基)-3-吡啶酰苯胺。

其他名称 吡氟草胺，骄马。

理化性质 纯品为无色晶体，熔点 159.5℃，304.6℃分解，相对密度1.54，溶解度（20℃，mg/L）：水 0.05，甲醇 4700，乙酸乙酯65300，丙酮72200，二氯甲烷114000。

毒性 原药对大鼠急性经口毒性 LD_{50}＞5000mg/kg，低毒；对山齿鹑急性毒性 LD_{50} 为＞2150mg/kg，低毒；对鲤鱼 LC_{50}（96h）＞0.099mg/L，高毒；对大型溞 EC_{50}（48h）＞0.24mg/kg，中等毒性；对栅藻 EC_{50}（72h）为 0.00025mg/L，高毒；对蜜蜂、黄蜂低毒；对蚯蚓中等毒性。具眼睛刺激性，无皮肤刺激性和致敏性，无神经毒性，无染色体畸变和致癌风险。

剂型 97％、98％原药，30％、41％悬浮剂，50％水分散粒剂，50％可湿性粉剂。

作用机理 酰苯胺类除草剂，通过抑制杂草类胡萝卜素生物合成，导致叶绿素被破坏，细胞膜破裂，杂草则表现为幼芽脱色，最后整株萎蔫死亡。

防除对象 用于小麦田防除一年生阔叶杂草。

使用方法 小麦苗后 2～5 叶期、阔叶杂草 2～4 叶期使用，50％水分散粒剂亩制剂用量 14～16g，兑水 30～40kg 稀释均匀后茎叶喷雾。

注意事项 大风时不要施药，以免飘移伤及邻近敏感作物。

复配剂及使用方法

（1）55％吡酰·异丙隆悬浮剂，主要用于冬小麦田防除一年生杂草，茎叶喷雾，推荐亩用量 100～170mL；

（2）70％吡嘧·吡氟酰水分散粒剂，主要用于水稻移栽田防除一年生杂草，药土法，推荐亩用量 15～20g；

（3）33％吡酰·氧氟悬浮剂，主要用于大蒜田防除一年生杂草，土壤喷雾，推荐亩用量 20～40mL；

（4）33％氟噻·吡酰·呋悬浮剂，主要用于冬小麦田防除一年生杂草，土壤喷雾，推荐亩用量 60～80mL；

（5）36％吡酰·二甲戊悬浮剂，主要用于水稻旱直播田防除一年生杂草，土壤喷雾，推荐亩用量 80～100mL 等。

吡嘧磺隆

（pyrazosulfuron-ethyl）

$C_{14}H_{18}N_6O_7S$, 414.3, 93697-74-6

化学名称 5-(4,6-二甲氧基嘧啶基-2-氨基甲酰氨基磺酰基)-1-甲基吡唑-4-羧酸乙酯。

其他名称 草克星，稻歌，稻月生，水星，韩乐星，Agreen，Sirius。

理化性质 纯品吡嘧磺隆为灰白色结晶体，熔点 181.5℃，溶解度（mg/L）：水 14.5（25℃），己烷 200（20℃），苯 15600（20℃），丙酮 31780（20℃），氯仿 234400（20℃）。在酸、碱性介质中不稳定。

毒性 原药对老鼠急性经口毒性 LD_{50} ＞5000mg/kg，低毒；对山齿鹑急性毒性 LD_{50} 为 2250mg/kg，低毒；对虹鳟 LC_{50}（96h）为 180mg/L，低毒；对大型溞 EC_{50}（48h）为 700mg/kg，低毒；对栅藻

EC_{50}（72h）为 150mg/L，低毒；对蜜蜂中等毒性；对蚯蚓低毒。对具刺激性，无神经毒性，无眼睛、皮肤、呼吸道刺激性和致敏性，无染色体畸变和致癌风险。

作用机理　吡嘧磺隆为磺酰脲类高活性内吸选择性除草剂。药剂能迅速地被杂草的幼芽、根及茎叶吸收，并在植物体内迅速进行传导。主要通过抑制植物细胞中乙酰乳酸合成酶（ALS）的活性，阻碍必需氨基酸的合成，使杂草的芽和根很快停止生长发育，随后整株枯死。

剂型　90％、95％、97％、98％原药，7.5％、10％、20％可湿性粉剂，5％、15％、20％、30％可分散油悬浮剂，0.6％颗粒剂，15％泡腾颗粒剂，2.5％、10％泡腾片剂，20％、75％水分散粒剂。

防除对象　吡嘧磺隆杀草谱广，药效稳定，安全性高，主要用于水稻秧田、直播田及移栽田防除异型莎草、水莎草、牛毛毡、萤蔺、扁秆藨草、泽泻、鳢肠、鸭舌草、水芹、眼子菜、节节菜、矮慈姑、野慈姑、陌上菜等一年生和多年生阔叶杂草和莎草科杂草，对稗草有一定防效，对千金子无效。

使用方法　秧田和直播田使用，早稻在播种至秧苗三叶期，晚稻在一叶至三叶期，每亩用 10％可湿性粉剂，南方 10～15g，北方 15～20g，兑水 40kg 喷雾，若以防除稗草为主，早稻则宜在播种后用药，晚稻在一叶一心期用药，并应选用上限剂量。移栽田使用，在水稻移栽后 3～7d，每亩用 10％可湿性粉剂，南方 7～10g，北方 10～13g，拌土均匀撒施，也可兑水喷雾。防除眼子菜、四叶萍等多年生阔叶杂草，施药期适宜推迟。防除稗草，必须掌握在稗草一叶一心期前施药。

注意事项

（1）秧田或直播田施药，应保证田板湿润或有薄层水，移栽田施药应保水 5d 以上，才能取得理想的除草效果；

（2）在磺酰脲类除草剂中，该药对水稻是最安全的一种，但是不同水稻品种对吡嘧磺隆的耐药性有较大差异，早籼品种安全性好，晚稻品种（粳、糯稻）相对敏感，应尽量避免在晚稻芽期使用，否则易产生药害；

（3）吡嘧磺隆药雾和田中排水对周围阔叶作物有伤害作用，应予注意；

（4）若稗草特别严重田块，则可在水稻二至三叶期与 50％二氯喹啉酸每亩 20g 混用。

复配剂及使用方法

（1）0.03％吡嘧·五氟磺颗粒剂，主要用于水稻移栽田防除一年生杂草，撒施，推荐亩用量 10～15kg；

（2）42％吡嘧·苯噻酰可湿性粉剂，主要用于水稻移栽田防除一年生杂草，药土法，推荐亩用量 60～80g；

（3）25％吡嘧·嘧草醚可分散油悬浮剂，主要用于水稻田（直播）防除一年生杂草，药土法，推荐亩用量 15～20mL；

（4）35％吡嘧·嘧草·丙可分散油悬浮剂，主要用于水稻田（直播）防除一年生杂草，茎叶喷雾，推荐亩用量 60～100mL；

（5）80％苯·吡·西草净水分散粒剂，主要用于水稻移栽田防除一年生杂草，药土法，推荐亩用量 30～50g；

（6）36％五氟·丙·吡嘧可分散油悬浮剂，主要用于水稻直播田防除一年生杂草，茎叶喷雾，推荐亩用量 60～100mL；

（7）15％吡嘧·双草醚可分散油悬浮剂，主要用于水稻直播田防除一年生杂草，茎叶喷雾，推荐亩用量 20～30mL；

（8）42％吡·松·二甲戊微囊悬浮剂，主要用于水稻直播田防除一年生杂草，土壤喷雾，推荐亩用量 80～100mL；

（9）55％吡·西·扑草净颗粒剂，主要用于水稻移栽田防除一年生杂草，药土法，推荐亩用量 30～40mL 等。

吡唑草胺
（metazachlor）

$C_{14}H_{16}ClN_3O$, 277.75, 67129-08-2

化学名称　2-氯-N-（2,6-二甲苯基）乙酰胺。

理化性质　纯品为无色晶体，熔点 80℃，相对密度 1.31，溶解度（20℃，mg/L）：水 450，己烷 5000，丙酮 250000，甲苯 265000，二氯甲烷 250000。

毒性　原药对大鼠急性经口毒性 LD_{50} 为 3480mg/kg，低毒，短期喂食毒性高；对山齿鹑急性毒性 LD_{50}＞2000mg/kg，低毒；对虹鳟 LC_{50}（96h）为 8.5mg/L，中等毒性；对大型溞 EC_{50}（48h）为 33mg/kg，中等毒性；对月牙藻 EC_{50}（72h）为 0.0162mg/L，中等毒性；对蜜蜂

接触毒性低，经口毒性中等；对蚯蚓中等毒性。对眼睛、皮肤具刺激性，无神经毒性、呼吸道刺激性和皮肤致敏性，无染色体畸变和致癌风险。

剂型　97%原药，500g/L悬浮剂。

作用机理　乙酰苯胺类选择性除草剂，被植物的根、芽吸收，进入植物体后可影响植物细胞的分裂，抑制长链脂肪酸的合成，从而导致植株死亡。

防除对象　防治油菜田一年生禾本科杂草和部分阔叶杂草，如除风草、野燕麦、马唐、狗尾草等一年生禾本科杂草，以及苋、母菊、婆婆纳等一年生阔叶杂草。

使用方法　油菜移栽前1～3d使用，500g/L吡唑草胺悬浮剂亩制剂用量80～100mL，兑水稀释后土壤喷雾。

--- ## 苄嘧磺隆

（bensulfuron-methyl）

$C_{16}H_{18}N_4O_7S$, 410.4, 83055-99-6

化学名称　2-[[[[(4,6-二甲氧基嘧啶-2-基)氨基]羰基]氨基]磺酰基]甲基]苯甲酸甲酯。

其他名称　农得时，稻无草，便农，苄磺隆，便磺隆，超农，威农，免速隆，londax。

理化性质　纯品苄嘧磺隆白色固体，熔点179.4℃，245℃分解，相对密度1.41，溶解度（20℃，mg/L）：水67，丙酮5100，二氯甲烷18400，乙酸乙酯1750，邻二甲苯229。在微碱性介质中稳定，在酸性介质中缓慢分解。

毒性　原药对大鼠急性经口毒性LD_{50}＞5000mg/kg，低毒，短期喂食毒性高；对绿头鸭急性毒性LD_{50}＞2510mg/kg，低毒；对虹鳟LC_{50}(96h)＞66mg/L，中等毒性；大型溞EC_{50}(48h)为130mg/kg，低毒；对月牙藻EC_{50}(72h)为0.02mg/L，中等毒性；对蜜蜂接触毒性低，经口毒性中等；对蚯蚓低毒。对眼睛、皮肤无刺激性，无染色体畸变和致癌风险。

作用机理　苄嘧磺隆是选择性内吸传导型除草剂。有效成分可在水中迅速扩散，为杂草根部和叶片吸收，并转移到杂草各部，阻碍缬氨酸、亮氨酸、异亮氨酸的生物合成，阻止细胞的分裂和生长。敏感杂草生长机能受阻，幼嫩组织过早发黄，并抑制叶部生长，阻碍根部生长而坏死。

剂型　95%、96%、97%、97.5%、98%原药，30%、60%水分散粒剂，10%、30%、32%、60%可湿性粉剂，0.5%、5%颗粒剂，1.1%水面扩散剂。

防除对象　主要用于水稻、冬小麦田防除阔叶杂草及莎草科杂草，如鸭舌草、眼子菜、节节菜、繁缕、雨久花、野慈姑、慈姑、矮慈姑、陌上菜、花蔺、萤蔺、日照飘拂草、牛毛毡、异性莎草、水莎草、碎米莎草、泽泻、窄叶泽泻、茨藻、小茨藻、四叶萍、马齿苋等，对禾本科杂草效果差，但高剂量对稗草、狼杷草、稻李氏禾、藨草、扁秆藨草、日本藨草等有一定的抑制作用。

使用方法　苄嘧磺隆的使用方法灵活，可用毒土、毒沙、喷雾、泼浇等方法，在土壤中移动性小，温度、土质对其除草效果影响小。水稻田通常在水稻移栽返青后、杂草苗期使用，以60%水分散粒剂为例，亩制剂用量水稻田3.75～5g，拌土25～30kg均匀撒施，施药时保水3～5cm 5～7d，不得淹没水稻心叶。冬小麦田通常在小麦2～3叶、杂草2～4叶期施药，以60%水分散粒剂为例，亩制剂用量小麦田5～8g，兑水稀释均匀后进行茎叶喷雾。

注意事项

（1）水稻2.5叶期前对本品敏感，避免在水稻早期胚根或根系暴露在外时使用；

（2）应严格按照使用说明使用，用药过量或重复喷洒会出现药害，抑制水稻生长，应及时大量施肥，促进水稻的快速生长，减轻药害；

（3）阔叶作物及多种蔬菜对苄嘧磺隆敏感，使用时应避免飘移产生药害，同时，应注意稻田水中残留药剂也可能产生药害；

（4）苄嘧磺隆对后茬敏感作物的安全间隔期应在80d以上，小麦田轮作其他作物应注意；

（5）视田间草情，苄嘧磺隆适用于阔叶杂草及莎草优势地块和稗草少的地块，幼龄杂草防效较好，超过3叶期效果降低。

复配剂及使用方法

（1）53％苄嘧·苯噻酰可湿性粉剂，主要用于水稻田防除一年生和部分多年生杂草，药土法，水稻抛秧田推荐亩用量40～50g，直播水稻田推荐亩用量80～100g（南方地区），水稻移栽田推荐亩用量70～80g（北方地区）、40～50g（南方地区）；

（2）15％苄·噻磺可湿性粉剂，主要用于冬小麦田防除一年生阔叶杂草，喷雾，推荐亩用量16～20g；

（3）34％苯·苄·异丙甲可湿性粉剂，主要用于水稻抛秧田防除一年生及部分多年生杂草，药土法，推荐亩用量40～50g（南方地区）；

（4）22％苄嘧·西草净可湿性粉剂，主要用于水稻移栽田防除一年生阔叶杂草及莎草科杂草，药土法，推荐亩用量100～120g；

（5）30％苯·苄·甲草胺泡腾颗粒剂，主要用于水稻移栽田防除一年生及部分多年生杂草，撒施，推荐亩用量60～80g；

（6）22％苄嘧·五氟磺悬浮剂，主要用于水稻田（直播）防除一年生杂草，茎叶喷雾，推荐亩用量10～15mL；

（7）20％苄嘧·二甲戊可湿性粉剂，主要用于水稻旱直播田防除一年生杂草，土壤喷雾，推荐亩用量40～60g；

（8）21％苄·五氟·氰氟可分散油悬浮剂，主要用于水稻田（直播）防除一年生杂草，茎叶喷雾，推荐亩用量30～50g；

（9）50％苄嘧·禾草丹可湿性粉剂，主要用于水稻直播田、水稻秧田防除一年及部分多年生杂草，喷雾或毒土法，推荐亩用量200～300g；

（10）38％苄嘧·唑草酮可湿性粉剂，主要用于水稻移栽田防除阔叶杂草及莎草科杂草，茎叶喷雾，推荐亩用量10～13.8g。

丙草胺

（pretilachlor）

$C_{17}H_{26}ClNO_2$, 311.7, 51218-49-6

化学名称 2-氯-N-(2,6-二乙基苯基)-N-(2-丙氧基乙基)乙酰胺。

其他名称 扫弗特，瑞飞特，Sofit，Rifit，Cg 113，CgA 26423。

理化性质 纯品丙草胺为无色液体，熔点$-20℃$，闪点$129℃$，相对密度1.08，水中溶解度（$20℃$）500mg/L，易溶于苯、甲醇、正己烷、二氯甲烷。

毒性 原药对大鼠急性经口毒性LD_{50}为6099mg/kg，低毒；对日本鹌鹑急性毒性LD_{50}为10000mg/kg，低毒；对虹鳟LC_{50}（96h）为0.9mg/L，中等毒性；对大型溞EC_{50}（48h）为13mg/kg，中等毒性；对栅藻的EC_{50}（72h）为9.29mg/L，中等毒性；对蜜蜂、蚯蚓中等毒性。对眼睛、皮肤、呼吸道具刺激性，无染色体畸变和致癌风险。

作用机理 为高选择性水稻田专用除草剂，产品属2-氯化乙酰替苯胺类除草剂，是细胞分裂抑制剂，对水稻安全，杀草谱广。杂草种子在发芽过程中吸收药剂，根部吸收较差。只能作芽前土壤处理。水稻发芽期对丙草胺也比较敏感，为保证早期用药安全，丙草胺常加入安全剂使用。

剂型 94％、95％、96％、97％、98％原药，30％、50％、52％乳油，35％、50％、55％、85％水乳剂，60％可分散油悬浮剂，5％颗粒剂，85％微乳剂，30％细粒剂，40％可湿性粉剂。

防除对象 适用于水稻田防除稗草、光头稗、千金子、牛筋草、牛毛毡、窄叶泽泻、水苋菜、异型莎草、碎米莎草、丁香蓼、鸭舌草等一年生禾本科杂草、莎草和部分阔叶杂草。

使用方法

（1）在水直播田和秧田使用，先整好地，然后催芽播种，播种后2～4d，灌浅水层，每亩用30％乳油100～115mL，兑水30kg或混细潮土20kg均匀喷雾或撒施全田，保持水层3～4d。

（2）水稻移栽田与抛秧田在移栽后3～5d或抛秧后5～7d，将30％丙草胺乳油按照每亩100～150mL拌土15～25kg，均匀撒施，药后保水3～5cm，保水2～3d，不要漫过秧心苗。

注意事项

（1）地整好后要及时播种、用药，杂草过大（1.5叶期以上）时，耐药性会增强，影响药效。

（2）播种的稻谷要根芽正常，切忌有芽无根。

（3）在北方稻区使用，施药时期应适当延长，先行试验，再大面积推广，以免产生药害。

复配剂及使用方法

（1）36％吡嘧·丙草胺可湿性粉剂，主要用于水稻抛秧田、茭白田防除一年生杂草，药土法，推荐亩用量 60～80g；

（2）40%苄嘧磺隆·丙草胺可分散油悬浮剂，主要用于水稻田（直播）防除一年生杂草，土壤喷雾，推荐亩用量 60～80mL；

（3）48%丙草·丙噁·松乳油，主要用于水稻移栽田防除一年生杂草，喷雾，推荐亩用量 45～65mL；

（4）33%丙噁·氧·丙草乳油，主要用于水稻移栽田防除一年生杂草，药土法，推荐亩用量 20～40mL；

（5）36%五氟·丙·吡嘧可分散油悬浮剂，主要用于水稻田（直播）防除一年生杂草，茎叶喷雾，推荐亩用量 60～100mL；

（6）31%嘧肟·丙草胺乳油，主要用于水稻移栽田防除一年生杂草，茎叶喷雾，推荐亩用量东北地区 85～100mL、其他地区 65～80mL；

（7）47%异隆·丙·氯吡可湿性粉剂，主要用于冬小麦田、水稻旱直播田防除一年生杂草，土壤喷雾，推荐亩用量分别为 120～150g（冬小麦田）、80～120g（水稻旱直播田）等。

丙嗪嘧磺隆
（propyrisulfuron）

$C_{16}H_{18}ClN_7O_5S$, 455.9, 570415-88-2

化学名称　1-(2-氯-6-丙基咪唑[1,2-*b*]并哒嗪-3-基磺酰基)-3-(4,6-二甲氧基嘧啶-2-基)脲。

其他名称　择特旺，Jumbo。

理化性质　纯品为白色固体，熔点大于 193.5℃（分解），相对密度 1.775，水溶性 0.98mg/L（20℃）。

毒性　原药对大鼠急性经口毒性 LD_{50}＞2000mg/kg，低毒；对山齿鹑经口 LD_{50}＞2250mg/kg，低毒；对鲤鱼 LC_{50}(96h)＞10mg/L，中等毒性；对大型溞 EC_{50}(48h)＞10mg/kg，中等毒性；对月牙藻 EC_{50}(72h)＞0.011mg/L，中等毒性。无皮肤、呼吸道刺激性，无致癌风险。

作用机理　丙嗪嘧磺隆为选择性广谱磺胺脲类除草剂，植物对其具有内吸性，植物可通过根、茎、叶吸收后抑制其乙酰乳酸合成酶

（ALS）活性，达到防除作用。

剂型　95％原药，9.5％悬浮剂。

防除对象　杀草谱广，可同时防除一年生禾本科杂草、莎草科杂草、阔叶草等杂草，如稗草（三叶期以下）、萤蔺、鸭舌草、陌上菜、节节菜、沟繁缕、莎草等。同时其对已对其他磺酰脲类除草剂产生抗性的杂草也具有较好防效。

使用方法

（1）直播田施用　在水稻 2 叶期以后、稗草 3 叶期以前施药；每亩用 9.5％悬浮剂 50mL。最佳施药时期为水稻 2.5 叶期。灌水泡田整田，保持一定水层或泥浆直接播种。建议催芽后播种，使水稻尽可能早于杂草出苗。不同季节直播水稻、移栽稻田和不同除草处理直播水稻、移栽稻田的施药时期见下表。

（2）移栽田施用　在水稻移栽后 5～7d 施药；每亩用 9.5％悬浮剂 50mL，茎叶喷雾。

项目	直播早稻	直播中、晚稻	移栽稻田
未进行封闭除草	播后 11～18 天	播后 6～12 天	移栽后 5d
已进行封闭除草	播后 11～20 天	播后 6～14 天	

注意事项

（1）丙嗪嘧磺隆对千金子无效，若防除千金子需搭配其他除草剂如 10％氰氟草酯（每亩 60mL）使用；

（2）丙嗪嘧磺隆对 3 叶期以后稗草防效较差，如需防除大龄稗草可配合双草醚（每亩 10～15mL）使用；

（3）无需排水用药，建议药后保水 4d 以上，便于药剂扩散与吸收。

丙炔噁草酮

（oxadiargyl）

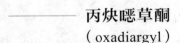

C$_{15}$H$_{14}$Cl$_2$N$_2$O$_3$，341.1，39807-15-3

化学名称 5-叔丁基-3-[2,4-二氯-5-(丙-2-炔基氧基)苯基]1,3,4-噁二唑-2(3H)-酮。

其他名称 稻思达，快恶草酮，Raft，Topstar。

理化性质 丙炔恶草酮为白色至米黄色粉末，熔点131℃，相对密度1.41，溶解度（20℃，mg/L）：水0.37，甲醇14700，乙腈94600，二氯甲烷500000，乙酸乙酯121600，丙酮250000，甲苯77600。酸性及中性条件下稳定，碱性介质中易分解。

毒性 原药对大鼠急性经口毒性LD_{50}>802mg/kg，中等毒性，短期喂食毒性高；对山齿鹑急性毒性LD_{50}>2000mg/kg，低毒；对虹鳟LC_{50}(96h)>0.201mg/L，中等毒性；对大型溞EC_{50}(48h)>0.352mg/kg，中等毒性；对栅藻EC_{50}(72h)为0.001mg/L，高毒；对蜜蜂、蚯蚓低毒。对眼睛、皮肤、呼吸道无刺激性，无神经毒性，无染色体畸变和致癌风险。

作用机理 属于环状亚胺类选择性触杀型除草剂，原卟啉原氧化酶抑制剂，主要在杂草出土前后通过稗草等敏感杂草幼芽或幼苗接触吸收而起作用。施于稻田水中经过沉降逐渐被表层土壤胶粒吸附形成一个稳定的药膜封闭层，当其后萌发的杂草幼芽经过此药层时，以接触吸收和有限传导，在有光的条件下，使接触部位的细胞膜破裂和叶绿素分解，并使生长旺盛部分的分生组织遭到破坏，最终导致受害的杂草幼芽枯萎死亡。而在施药以前已经萌发但尚未露出水面的杂草幼苗，则在药剂沉降之前从水中接触吸收到足够的药剂，致使杂草很快坏死腐烂。土壤中移动性较小，因此，不易触及杂草的根部。持效期30d左右。

剂型 96%、98%原药，10%、25%、38%可分散油悬浮剂，80%可湿性粉剂，80%水分散粒剂，8%、12%水乳剂，10%乳油，15%悬浮剂。

防除对象 主要用于水稻移栽田、马铃薯田防除阔叶杂草，如苘麻、鬼针草、藜属杂草、苍耳、圆叶锦葵、鸭舌草、蓼属杂草、梅花藻、龙葵、苦苣菜、节节菜等；禾本科杂草，如稗草、千金子、刺蒺藜草、兰花草、马唐、牛筋草、稷属杂草以及莎草科杂草等，对恶性杂草四叶萍有良好的防效。

使用方法 以80%可湿性粉剂为例：

（1）水稻移栽前3～7d，灌水整地后，亩制剂用量6～8g，兑水3～5kg混匀后进行均匀甩施，甩施的药滴间距应少于0.5m，施药后保持3～5cm水层5～7d，每亩用水量3～5kg，避免淹没稻苗心叶；

（2）马铃薯田播后苗前、杂草出苗之前，采用细雾滴喷头，亩制剂用量 15～18g，兑水 20～40kg，进行土壤封闭喷雾处理。

注意事项

（1）严格按推荐的使用技术均匀施用，不得超范围使用，其对水稻的安全幅度较窄，不宜用在弱苗田、制种田、抛秧田及糯稻田。

（2）秸秆还田（旋耕整地、打浆）的稻田，也必须于水稻移栽前 3～7d 趁清水或浑水施药，且秸秆要打碎并彻底与耕层土壤混匀，以免因秸秆集中腐烂造成水稻根际缺氧引起稻苗受害。本剂为触杀型土壤处理剂，插秧时勿将稻苗淹没在施用本剂的稻田水中，水稻移栽后使用应采用"毒土法"撒施，以保药效、避免药害。东北地区移栽前后两次用药防除稗草（稻稗）、三棱草、慈姑、泽泻等恶性或抗性杂草时，可按说明于栽前施用本剂，再于水稻栽后 15～18d 使用其他杀稗剂和阔叶除草剂，两次使用杀稗剂的间隔期应在 20d 以上。

（3）避免使用高剂量，以免因稻田高低不平、缺水或施用不均等造成作物药害。

（4）用于露地马铃薯田时，建议于作物播后苗前将半量丙炔噁草酮与其他苗前土壤处理的禾本科除草剂混用，避免杂草抗药性发生，同时保证药效。用于地膜马铃薯田时，应酌情降低使用剂量。

丙炔氟草胺
（flumioxazin）

$C_{19}H_{15}FN_2O_4$, 354.3, 103361-09-7

化学名称 N-[7-氟-3,4-二氢-3-氧-4-丙炔-2-基-2H-1,4-苯并噁嗪-6-基]环己-1-烯-1,2-二甲酰亚胺乙酸戊酯。

其他名称 速收，司米梢芽，Sumisoya。

理化性质 纯品丙炔氟草胺为白色粉末，相对密度 1.5，溶解度（20℃，mg/L）：水 0.786，丙酮 17000，乙酸乙酯 17800，己烷 25，甲醇 1600。酸性条件下相对稳定，碱性条件下易分解。

毒性　丙炔氟草胺原药对大鼠急性经口毒性 $LD_{50}>5000mg/kg$，低毒；对山齿鹑急性毒性 $LD_{50}>2250mg/kg$，低毒；对虹鳟 LC_{50}（96h）为 $2.3mg/L$，中等毒性；对大型溞 EC_{50}（48h）为 $5.9mg/kg$，中等毒性；对月牙藻 EC_{50}（72h）为 $0.000852mg/L$，高毒；对蜜蜂低毒；对蚯蚓中等毒性。对眼睛具刺激性，无神经毒性和皮肤刺激性，具生殖影响，无染色体畸变和致癌风险。

作用机理　触杀型选择性除草剂，N-苯基邻苯二甲酰亚胺类除草剂，作用位点为原卟啉原氧化酶（PPO），可被植物的幼芽和叶片吸收，在光和氧中，引起敏感作物中原卟啉的大量积累，使细胞膜脂质过氧化作用增强，从而导致敏感杂草的细胞膜结构和细胞功能不可逆损害。

剂型　99.2%原药，50%可湿性粉剂，51%水分散粒剂。

防除对象　登记用于大豆、花生、柑橘园防除一年生阔叶杂草和部分禾本科杂草。

使用方法

（1）用于大豆、花生播前或播后苗前使用，一般播后不超过三天施药，以50%可湿性粉剂为例，亩制剂用量 $8\sim12g$（大豆田）、$6\sim8g$（花生田）兑水 $30\sim40kg$ 均匀喷雾于土壤表层。

（2）柑橘园定向喷雾于杂草，50%可湿性粉剂亩用药量 $53\sim80g$。

注意事项

（1）大豆和花生在拱土或出苗期不能施药，发芽后施药易产生药害，所以必须在苗前施药。

（2）土壤干燥影响药效，应先灌水后播种再施药。

（3）禾本科杂草和阔叶杂草混生的地区，应在专业人员指导下，与防除禾本科杂草的除草混合使用，效果会更好。

（4）柑橘园施药应定向喷雾于杂草上，避免喷施到柑橘树的叶片及嫩枝上。

（5）现配现用，不宜长时间搁置。

（6）大风天不宜使用，避免飘移造成药害。

复配剂及使用方法

（1）34%丙炔氟草胺·二甲戊灵乳油，主要用于棉花田防除一年生杂草，土壤喷雾，推荐亩用量 $100\sim130mL$；

（2）66%氟草·草铵膦可湿性粉剂，主要用于非耕地防除杂草，茎叶喷雾，推荐亩用量 $100\sim125g$；

（3）66％氟草·草甘膦可湿性粉剂，主要用于非耕地防除杂草，茎叶喷雾，推荐亩用量 90～180g 等。

丙酯草醚

（pyribambenz-propyl）

$C_{23}H_{25}N_3O_5$, 422, 420138-40-5

化学名称 4-[2-(4,6-二甲氧基嘧啶-2-氧基)苄氨基]苯甲酸正丙酯。

其他名称 ZJ0273。

理化性质 纯品外观为白色固体，溶解度（20℃，mg/L）：水 153，乙醇 1130，二甲苯 11700，丙酮 43700。原药外观为白色至米黄色粉末。对光、热稳定，遇强酸、强碱会逐渐分解。

毒性 丙酯草醚原药急性 LD_{50}（mg/kg）：大鼠经口＞4640，经皮＞2150；对兔皮肤和眼睛均无刺激性；对动物无致畸、致突变、致癌作用。

作用机理 丙酯草醚为我国自主研发的新型油菜田除草剂，它可以通过杂草的茎、叶、根、芽吸收，在植株体内迅速传导至全株，抑制乙酰乳酸合成酶（ALS）和氨基酸的生物合成，从而抑制和阻碍杂草体内的细胞分裂，使杂草停止生长，最终使杂草白化而枯死。以根吸收为主，茎叶次之。

剂型 10％悬浮剂、10％乳油、98％原药。

防除对象 冬油菜田一年生禾本科及部分阔叶杂草，主要防除看麦娘、日本看麦娘、棒头草、繁缕、雀舌草等，但是对大巢菜、野老鹳草、稻茬菜、泥胡菜等效果较差。

使用方法 冬油菜移栽田，移栽成活后，杂草 4 叶期前用药，10％丙酯草醚乳油每亩用药量 40～50g，茎叶喷雾处理。

注意事项

（1）丙酯草醚活性发挥较慢，需施药 10d 以上才能出现症状，20d 以上才能完全发挥除草活性。

（2）丙酯草醚对 4 叶期以上的油菜安全。

草铵膦

（glufosinate-ammonium）

$$\left[\text{HO} \begin{matrix} O \\ \| \\ C \end{matrix} \underset{NH_2}{\overset{}{\text{---}}} \begin{matrix} O \\ \| \\ P \\ | \\ CH_3 \end{matrix} \right] NH_4^+$$

$C_5H_{15}N_2O_4P$, 198.2, 77182-82-2

化学名称　4-[羟基(甲基)膦酰基]-DL-高丙氨酸铵。

其他名称　草丁膦，Finale，Basta，Buster，Ignite，Hoe 39866。

理化性质　纯品草铵膦为结晶固体，熔点 216.5℃，245℃分解，相对密度 1.32，溶解度（20℃，mg/L）：水 500000，丙酮 250，乙酸乙酯 250，甲醇 5730000，二甲苯 250。草铵膦及其盐不挥发、不降解，空气中稳定。

毒性　原药对小鼠急性经口毒性 LD_{50} 为 416mg/kg，中等毒性，对大鼠短期喂食毒性高；对日本鹌鹑急性毒性 $LD_{50} > 2000$mg/kg，低毒；对虹鳟 LC_{50}（96h）为 710mg/L，低毒；对大型溞 EC_{50}（48h）为 668mg/kg，低毒；对四尾栅藻 EC_{50}（72h）为 46.5mg/L，低毒；对蜜蜂、蚯蚓低毒。无呼吸道刺激性，具神经毒性和生殖影响，无染色体畸变和致癌风险。

作用机理　本品为一种具有部分内吸作用的非选择性除草剂，使用时主要作触杀剂。可以导致植物体内氮代谢紊乱、铵的过量积累及叶绿体解体，影响光合作用，最终导致杂草死亡。施药后有效成分通过叶片起作用，尚未出土的幼苗不会受到伤害。

剂型　90%、95%、97%原药，40%、50%、80%、88%可溶粒剂、10%、18%、200g/L、30%可溶液剂，10%、18%、200g/L、23%、30%、50%水剂。

防除对象　可防除一年生和多年生双子叶及禾本科杂草，如鼠尾看麦娘、马唐、稗、野大麦、多花黑麦草、狗尾草、金狗尾草、野小麦、野玉米、鸭茅、曲芒发草、羊茅、绒毛草、黑麦草、双穗雀稗、芦苇、早熟禾、野燕麦、雀麦、辣子草、猪殃殃、宝盖草、小野芝麻、龙葵、繁缕、田野勿忘草、匍匐冰草、匍茎剪股颖、拂子茅、薹草、狗牙根、反枝苋等。

使用方法　杂草生长旺盛期施药，以 200g/L 水剂为例，亩制剂用量 350～583mL 兑水 30～50kg，稀释均匀后喷雾。

注意事项

（1）应用清水稀释，不能用污水、硬水，以免影响药效。

（2）喷雾时应注意防止药液飘移到其他作物上，防止产生药害。

（3）不可与土壤消毒剂混用，在已消毒灭菌的土壤中，不宜在作物播种前使用。

（4）施药后 7d 内勿割草、放牧、翻地等。

（5）本品遇土钝化，宜作茎叶处理。

（6）对金属制成的镀锌容器有腐化作用，易引起火灾。

复配剂及使用方法

（1）66% 氟草·草铵膦可湿性粉剂，主要用于非耕地防除杂草，茎叶喷雾，推荐亩用量 100～125g；

（2）24% 乙羧·草铵膦可分散油悬浮剂，主要用于非耕地防除杂草，茎叶喷雾，推荐亩用量 100～200mL；

（3）16% 2甲·草铵膦可溶液剂，主要用于非耕地防除杂草，茎叶喷雾，推荐亩用量 250～450mL；

（4）12% 2,4-滴·草铵膦可溶液剂，主要用于非耕地防除杂草，茎叶喷雾，推荐亩用量 400～600mL 等。

草除灵

（benazolin-ethyl）

$C_{11}H_{10}ClNO_3S$, 271.72, 25059-80-7

化学名称 4-氯-2-氧化苯并噻唑-3-基乙酸乙酯。

其他名称 好施阔，好实多，高特克，草除灵乙酯。

理化性质 纯品为白色结晶固体，熔点 79.2℃，相对密度 1.45，溶解度（20℃，mg/L）：水 47，丙酮 229000，二氯甲烷 603000，乙酸乙酯 148000，甲苯 28500。酸性条件下稳定，碱性条件下易分解，土壤中半衰期短。

毒性 原药对小鼠急性经口毒性 $LD_{50} > 4000mg/kg$，低毒；对绿头鸭急性毒性 $LD_{50} > 3000mg/kg$，低毒；对蓝鳃鱼 LC_{50}（96h）$> 2.8mg/L$，中等毒性；对大型溞 EC_{50}（48h）$> 6.2mg/kg$，中等毒性，慢性毒性高；对月牙藻 EC_{50}（72h）$> 16.0mg/L$，低毒；对蚯蚓毒性低。无染色体畸变风险。

剂型 95%、96%原药，30%、42%、50%、500g/L悬浮剂，15%乳油。

作用机理 选择性内吸传导型苗后除草剂，通过叶片吸收，输导到整个植物体。与激素类除草剂症状相似，敏感植物吸收后生长停滞，叶片僵绿，增厚反卷，新生叶扭曲，节间缩短，最后死亡。在耐药性植物体内降解成无活性物质。

防除对象 防治油菜田一年生阔叶杂草，如繁缕、牛繁缕、雀舌草和猪殃殃等。

使用方法 直播油菜4～6叶期或冬油菜移栽成活后，阔叶杂草2～5叶期使用，50%悬浮剂亩制剂用量30～50mL兑水25～30kg稀释后均匀茎叶喷雾。

注意事项

（1）冬季霜冻期，杂草停止吸收和生长，不宜施用。

（2）可能使油菜叶片局部变形，之后会恢复生长不会影响后期产量和品质。

（3）芥菜型油菜对本品高毒敏感，不能使用。对白菜型油菜有轻度药害，应在油菜越冬后期或返青期使用。

复配剂及使用方法

（1）38%精喹·草除灵悬浮剂，主要用于冬油菜田防除一年生杂草，茎叶喷雾，推荐亩用量40～60mL；

（2）16%二吡·烯·草灵可分散油悬浮剂，主要用于油菜田防除一年生禾本科杂草及阔叶杂草，茎叶喷雾，推荐亩用量100～125mL；

（3）20%氟吡·草除灵乳油，主要用于冬油菜田防除一年生杂草，茎叶喷雾，推荐亩用量70～100mL；

（4）12%烯酮·草除灵乳油，主要用于冬油菜田防除一年生杂草，茎叶喷雾，推荐亩用量200～250mL；

（5）18%噁唑·草除灵乳油，主要用于冬油菜田防除一年生杂草，茎叶喷雾，推荐亩用量100～120mL等。

草甘膦

（glyphosate）

$C_3H_8NO_5P$, 169.1, 1071-83-6

化学名称 *N*-(磷酰基甲基)甘氨酸。

其他名称 农达，草克灵，春多多，嘉磷赛，可灵达，镇草宁，奔达，农民乐，时拔克，罗达普，甘氨膦，膦甘酸，膦酸甘氨酸，Round up，Burndown，Kleenup Spark，Rocket。

理化性质 纯品草甘膦为无色结晶固体，熔点189.5℃，200℃分解，相对密度1.71，溶解度（20℃，mg/L）：水10500，丙酮0.6，二甲苯0.6，甲醇10，乙酸乙酯0.6，溶于氨水。草甘膦及其所有盐不挥发、不降解，在空气中稳定。

毒性 原药对大鼠急性经口毒性 LD_{50}＞2000mg/kg，低毒，短期喂食毒性中等；对山齿鹑急性毒性 LD_{50}＞2250mg/kg，低毒；对虹鳟 LC_{50}（96h）为38.0mg/L，中等毒性；对大型溞 EC_{50}（48h）为40mg/kg，中等毒性；对月牙藻 EC_{50}（72h）为19mg/L，低毒；对蜜蜂接触毒性低、经口毒性中等；对蚯蚓低毒。对眼睛、皮肤具刺激性，无神经毒性、呼吸道刺激性和生殖影响，无染色体畸变风险。

作用机理 内吸传导型广谱灭生性除草剂，作用过程为喷洒-黄化-褐变-枯死。药剂通过植物茎叶吸收在体内输导到各部分。不仅可以通过茎叶传导到地下部分，并且在同一植株的不同分蘖间传导，使蛋白质合成受干扰导致植株死亡。对多年生深根杂草的地下组织破坏力很强，但不能用于土壤处理。

剂型 90%、93%、95%、96%、97%原药，30%、41%水剂，50%、58%、68%、70%、75.7%可溶粒剂，30%、50%、58%、65%可溶粉剂，50%可分散油悬浮剂，其他盐制剂包括30%、35%、41%、410g/L、46%、600g/L、62%水剂（草甘膦异丙胺盐），46%可溶液剂（草甘膦异丙胺盐）、30%、35%水剂（草甘膦铵盐）、30%、65%、80%、88.8%、95%可溶粒剂（草甘膦铵盐），30%、35%、41%水剂（草甘膦钾盐），50%可溶液剂（草甘膦钾盐），35%、46%水剂（草甘膦二甲胺盐），30%水剂（草甘膦二铵盐）等。

防除对象 本品能防除几乎所有的一年生或多年生杂草。

使用方法　草甘膦在作物播种前，果园、茶园、田边等杂草生长旺盛期，以30%水剂为例，亩制剂用量250～500mL加水25～30kg左右进行喷雾处理。

注意事项

（1）草甘膦属灭生性除草剂，施药时应防治药液飘移到作物茎叶上，以免产生药害。

（2）稀释时必须用清水配制，不能用过硬水或污水，现配现用。

（3）草甘膦与土壤接触立即钝化丧失活性，宜作茎叶处理。施药时间以在杂草出齐处于旺盛生长期到开花前，有较大叶面积能接触较多药液为宜。

（4）草甘膦在使用时可加入适量的洗衣粉、柴油等表面活性剂，可提高除草效果，节省用药量。表面活性剂的加入量为喷施量的0.2%～0.5%。

（5）温暖晴天用药效果优于低温天气，施药后4～6h内遇雨会降低药效，应酌情补喷。

（6）草甘膦对金属如钢制成的镀锌容器有腐蚀作用，且可起化学反应产生氢气而易引起火灾，故贮存与使用时应尽量用塑料容器。

（7）低温贮存时，会有结晶析出，用时应充分摇动容器，使结晶重新溶解，以保证药效。

（8）使用中药液溅到皮肤、眼睛上时应立即用清水反复清洗。

复配剂及使用方法

（1）36%草铵·草甘膦可溶液剂，主要用于非耕地防除杂草，茎叶喷雾，推荐亩用量200～400mL；

（2）32.7% 2甲·草甘膦可溶液剂，主要用于非耕地防除杂草，茎叶喷雾，推荐亩用量300～400mL；

（3）33%乙羧·草甘膦可分散油悬浮剂，主要用于非耕地防除杂草，茎叶喷雾，推荐亩用量160～200mL；

（4）32%滴酸·草甘膦水剂，主要用于非耕地防除杂草，茎叶喷雾，推荐亩用量250～500mL；

（5）33%麦畏·草甘膦水剂，主要用于非耕地防除杂草，茎叶喷雾，推荐亩用量180～240mL；

（6）75%苯嘧·草甘膦水分散粒剂，主要用于非耕地防除杂草，茎叶喷雾，推荐亩用量60～90mL；

（7）65% 2甲·草·氯吡可湿性粉剂，主要用于桉树林防除杂草，茎叶喷雾，推荐亩用量 125～250mL；

（8）88％草甘•甲•乙羧可溶粒剂，主要用于非耕地防除一年生杂草，茎叶喷雾，推荐亩用量 100～140mL 等。

除草定
（bromacil）

$C_9H_{13}BrN_2O_2$，261.12，314-40-9

化学名称 5-溴-3-仲丁基-6-甲基脲嘧啶。

其他名称 必螨立克。

理化性质 纯品为白色结晶固体，熔点 158.5℃，158℃分解，相对密度 1.59，溶解度（20℃，mg/L）：水 815，丙酮 167000，乙醇 134000，二甲苯 32000。

毒性 原药对大鼠急性经口毒性 LD_{50} 为 1300mg/kg，中等毒性；对山齿鹑急性毒性 $LD_{50}>2250$mg/kg，低毒；对蓝鳃鱼 LC_{50}（96h）$>$ 36mg/L，中等毒性；对大型溞 EC_{50}（48h）>119mg/kg，低毒；对某藻类 EC_{50}（72h）为 0.013mg/L，中等毒性；对蜜蜂毒性低。具眼睛、皮肤刺激性，无神经毒性和生殖影响，无染色体畸变风险。

剂型 95％原药，80％可湿性粉剂。

作用机理 取代脲嘧啶类非选择性除草剂，主要通过根部吸收传导，也有接触茎叶杀草作用，通过干扰植物光合作用达到杀草效果。

防除对象 柑橘园、菠萝田防除一年生和多年生杂草。

使用方法 杂草生长旺盛期，使用80％可湿性粉剂制剂125～290g（柑橘）、300～400g（菠萝）兑水 30～40kg 稀释后均匀定向喷雾至杂草叶面。

注意事项

（1）施药时应避免药液飘移到邻近敏感作物上，以防产生药害。

（2）土壤移动性较强，对地下水具有一定的污染风险性。

（3）晴天、气温较高、无风或微风时定向喷雾，大风或雨天不宜施用。

单嘧磺隆

（monosulfuron）

C$_{12}$H$_{11}$N$_5$O$_5$S, 337.32, 155860-63-2

化学名称 2-[[[[（4-甲基-2-嘧啶）氨基]羰基]氨基]磺酰基]苯甲酸。

其他名称 谷友，绿终。

作用机理 内吸传导型磺酰脲类除草剂，抑制乙酰乳酸合成酶（ALS）活性，使植物因蛋白质合成受阻而停止生长。

剂型 90％原药，10％可湿性粉剂。

防除对象 主要用于谷子田防除藜、蓼、反枝苋、马齿苋、刺儿菜等一年生阔叶杂草，或用于冬小麦田防除播娘蒿、荠菜等一年生阔叶杂草。

使用方法 春播谷子于播后苗前进行土壤喷施，或者谷苗3叶期后进行茎叶处理。夏播谷子田应在播后苗前进行土壤喷雾。冬小麦田最佳处理时期为冬前杂草第一次出苗高峰期，也可在杂草春季出苗高峰期施用。10％可湿性粉剂亩制剂用量分别为10～20g（谷子）、30～40g（小麦），兑水30～45kg，二次稀释均匀后喷雾。

注意事项

（1）药后35d内勿破坏土层，否则影响药效。

（2）谷苗刚出土时对单嘧磺隆最敏感，此时严禁用药。

（3）使用后，后茬可以安全种植玉米、谷子等作物，高粱、大豆、向日葵、花生等作物慎种，严禁种植油菜、白菜等十字花科作物及棉花、苋菜、芝麻等作物。

（4）大风天不宜使用，避免药液飘移到邻近作物田引起药害或导致喷药不均降低效果。

（5）土壤湿润有利于药效发挥。有机质含量低的沙质土遇有效降雨后谷种会受到不同程度药害，不宜使用。低洼地块容易造成积水和药液堆积而导致产生药害，不宜使用。

（6）前茬如果使用长残留除草剂，易造成叠加药害，慎重使用。

单嘧磺酯

(monosulfuron-ester)

C$_{14}$H$_{14}$N$_4$O$_5$S, 350.35, 74223-64-6

化学名称　　N-[2′-(4-甲基)-嘧啶基]-2-甲氧羰基苯磺酰脲。

理化性质　　纯品为白色粉末，熔点 179.0～180.0℃，相对密度1.54，溶解度（20℃，mg/L）：水 60，甲醇 300，乙腈 1440，丙酮2030，四氢呋喃 4830，二甲亚砜 24680，碱性条件下可溶于水。弱酸、中性及弱碱性条件下稳定，酸性条件下易降解。

毒性　　原药对大鼠急性经口和经皮低毒；对鱼、鸟、蜜蜂、桑蚕低毒。具眼睛轻度刺激性，无皮肤刺激性，致敏性弱，无染色体畸变和致癌风险。

剂型　　90%原药，10%可湿性粉剂。

作用机理　　内吸、传导性磺酰脲类除草剂，作用靶标是乙酰乳酸合成酶（ALS），使植物因蛋白质合成受阻而停止生长。

防除对象　　主要作用于小麦田防除播娘蒿、荠菜、藜、婆婆纳等一年生阔叶杂草，对荞麦蔓、萹蓄、葵等防除效果较差。

使用方法　　冬小麦田于小麦 3 叶期至拔节前用药，最佳用药时期为冬前杂草第一次出苗高峰期，也可在杂草春季出苗期、小麦返青后施用；春小麦在杂草出苗高峰期施用。10%可湿性粉剂亩制剂用量 12～15g（冬小麦）、15～20g（春小麦），兑水 30～45kg，二次稀释均匀后茎叶喷雾。

注意事项

（1）施药时应选择无风天气操作，避免喷洒到阔叶作物。

（2）后茬以种植玉米为宜，严禁种植油菜、芝麻等敏感作物，慎种旱稻、苋、高粱、棉花等作物。

（3）不可与碱性农药等物质混用。

2,4-滴

（2,4-D）

C$_8$H$_6$Cl$_2$O$_3$, 221.0, 94-75-7

化学名称　2,4-二氯苯氧乙酸。

其他名称　杀草快，大豆欢。

理化性质　纯品 2,4-滴为白色菱形结晶或粉末，略带酚的气味。熔点 140.5℃，水溶解度（25℃）为 620mg/kg，可溶于碱、乙醇、丙酮、乙酸乙酯和热苯，不溶于石油醚；不吸湿，有腐蚀性。其钠盐熔点 215~216℃，室温水中溶解度为 4.5%。

毒性　原药大白鼠急性 LD$_{50}$（mg/kg）：2,4-滴 375，2,4-滴钠盐 660~805。

作用机理　可用于植物生长调节，是用于诱导愈伤组织形成的常用的生长素类似物的一种。具内吸性，可从根、茎、叶进入植物体内，降解缓慢，故可积累一定浓度，从而干扰植物体内激素平衡，破坏核酸与蛋白质代谢，促进或抑制某些器官生长，使杂草茎叶扭曲、茎基变粗、肿裂等。

剂型　97%、96%、98%原药。

防除对象　主要作用于双子叶植物，在 500mg/L 以上高浓度时用于茎叶处理，可在麦、稻、玉米、甘蔗等作物田中防除藜、苋等阔叶杂草及萌芽期禾本科杂草。

使用方法　禾本科作物在其 4~5 叶期具有较强耐性，此时是喷药的适期。有时也用于玉米播后苗前的土壤处理，以防除多种单子叶、双子叶杂草。与莠去津、扑草净等除草剂混用，或与硫酸铵等酸性肥料混用，可以增加杀草效果。在温度 20~28℃时，药效随温度上升而提高，低于 20℃则药效降低。

注意事项

（1）2,4-D 吸附性强，用过的喷雾器必须充分洗净，以免棉花、蔬菜等敏感作物受其残留微量药剂危害，但对人畜安全。2,4 滴在低浓度下，能促进植物生长，在生产上也被用作植物生长调节剂。

（2）2,4-D 多以复配剂或钠盐登记使用，单剂只有原药登记使用。

复配剂及使用方法

（1）304g/L滴酸·氨氯水剂，防除春小麦田一年生阔叶杂草，茎叶喷雾，推荐亩剂量为 80～100mL；防除非耕地杂草，茎叶喷雾，推荐亩剂量为 100～150mL。

（2）32％滴酸·草甘膦水剂，防除非耕地杂草，茎叶喷雾，推荐亩剂量为 250～500mL。

（3）82.2％滴酸·草甘膦可溶粒剂，防除非耕地杂草，茎叶喷雾，推荐亩剂量为 83.3～160mL。

（4）12％ 2,4-滴·草铵膦可溶液剂，防除非耕地杂草，茎叶喷雾，推荐亩剂量为 400～600mL。

2,4-滴异辛酯
（2,4-D isooctyl ester）

$C_{16}H_{22}Cl_2O_3$, 333.25, 25168-26-7

化学名称　2,4-二氯苯氧乙酸异辛酯。

理化性质　纯品为无色油状液体，原油为褐色液体，熔点：9℃，相对密度1.2428，蒸气压为 25～28℃，不溶于水，易溶于有机溶剂，挥发性强，遇碱分解。

毒性　大白鼠、豚鼠和兔的急性经口 LD_{50} 300～1000mg/kg。

剂型　50％、62％、77％、87.5％、900g/L 乳油，96％、97％原药，30％悬浮剂。

防除对象　适用于麦类、玉米、大豆、谷子、高粱、水稻、甘蔗等禾本科作物。可以防除藜、蓼、反枝苋、铁苋菜、马齿苋、问荆、苦菜花、小蓟、苍耳、苘麻、田旋花、野慈姑、雨久花、鸭舌草等阔叶类杂草。对播娘蒿、荠菜、离蕊芥、泽漆防除效果特别好。对麦家公、婆婆纳、猪殃殃、米瓦罐等有抑制作用。

使用方法

（1）冬大麦、春小麦、春大麦在 4 叶至 5 叶，杂草 3～5 叶期施药，施药过晚易造成药害，形成畸穗而影响产量。用药量每亩地用 77％ 2,4-滴异辛酯乳油 35～40mL，兑水 30kg。

（2）玉米、高粱田，播种后 3～5d，在出苗前每亩用 77％ 2,4-滴异辛酯乳油 50～58mL，兑水 50kg 均匀喷施土表和已出土杂草。

（3）春大豆，在出苗前每亩地用 77％ 2,4-滴异辛酯乳油 50～58mL，兑水 50kg，播后苗前土壤喷雾。

注意事项

（1）2,4-滴异辛酯乳油对棉花、大豆、油菜、向日葵、瓜类等双子叶作物十分敏感。喷雾时一定在无风或微风天气进行，切勿喷到或飘移到敏感作物中去，以免发生药害。

（2）严格掌握施药时期和使用量，麦类在 4 叶期前及拔节后对 2,4-滴异辛酯敏感，不宜使用。

（3）喷雾器最好专用，以免喷其他农药出现药害。如不能专用，喷过 2,4-滴异辛酯敏感，不宜使用。

复配剂及使用方法

（1）459g/L 双氟·滴辛酯悬乳剂，防除冬小麦田阔叶杂草，茎叶喷雾，推荐亩剂量为 30～40mL。

（2）69％乙·莠·滴辛酯悬浮剂，防除春玉米田一年生杂草，播后苗前土壤喷雾，推荐亩剂量为春玉米田 90～110mL。

（3）40％烟嘧·滴辛酯可分散油悬浮剂，防除春玉米田一年生杂草，茎叶喷雾，推荐亩剂量为 60～100mL。

敌稗

（propanil）

$C_9H_9Cl_2NO$, 218.1, 709-98-8

化学名称 3,4-二氯苯基丙酰胺。

其他名称 敌草索，斯达姆，Stam，Suercopur，Rogue，DCPA，Supernox，Stam F34，FW 734。

理化性质 纯品为棕色结晶固体，熔点 91℃，沸点 351℃，相对密度 1.412，溶解度（20℃，mg/L）：水 95，丙酮 664000，甲醇 650000，二甲苯 34510，乙酸乙酯 598000。一般情况下，对酸、碱、热及紫外线较稳定，遇强酸易水解，在土壤中较易分解。

毒性 原药对大鼠急性经口毒性 LD_{50} 为 960mg/kg，中等毒性；对山齿鹑急性毒性 LD_{50} 为 196mg/kg，中等毒性；对虹鳟 LC_{50}（96h）为 5.4mg/L，中等毒性；对大型溞 EC_{50}（48h）为 2.39mg/kg，中等毒性；对月牙藻 EC_{50}（72h）为 0.11mg/L，中等毒性；对蜜蜂接触毒性低、经口毒性中等，对黄蜂低毒、蚯蚓中毒。对眼睛具刺激性，无神经毒性、皮肤刺激性和致敏性。

作用机理 敌稗是具有高度选择性的触杀型除草剂。在水稻体内被芳基羧基酰胺酶水解成 3，4-二氯苯胺和丙酸而解毒，稗草由于缺乏此种解毒机能，细胞膜最先遭到破坏，导致水分代谢失调，很快失水枯死。敌稗遇土壤后分解失效，仅宜作茎叶处理。

剂型 92％、95％、96％、97％、98％原药，16％、34％乳油。

防除对象 主要用于稻田防除稗草，也可防除水马齿、鸭舌草和旱稻田马唐、狗尾草、野苋等。

使用方法 稗草一叶一心期施药，以 16％乳油为例，亩制剂用量 1250～1875mL 兑水 50kg，混合均匀后茎叶喷雾。施药前 2d 排水，药后 2d 复水，保水 2d，不可淹没稻心。

注意事项

（1）由于氨基甲酸酯类、有机磷类杀虫剂能抑制水稻体内敌稗解毒酶的活力，因此水稻在喷施敌稗前后十天之内不能使用这类农药。

（2）敌稗与 2,4-D 丁酯混用，即使混入不到 1％的 2,4-D 丁酯也会引起水稻药害，应避免敌稗与液体肥料一起施用。

（3）应选晴天、无风天气喷药，气温高除草效果好，并可适当降低用药量，杂草叶面潮湿会降低除草效果，要待露水干后再施用，避免雨前施用。

（4）盐碱较重的秧田，由于晒田引起泛盐，也会伤害水稻，可在保浅水或秧根湿润情况下施药，施药后不等泛碱，及时灌水和洗碱，以免产生碱害。

（5）贮存中会出现结晶。使用时略加热，待结晶溶化后再稀释使用。

（6）棉花、大豆、蔬菜、果树等幼苗对敌稗敏感，施药时应避免药液飘移到上述作物上产生药害。

复配剂及使用方法

（1）39％敌稗·异恶松乳油，主要用于水稻田（直播）防除一年生杂草，茎叶喷雾，推荐亩用量 100~150mL；

（2）700g/L 敌稗·丁草胺乳油，主要用于水稻直播田、水稻抛秧田防除一年生杂草，茎叶喷雾，推荐亩用量 166~180mL（水稻抛秧田）、150~200mL（水稻直播田）等。

敌草胺

（napropamide）

$C_{17}H_{21}NO_2$, 271.4, 15299-99-7

化学名称 N，N-二乙基-2-(1-萘基氧)丙酰胺。

其他名称 萘丙酰草胺，大惠利，旱克，旱尊，农笑乐，草萘胺，萘丙胺，萘丙安，萘氧丙草胺，Propronamide，Waylay。

理化性质 纯品为无色晶体，熔点 74.8℃，沸点 316.7℃，相对密度 1.18，溶解度（20℃，mg/L）：水 74，丙酮 440000，正己烷 11100，乙酸乙酯 290000，二氯甲烷 692000。

毒性 原药对大鼠急性经口毒性 LD_{50}＞4680mg/kg，低毒，短期喂食毒性高；对山齿鹑急性毒性 LD_{50}＞2250mg/kg，低毒；对虹鳟 LC_{50}（96h）为 6.6mg/L，中等毒性；对大型溞 EC_{50}（48h）为 14.3mg/kg，中等毒性；对月牙藻 EC_{50}（72h）为 3.4mg/L，中等毒性；对蜜蜂低毒；对蚯蚓中等毒性。对眼睛、呼吸道具刺激性，无神经毒性和皮肤刺激性，无染色体畸变和致癌风险。

作用机理 为选择性芽前土壤处理剂，杂草根和芽鞘能吸收药液，抑制细胞分裂和蛋白质合成，使根生长受影响，心叶卷曲最后死亡。可杀死萌芽期杂草。

剂型 96％原药，50％可湿性粉剂，50％水分散粒剂，20％乳油。

防除对象 主要用于大蒜、烟草、棉花、甜菜、西瓜、油菜田防除单子叶杂草，如稗草、马唐、狗尾草、野燕麦、千金子、看麦娘、早熟禾、雀稗等一年生禾本科杂草，也能杀死部分双子叶杂草，如藜、猪殃殃、繁缕、马齿苋等，对由地下茎发生的多年生单子叶杂草无效。对作物安全，尤其是对棚栽、覆膜作物不会产生回流药害。

使用方法 杂草出苗前，进行土壤喷雾，以 50％可湿性粉剂为例，每亩兑水 50～100kg，亩制剂用量：油菜田 100～120g；甜菜 100～200g；大蒜 120～200g；棉花、西瓜、烟草 100～200g。

注意事项

（1）在土壤干燥的条件下用药，防除效果差，干燥条件下应相应增大用水量，施药后如遇干旱应采用人工措施保持土壤湿润。

（2）敌草胺对芹菜、茴香、菠菜、莴笋、胡萝卜等伞形花科作物有药害，不宜使用。

（3）敌草胺对已出土的杂草效果差，故应早施药。

（4）春夏季日照长，光解敌草胺多，用量应高于秋季。

（5）按照推荐剂量使用，正常条件下对后茬作物安全，用量过高时，会对下茬水稻、大麦、高粱、玉米等禾本科作物产生药害。

（6）不得与碱性物质混合使用。

（7）使用时应平整土地，用药后 15d 内，勿破坏施药土层。

（8）若移栽后施药，应对准地面定向喷雾，避免药液喷施在作物上。

敌草快

（diquat dibromide）

$C_{12}H_{12}N_2^{2+}$，184.2，2764-72-9

化学名称 1,1′-亚乙基-2,2′-联吡啶。

其他名称 赛镰刀，速影，久火，锄霸，利农，催熟利，利收谷，Reglone，Aquacide，Dextrone。

理化性质 黄色晶体，蒸气压 1.00×10^{-6}Pa（20℃），溶解度（20℃，mg/L）：水 718000，甲醇 25000，丙酮 100，己烷 100，乙酸乙酯 100。环境中稳定，不宜降解。

毒性 原药对大鼠急性经口毒性 LD_{50} 为 214mg/kg，中等毒性，喂食毒性高；对绿头鸭急性毒性 LD_{50} 为 83mg/kg，高毒；对虹鳟 LC_{50}（96h）为 21.0mg/L，中等毒性；对大型溞 EC_{50}（48h）为 1.2mg/kg，中等毒性；对月牙藻 EC_{50}（72h）为 0.011mg/L，中等毒性；对蜜蜂、

蚯蚓中等毒性。对眼睛、皮肤、呼吸道具刺激性，无神经毒性和致癌风险。

作用机理　敌草快是具有一定传导性能的触杀型除草剂。可迅速被绿色植物组织吸收，杂草受药后数小时即开始枯死。药液对成熟和棕色树皮无不良影响。药液接触土壤后钝化，正常使用情况下，不影响土壤中的种子萌芽和出苗，对植物地下根茎基本无破坏作用。

剂型　260g/L、30.3%（敌草快二氯盐）、40%、41%母液、150g/L、200g/L、10%、20%、25%水剂。

防除对象　用于冬油菜田、免耕蔬菜、小麦免耕田、非耕地、柑橘园、苹果园进行除草，也可用于冬油菜、马铃薯、棉花、水稻、小麦田进行催枯。

使用方法

（1）农田除草

① 冬油菜田于移栽前 1～3d、杂草 2～5 叶期施药，以 20%水剂为例，亩制剂用量 150～200mL，兑水 30～50kg 混合均匀后喷雾；

② 免耕蔬菜于前茬作物收获后、下茬蔬菜播种/移栽前使用，以 20%水剂为例，亩制剂用量 200～300mL，兑水 30～50kg 混合均匀后喷雾；

③ 小麦田于播种前 2～3d 使用，以 20%水剂为例，亩制剂用量 150～200mL，兑水 30～50kg 混合均匀后喷雾；

④ 非耕地以 20%水剂为例，亩制剂用量 250～350mL，兑水 25～50kg 混合均匀后喷雾；

⑤ 柑橘园、苹果园以 20%水剂为例，亩制剂用量 150～200mL，兑水 25～50kg 混合均匀后定向茎叶喷雾。

（2）作物催枯

① 马铃薯田收获前 10～15d 以 20%水剂为例，亩制剂用量 200～250mL，兑水 30～50L 混合均匀后喷雾；

② 水稻、小麦、冬油菜田于水稻成熟后期，收割前 5～7d 施药，棉花以 20%水剂为例，亩制剂用量 150～200mL，兑水 30～50kg 混合均匀后喷雾。

注意事项

（1）敌草快是非选择性除草剂，切勿对作物幼树进行直接喷雾。否则，接触作物绿色部分会产生严重药害。

（2）勿与碱性磺酸盐湿润剂、激素型除草剂、金属盐类等碱性化合物混合使用。

（3）敌草快可以和 2,4-滴、取代脲类、三氮苯类、茅草枯等除草剂混用，以延长对杂草的有效防除时间。未经稀释的敌草快原液对铝等金属材料有腐蚀作用，故应贮存在塑料桶内。但是，稀释之后，对用金属材料制成的喷雾装置无腐蚀作用。

（4）切勿使用手动超低量喷雾器或弥雾式喷雾器。

敌草隆
（diuron）

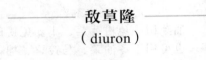

C₉H₁₀Cl₂N₂O, 233.09, 330-54-1

化学名称　N'-(3,4-二氯苯基)-N,N-二甲基脲。

其他名称　地草净，达有龙，DCMU，Dichlorfenidim，Karmex。

理化性质　纯品为白色无臭结晶固体，熔点 157.2℃，330℃降解，相对密度 1.5，溶解度（20℃，mg/L）：水 35.6，邻二甲苯 1470，丙酮 47200，乙酸乙酯 19000，二氯甲烷 14400。

毒性　原药对大鼠急性经口毒性 LD_{50}＞2000mg/kg，低毒；对山齿鹑急性毒性 LD_{50} 为 1104mg/kg，中等毒性；对杂色鳉 LC_{50}（96h）为 6.7mg/L，中等毒性；大型溞 EC_{50}（48h）为 5.8mg/kg，中等毒性；对四尾栅藻 EC_{50}（72h）为 0.0027mg/L，高毒；对蜜蜂接触毒性低，经口毒性中等，对黄蜂低毒；对蚯蚓中等毒性。对呼吸道具刺激性，无神经毒性，无眼睛、皮肤刺激性和致敏性，有致癌风险。

剂型　95%、97%、98%、98.4%原药，20%、40%、63%、80%悬浮剂，80%、90%水分散粒剂，25%、50%、80%可湿性粉剂。

作用机理　敌草隆是内吸传导型取代胺类除草剂。可被植物的根、叶吸收，以根系吸收为主。杂草根系吸收药剂后，传到地上叶片中，并沿着叶脉向周围传播，抑制光合作用中的希尔反应，该药杀死植物需光照，使受害杂草从叶尖和边缘开始褪色，最终致全叶枯萎，不能制造养分，"饥饿"而死。敌草隆对种子萌发及根系无显著影响，药效期可维持 60d 以上。在低剂量下可通过位差及时差选择进行除草，高剂量时成为灭生性除草剂。

防除对象　敌草隆杀草谱很广，对大多数一年生和多年生杂草都有效，主要用于棉花、甘蔗田防除马唐、牛筋草、狗尾草、旱稗、藜、苋、蓼、莎草等一年生杂草，提高剂量也可用于非耕地作灭生性除草。

使用方法　于棉花、甘蔗田播后苗前兑水稀释均匀后进行土壤喷雾，以50％可湿性粉剂为例，甘蔗田亩制剂亩用量160～240g，棉花田亩制剂亩用量100～150g，如遇干旱天气应提高用水量，每季最多使用一次，亩用量提至600～1067g可用作非耕地灭生性除草。

注意事项

（1）敌草隆对麦苗有杀伤作用，麦田禁用；

（2）对棉叶有很强的触杀作用，施药必须施于土表，棉苗出土后不宜使用敌草隆；

（3）沙性土壤，用药量应比黏质土壤适当减少；

（4）敌草隆对果树（如桃树）及多种作物的叶片有较强的杀伤力，应避免药液飘移引起药害；

（5）温暖晴天施药效果好于低温天气，施药后3d内勿割草、放牧和翻地。

复配剂及使用方法

（1）20％甲·莠·敌草隆可湿性粉剂，主要用于甘蔗田防除一年生杂草，喷雾，推荐亩用量500～600g；

（2）30％甲·灭·敌草隆可湿性粉剂，主要用于甘蔗田防除一年生杂草，土壤或定向喷雾，推荐亩用量300～400g；

（3）60％环嗪·敌草隆可湿性粉剂，主要用于甘蔗田防除一年生杂草，定向喷雾，推荐亩用量145～185g；

（4）68％2甲·莠·敌可湿性粉剂，主要用于甘蔗田防除一年生杂草，定向茎叶喷雾，推荐亩用量145～190g；

（5）55％2甲·灭·敌隆可湿性粉剂，主要用于甘蔗田防除一年生杂草，定向茎叶喷雾，推荐亩用量150～250g；

（6）80％草甘·敌草隆水分散粒剂，主要用于非耕地防除杂草，茎叶喷雾，推荐亩用量100～200g；

（7）42％甲戊·敌草隆悬浮剂，主要用于棉花田防除一年生杂草，土壤喷雾，推荐亩用量150～175mL；

（8）42％仲灵·敌草隆悬浮剂，主要用于棉花田防除一年生杂草，土壤喷雾，推荐亩用量150～200mL等。

丁草胺

(butachlor)

$C_{17}H_{26}ClNO_2$, 311.9, 23184-66-9

化学名称 N-丁氧甲基-2-氯-2′,6′-二乙基乙酰替苯胺。

其他名称 丁基拉草，灭草特，丁草锁，去草胺，马歇特，新马歇特，去草特，Machete，Plus，Butanex，CP 53。

理化性质 纯品为油状液体，原药外观为黄棕色至深棕色均相液体，熔点-0.55℃，沸点156℃，165℃降解，相对密度1.08，水溶解度（20℃）为20mg/L；在室温下能溶于乙醚、丙酮、苯、甲苯、二甲苯、氯苯、乙醇、乙酸乙酯等多种有机溶剂，对紫外线稳定，抗光解性能好，土壤中不稳定。

毒性 原药对大鼠急性经口毒性LD_{50}为2000mg/kg，中等毒性；对绿头鸭急性毒性$LD_{50}>$4640mg/kg，低毒；对蓝鳃鱼LC_{50}（96h）$>$0.44mg/L，中等毒性；对大型溞EC_{50}（48h）$>$2.4mg/kg，中等毒性；对四尾栅藻的EC_{50}（72h）$>$0.2mg/L，中等毒性；对蜜蜂低毒；对蚯蚓毒性高。具皮肤刺激性和致敏性。

作用机理 丁草胺是选择性内吸传导型芽前除草剂，主要通过杂草幼芽和幼小的次生根吸收，抑制体内蛋白质合成，使杂草幼株肿大、畸形、色深绿，最终导致死亡。只有少量丁草胺能被稻苗吸收，而且在体内迅速完全分解代谢，因而稻苗有较大的耐药力。丁草胺在土壤中稳定性小，对光稳定；能被土壤微生物分解。丁草胺在土壤中淋溶度不超过1~2cm。在土壤或水中经微生物降解，破坏苯胺环状结构，但较缓慢，100d左右可降解活性成分90%以上，因此对后茬作物没有影响。

剂型 80%、85%、90%、92%、94%、95%原药，50%、60%、85%、90%乳油，40%、60%水乳剂，25%微囊悬浮剂，5%颗粒剂，10%、50%微乳剂。

防除对象 丁草胺对芽期及二叶前的杂草有较好的防除效果，对二叶期以上的杂草防除效果下降。丁草胺可用于水稻秧田、直播田、移栽本田除草。能防除一年生禾本科杂草及一些莎草科杂草和某些阔叶杂草，如稗草、马唐、看麦娘、千金子、碎米莎草、异型莎草、水莎草、萤蔺、牛毛毡、水苋、节节菜、陌上菜等，对瓜皮草、泽泻、眼子菜、青萍、紫萍等无效。

使用方法

（1）水稻秧田、直播田、粗秧板做好后或直播田平整后，一般在播种前2～3d，每亩用丁草胺45～60g有效成分兑水50kg喷雾于土表。喷雾时田间灌浅水层，药后保水2～3d，排水后播种。或在秧苗立针期，稻播后3～5d，每亩用丁草胺45～60g有效成分，兑水25～50kg，均匀喷雾，稻板沟中保持有水，不但除草效果好，秧苗素质也好。

（2）移栽稻田，早稻在插秧后5～7d，晚稻在插秧后3～5d，掌握在稗草萌动高峰时，每亩用丁草胺45～60g有效成分，采用毒土法撒施，撒施时田间灌浅水层，药后保水5～6d。

注意事项

（1）在秧田与直播稻田使用，60%丁草胺每亩用量不得超过150mL，并切忌田面淹水。一般南方用量采用下限。早稻秧田若气温低于15℃时施药会有不同程度药害，不宜使用。

（2）丁草胺对三叶期以上的稗草效果差，因此必须掌握在杂草一叶期以前，水稻三叶期使用，水不要淹没秧心。

（3）目前麦田除草一般不用丁草胺，丁草胺用于菜地若土壤水分过低会影响药效的发挥。

（4）丁草胺对鱼毒性较强，养鱼稻田不能使用。用药后的田水也不能排入鱼塘。

（5）对瓜皮草等阔叶草较多的稻田，可将丁草胺与2甲4氯混用或用丁草胺与10%苄嘧磺隆（农得时）进行混用。每亩用60%丁草胺乳油50mL加20%2甲4氯水剂100mL，或加10%苄嘧磺隆（农得时）可湿性粉剂6～8g，采用毒土法或喷雾法，施药时间可比单用丁草胺推迟2d。

复配剂及使用方法

（1）52%丁·硝·莠去津悬乳剂，主要用于玉米田防除一年生杂草，茎叶喷雾，推荐亩用量120～150mL；

（2）32%丁·莠·烟嘧可分散油悬浮剂，主要用于玉米田防除一年生杂草，茎叶喷雾，推荐亩用量100～200mL；

（3）30%氧氟·丁草胺水乳剂，主要用于甘蔗田防除一年生杂草，土壤喷雾，推荐亩用量80～120mL；

（4）22％丁·氧·噁草酮水乳剂，主要用于水稻移栽田防除一年生杂草，药土法，推荐亩用量 75～100mL；

（5）40％五氟·丁草胺悬乳剂，主要用于移栽水稻田防除一年生杂草，药土法，推荐亩用量 70～130mL；

（6）60％甲戊·丁草胺乳油，主要用于水稻田（直播）防除一年生杂草，土壤喷雾，推荐亩用量 120～180mL；

（7）70％吡·松·丁草胺可分散油悬浮剂，主要用于水稻田（直播）防除一年生杂草，土壤喷雾，推荐亩用量 70～100mL 等。

—————— **丁噻隆** ——————

（tebuthiuron）

$C_9H_{16}N_4OS$, 228.31, 34014-18-1

化学名称 N-(5-特丁基-1,3,4,-噻二唑-2-基)-N,N'-二甲基脲。

其他名称 特丁噻草隆。

理化性质 纯品为灰白色至浅黄色结晶固体，熔点 162.9℃，275℃分解，相对密度 1.19，溶解度（20℃，mg/L）：水 2500，苯 3700，己烷 6100，丙酮 70000，甲醇 170000。土壤与水中稳定，不易降解。

毒性 原药对大鼠急性经口毒性 LD_{50} 为 644mg/kg，中等毒性；对绿头鸭急性毒性 LD_{50} > 2500mg/kg，低毒；对虹鳟 LC_{50}（96h）> 87mg/L，中等毒性；对大型溞 EC_{50}（48h）> 225mg/kg，低毒；对月牙藻 EC_{50}（72h）为 0.05mg/L，中等毒性；对蜜蜂、蚯蚓中等毒性。对眼睛具刺激性，无神经毒性、皮肤刺激性，无染色体畸变和致癌风险。

剂型 95％、97％原药，46％悬浮剂。

作用机理 广谱性的磺酰脲类除草剂，通过根部吸收，然后传导至其他组织结构，抑制光合作用，导致杂草死亡。

防除对象 用于非耕地防除一年生和多年生的禾本科以及阔叶杂草。

使用方法 杂草生长旺盛期，每亩用 46％悬浮剂 110～130mL 兑水 45kg 稀释均匀后茎叶喷雾。

注意事项

(1) 大风天或预计 1h 内降雨，请勿用药。

(2) 残效期久，仅用于开辟森林防火道除草，不得用于农田、果茶园、沟渠、田埂、路边、抛荒田等场所。

啶磺草胺
（pyroxsulam）

$C_{14}H_{13}F_3N_6O_5S$, 434.35, 422556-08-9

化学名称　N-(5,7-二甲氧基[1,2,4]三唑[1,5-α]嘧啶-2-基)-2-甲氧基-4-(三氟甲基)-3-吡啶磺酰胺。

其他名称　优先，咏麦，夏麦飞。

理化性质　纯品为白色晶体粉末，熔点 208℃，213℃分解，相对密度 1.62，弱酸性。

毒性　原药对大鼠急性经口毒性 LD_{50}＞2000mg/kg，低毒；对绿头鸭急性毒性 LD_{50}＞2000mg/kg，低毒；对虹鳟 LC_{50}（96h）＞87mg/L，中等毒性；对大型溞 EC_{50}（48h）＞100mg/kg，低毒；对月牙藻 EC_{50}（72h）为 0.924mg/L，中等毒性；对蜜蜂、蚯蚓低毒。对眼睛、皮肤具刺激性，对皮肤具致敏性，无生殖影响，无染色体畸变和致癌风险。

剂型　96.4%原药，7.5%水分散粒剂，4%可分散油悬浮剂。

作用机理　内吸传导型磺酰胺类除草剂，抑制乙酰乳酸合成酶活性，影响植物氨基酸合成，导致杂草死亡。施药后杂草即停止生长，一般 2～4 周后死亡，干旱、低温时杂草枯死速度稍慢。

防除对象　用于小麦田防除看麦娘、日本看麦娘、硬草、雀麦、野燕麦、野老鹳草、婆婆纳，并可抑制早熟禾、猪殃殃、泽漆、播娘蒿、荠菜、繁缕、米瓦罐、稻槎菜等杂草。低温下仍有较好的防效。

使用方法　冬前或早春施用，麦苗 4～6 叶期、一年生禾本科杂草 2.5～5 叶期，杂草出齐后用药越早越好，每亩使用 4%可分散油悬浮剂 15～25mL 兑水 15kg 稀释均匀后进行茎叶喷雾。

注意事项

（1）小麦起身拔节后不得施用。

（2）不宜在遭受干旱、涝害、冻害、盐害、病害及营养不良的麦田施用，施用前后 2d 内也不可大水漫灌麦田。

（3）施药 1h 后降雨不影响药效。

（4）施药后麦苗有时会出现临时性黄化或蹲苗现象，正常条件下小麦返青后消失，不影响产量。

（5）正常情况下 3 个月后可种植小麦、大麦、燕麦、玉米、大豆、水稻、棉花、花生、西瓜等作物，6 个月后可种植番茄、小白菜、油菜、甜菜、马铃薯、苜蓿、三叶草等作物；其他后茬作物，需进行安全性测试后方可种植。

复配剂及使用方法　20％啶磺·氟氯酯水分散粒剂，主要用于小麦田防除一年生杂草，茎叶喷雾，推荐亩用量 5～6.7g。

啶嘧磺隆
（flazaculfuron）

$C_{13}H_{12}F_3N_5O_5S$, 407.2, 104040-78-0

化学名称　1-(4,6-二甲氧基嘧啶-2-基)-3-(3-三氟甲基-2-吡啶磺酰基)脲。

其他名称　暖锄净，暖百秀，草坪清，暖百清，绿坊，金百秀，秀百宫，Sl-160，OK-1166。

理化性质　纯品啶嘧磺隆为白色结晶粉末，熔点 180℃，相对密度 1.62，溶解度（20℃，mg/L）：水 2100，正己烷 0.5，甲苯 560，二氯甲烷 22100，乙酸乙酯 6900。

毒性　原药对大鼠急性经口毒性 LD_{50}＞5000mg/kg，低毒，对大鼠短期喂食毒性高；对山齿鹑经口 LD_{50}＞2000mg/kg，低毒；对虹鳟 LC_{50}（96h）为 22mg/L，中等毒性；对大型溞 EC_{50}（48h）＞25mg/kg，中等毒性；对月牙藻 EC_{50}（72h）为 0.014mg/L，中等毒性；对蜜蜂低毒，对黄蜂接触毒性低、经口毒性中等；对蚯蚓中等毒性。对呼吸道具刺激性，无神经毒性，无眼睛、皮肤刺激性和致敏性，有生殖风险，无致癌风险。

作用机理　一般情况下，主要通过叶面吸收并转移至植物各组织，主要抑制产生支链氨基酸、亮氨酸、异亮氨酸和缬氨酸的前驱物乙酰乳酸合成酶的反应，处理后杂草立即停止生长，吸收 4～5d 后新发出的叶子褪绿，然后逐渐坏死并蔓延至整个植株，20～30d 杂草彻底枯死。

剂型　94%原药，95%原药，97%原药，98%原药，25%水分散粒剂。

防除对象　主要用于暖季型草坪防除多种禾本科杂草、阔叶杂草和一年生或多年生莎草科杂草，如稗草、狗尾草、具芒碎米莎草、绿苋、早熟禾、小飞蓬、日本看麦娘、硬草、罔草、荠菜、油莎草、天胡荽、宝盖草、繁缕、巢菜、短叶水蜈蚣、香附子等，对部分玄参科杂草如通泉、蚊母草等效果不佳，对结缕草类和狗牙根类草坪安全性高，休眠期到生长期均可用药。

使用方法　在任何季节均可芽后施用，土壤或叶面喷雾均可，芽后，杂草 3～4 叶期为佳，25%水分散粒剂亩制剂用量为 10～20g，兑水 30～40kg。

注意事项

（1）高羊茅、黑麦草、早熟禾等冷季型草坪对该药高度敏感，不能使用本剂；

（2）部分杂草见效较慢，勿重复施药；

（3）喷水需足量，保证药效。

毒草胺

（propachlor）

$C_{11}H_{14}ClNO$, 211.7, 1918-16-7

化学名称　α-氯代-N-异丙基乙酰替苯胺。

其他名称　扑草胺，Ramrod，Bexton，Albrass，CP 31393。

理化性质　纯品为淡黄褐色固体，熔点 77℃，170℃分解，相对密度 1.13，溶解度（20℃，mg/L）：水 580，丙酮 353900，二甲苯 205500，甲苯 296100，苯 655900。常温下稳定，在酸、碱条件下受热分解，土壤中分解快。

毒性　原药对大鼠急性经口毒性 LD_{50} 为 550mg/kg，中等毒性，短期喂食毒性高；对山齿鹑急性毒性 LD_{50} 为 91mg/kg，高毒；对虹鳟 LC_{50}（96h）为 0.17mg/L，中等毒性；对大型溞 EC_{50}（48h）为 7.8mg/kg，中等毒性；对月牙藻 EC_{50}（72h）为 0.015mg/L，中等毒性；对蜜蜂低毒；对蚯蚓中等毒性。对眼睛、皮肤具刺激性，具皮肤致敏性，具生殖风险。

剂型　96%原药，50%可湿性粉剂。

防除对象　用于水稻移栽田防除一年生禾本科杂草和某些阔叶杂草，如马唐、稗、狗尾草、早熟禾、看麦娘、藜、苋、龙葵、马齿苋等，对红蓼、苍耳效果差，对多年生杂草无效，对稻田稗草效果显著，有特效，使用安全，不易发生药害。毒草胺在土壤中残效期约 30d。

使用方法　水稻移栽后 4～6d 施药，50%可湿性粉剂亩制剂用量 200～300g，拌湿细土 20kg，均匀撒施。施药前保持 3～4cm 水层，药后保水 5～7d。

注意事项

（1）注意药后保持浅水层勿淹没水稻心叶，以免造成药害。

（2）对鱼类等水生生物有毒，应远离水产养殖区施药。

—— 恶草酸 ——
（propaquizafop）

$C_{22}H_{22}ClN_3O_5$, 443.9, 111479-05-1

化学名称　2-异亚丙基氨基-氧乙基（R）-2-[4-(6-氯喹喔啉-2-基氧)苯氧基]丙酸酯。

其他名称　喔草酯，爱捷。

理化性质　纯品为无色晶体，熔点 66.3℃，260℃降解，溶解度（20℃，mg/L）：水 0.63，丙酮 500000，氯仿 100000，甲醇 76000，甲苯 500000。

毒性　原药对大鼠急性经口毒性 $LD_{50} > 5000mg/kg$，低毒；对山齿鹑急性 $LD_{50} > 2000mg/kg$，低毒；对鲤鱼 LC_{50}（96h）为 $0.19mg/L$，中等毒性；大型溞 EC_{50}（48h）$> 0.9mg/kg$，中等毒性；对月牙藻 EC_{50}（72h）$> 2.1mg/L$，中等毒性；对蜜蜂接触毒性低，急性口服毒性中等毒性；对蚯蚓中等毒性。有皮肤致敏性，无眼睛、皮肤刺激性以及神经毒性，无染色体突变、DNA 损伤风险。

剂型　92%原药，10%乳油。

作用机理　噁草酸为芳氧苯氧羧酸类手性除草剂，其为乙酰辅酶 A 羧化酶（ACCase）抑制剂，具有内吸传导性，茎叶处理后能快速被杂草叶片吸收，传导至分生组织，抑制植物体内乙酰辅酶 A 羧化酶的活性，导致脂肪酸合成受阻，进而杀死杂草。

防除对象　噁草酸主要用于防除大豆、棉花、甜菜、马铃薯、花生、豌豆、油菜和蔬菜地的一年生和多年生禾本科杂草，如野燕麦、匍匐冰草、阿刺伯高粱和狗芽根等。

使用方法　苗后，杂草 3～5 叶期施药，10%乳油制剂用药量为 35～50mL 兑水 30kg，二次稀释后进行茎叶喷雾。

注意事项

（1）噁草酸只对禾本科杂草有效，需防除其他杂草可配合使用其他除草剂；

（2）施药时注意不要在大风天气施药，避免飘移对禾本科作物产生药害；

（3）高剂量下对大豆叶片有褪绿、灼烧斑点症状，但不影响产量。

噁草酮

（oxadiazon）

$C_{15}H_{18}Cl_2N_2O_3$, 345.2, 19666-30-9

化学名称　5-叔丁基-3-(2,4-二氯-5-异丙氧基)-1,3,4-噁二唑-2-(3H)-酮。

其他名称　农思它，噁草灵，Ronstar。

理化性质　纯品噁草酮为无色晶体，熔点 88.5℃，沸点 282.1℃，溶解度（20℃，mg/L）：水 0.57，丙酮 350000，苯 1000000，甲苯 350000，甲醇 122400。酸性与中性条件下稳定，碱性介质中不稳定。

毒性　原药对大鼠急性经口毒性 LD_{50} ＞5000mg/kg，低毒；对山齿鹑急性毒性 LD_{50} ＞2150mg/kg，低毒；对虹鳟 LC_{50}（96h）为 1.2mg/L，中等毒性；对大型溞 EC_{50}（48h）＞2.4mg/kg，中等毒性；对 *Scenedesmus subspicatus* 的 EC_{50}（72h）为 0.004mg/L，高毒；对蜜蜂低毒；对蚯蚓中等毒性。对眼睛、皮肤无刺激性，无神经毒性，具呼吸道刺激性和生殖影响，无染色体畸变风险。

作用机理　是选择性芽前、芽后除草剂。主要通过杂草幼芽或茎叶吸收，药剂进入植物体后积累在生长旺盛部位，抑制生长，使杂草组织腐烂死亡。对萌发期的杂草效果最好，随着杂草长大而效果下降，对成株杂草基本无效。

剂型　94％、95％、96％、97％、98％原药，120g/L、12.5％、13％、250g/L、25％、25.5％、26％、31％乳油，13％、35％、380g/L、40％悬浮剂，30％可湿性粉剂，30％水乳剂，30％微乳剂，0.06％、0.6％颗粒剂。

防除对象　适用于水稻、大豆、棉花田防除稗草、千金子、雀稗、异型莎草、球花碱草、鸭舌草、瓜皮草、节节草，以及苋科、藜科、大戟科、酢浆草科、旋花科等一年生禾本科及阔叶杂草。

使用方法

（1）直播水稻播种前（水稻不能催芽）5d 平整田面后，用 25％噁草酮乳油亩制剂用量 68.6～91.4mL 拌细土 5kg，混合后均匀后撒施，药后 3～5d 地面保持湿润，不能积水。

（2）水稻移栽田于水稻移栽前 1～3d，毒土法撒施 1 次，25％噁草酮乳油亩制剂用量 100～150mL，兑土 15kg 搅拌均匀后撒施，药后 2d 不排水，保持 3～5cm 水层，不淹没稻心。

（3）地膜花生，播后苗前及覆膜前，25％噁草酮乳油亩制剂用量 100～150mL，兑水 30～50L 土壤封闭喷雾处理；露地花生播后苗前，25％噁草酮乳油亩制剂用量 100～150mL，兑水 30～50L 土壤封闭喷雾处理。

（4）棉花播后苗前，25％噁草酮乳油亩制剂用量 115～130mL，兑水 30～50L 土壤封闭喷雾处理。

（5）春大豆田于大豆播后苗前进行土壤喷雾处理，25％噁草酮乳油亩制剂用量 200～300g，兑水 30～40L。

注意事项

（1）催芽播种秧田，必须在播种前 2～3d 施药，如播种后马上施药，易出现药害。水直播稻田使用时，建议用前进行安全性试验。

（2）旱田使用，土壤要保持湿润，否则药效无法发挥。

（3）水稻移栽田，若遇到弱苗、施药过量或水层过深淹没稻苗心叶时，易产生药害。药害发生后，应及时排水洗田 2～3 次，待药害缓解后，浅水灌溉，追施速效氮肥、生物肥，促进稻株生长发育。

（4）东北地区水稻移栽前后两次用药防除稗草、三棱草、慈姑、泽泻等恶性杂草时，可按说明于栽前撒施噁草酮，再于水稻栽后 15～18d 使用其他杀稗剂及阔叶除草剂，间隔期应在 20d 以上。

复配剂及使用方法

（1）48％丙草·丙噁·松乳油，主要用于水稻移栽田防除一年生杂草，喷雾，推荐亩用量 45～65mL；

（2）40％噁草·丙草胺水乳剂，主要用于水稻移栽田防除一年生杂草，药土法，推荐亩用量 80～100mL；

（3）43％丁·氧·噁草酮乳油，主要用于水稻移栽田防除一年生杂草，土壤喷雾，推荐亩用量 40～60mL；

（4）28％噁草·西草净乳油，主要用于水稻移栽田防除一年生杂草，药土法，推荐亩用量 140～180mL；

（5）32％噁草·仲丁灵水乳剂，主要用于水稻移栽田防除一年生杂草，药土法，推荐亩用量 200～300mL 等。

噁嗪草酮
（oxaziclomefone）

$C_{20}H_{19}Cl_2NO_2$，376.28，153197-14-9

化学名称 3-[1-（3,5-二氯苯基）-1-甲基乙基]-2,3-二氢-6-甲基-5-苯基-4H-1,3-噁嗪-4-酮。

其他名称 去稗安，Samoural，Homerun，Thoroughbred，Tredy。

理化性质　纯品为白色晶体，熔点 149.5～150.5℃，蒸气压≤ $1.33×10^{-5}$Pa（50℃）。溶解度（25℃）：水 0.18mg/kg。

毒性　大（小）鼠急性经口 LD_{50} ＞5000mg/kg。对兔皮肤无刺激性，对兔眼睛有轻微刺激性，无致突变性、致畸性。

作用机理　属于有机杂环类，是内吸传导型水稻田除草剂，主要由杂草的根部和茎叶基部吸收。杂草接触药剂后茎叶部失绿、停止生长，直至枯死。

剂型　1%、10%、30%悬浮剂，2%大粒剂，96.5%、97%、98%原药。

防除对象　主要防治对象为稗草、沟繁缕、千金子、异型莎草等多种杂草；具有有效成分使用量低、适宜施药期长、持效期长、对水稻的选择安全性较高等特点。

使用方法

（1）水稻田（直播）　杂草 2 叶期左右每亩用 1%噁嗪草酮悬浮剂 270～340mL。

（2）水稻移栽田　水稻移栽 5～7d 后，每亩用 1%噁嗪草酮悬浮剂 270～340mL 兑水 30～45kg，喷雾处理。施药时田间水层 3～5cm，保持 5～7d。

噁唑酰草胺

（metamifop）

$C_{23}H_{18}ClFN_2O_4$, 440.9, 256412-89-2

化学名称　（R）-2-[（4-氯-1,3-苯并噁唑-2-基氧）苯氧基]-2′-氟-N-甲基丙酰替苯胺。

其他名称　韩秋好，K-12974，DBH-129。

理化性质　纯品为米黄色粉末，熔点 77.5℃，沸腾前分解，相对密度 1.39，溶解度（20℃，mg/L）：水，0.687，丙酮 250000，甲醇 250000，二甲苯 250000，乙酸乙酯 250000。

毒性　原药对大鼠急性经口毒性 LD_{50} ＞2000mg/kg，低毒；对虹

鳟 LC_{50}（96h）为 0.307mg/L，中等毒性；对大型溞 EC_{50}（48h）>0.288mg/kg，中等毒性；对未知藻类 EC_{50}（72h）为 2.03mg/L，中等毒性；对蜜蜂急性经口毒性中等；对蚯蚓中等毒性。对皮肤无刺激性。

作用机理 噁唑酰草胺为芳氧苯氧丙酸类内吸传导型除草剂，属 ACCase 抑制剂，经茎叶吸收，通过维管束传导至生长点，抑制植物脂肪酸的合成。用药后几天内敏感品种出现叶面褪绿，抑制生长，有些品种在施药后 2 周出现干枯，甚至死亡。

剂型 96%原药，10%、15%乳油，10%可湿性粉剂。

防除对象 主要用于直播水稻田防除一年生禾本科杂草，如稗草、千金子、马唐和牛筋草等。

使用方法 禾本科杂草齐苗后（稗草、千金子 2~3 叶期为佳）施药，以 10%乳油为例，亩制剂用量 60~80mL 兑水 30~45kg，稀释均匀后进行茎叶喷雾。施药前排水，药后 1d 复水，保水 3~5d，水层不要淹没稻心。

注意事项

（1）禁止使用弥雾机，同时避免飘移至邻近的其他禾本科作物田。

（2）每亩用水量不少于 30kg，随着草龄、密度增大，应适量增大用水量，均匀喷透。

（3）可与阔叶除草剂搭配使用，使用前先进行小面积试验。不要和洗衣粉等助剂混用。

（4）水稻 3 叶期后用药较为安全，其他禾本科作物不宜使用。

（5）对鱼虾有毒性，不宜在养鱼稻田使用。

复配剂及使用方法

（1）30%二氯喹·噁唑胺·氰氟酯可分散油悬浮剂，主要用于水稻田（直播）防除一年生禾本科杂草，茎叶喷雾，推荐亩用量 30~50mL；

（2）20%噁唑胺·氯吡嘧可分散油悬浮剂，主要用于水稻田（直播）防除一年生杂草，茎叶喷雾，推荐亩用量 40~50mL；

（3）35%噁唑·氰氟乳油，主要用于水稻田（直播）防除一年生禾本科杂草，茎叶喷雾，推荐亩用量 30~40mL；

（4）16%噁唑酰草胺·双草醚可分散油悬浮剂，主要用于水稻田（直播）防除一年生杂草，茎叶喷雾，推荐亩用量 50~60mL；

（5）12%噁唑·五氟磺可分散油悬浮剂，主要用于水稻田（直播）

防除一年生杂草，茎叶喷雾，推荐亩用量 60～80mL；

（6）20％噁唑·灭草松可分散油悬浮剂，主要用于水稻田（直播）防除一年生杂草，茎叶喷雾，推荐亩用量 200～250mL 等。

二甲戊灵

（pendimethalin）

$C_{13}H_{19}N_3O_4$，281.3，40487-42-1

化学名称　N-(1-乙基丙基)-2,6-二硝基-3,4-二甲基苯胺。

其他名称　除草通，二甲戊乐灵，除芽通，杀草通，施田补，胺硝草，Accotab，Stomp，Sovereign，Penoxalin，Horbaox，AC 92553，ANK 553，Stomp 330 E。

理化性质　纯品二甲戊灵为橘黄色晶体，熔点 54～58℃，蒸馏时分解；水中溶解度 0.33mg/kg（20℃）；有机溶剂溶解度（20℃，g/L）：丙酮 700，异丙醇 77，二甲苯 628，辛烷 138，易溶于苯、氯仿、二氯甲烷等。

毒性　二甲戊灵原药急性 LD_{50}（mg/kg）：大鼠经口 1250（雄）、1050（雌），小鼠经口 1620（雄）、1340（雌），兔经皮＞5000。以 100mg/kg 剂量饲喂大鼠两年，未发现异常现象。对动物无致畸、致突变、致癌作用；对鱼类低毒。

作用机理　二甲戊灵为二硝基苯胺类除草剂，主要抑制分生组织细胞分裂，不影响杂草种子的萌发。在杂草种子萌发过程中幼芽、茎和根吸收药剂后而起作用。双子叶植物吸收部位为下胚轴，单子叶植物吸收部位为幼芽，其受害症状为幼芽和次生根被抑制。

剂型　33％、330g/L 乳油，450g/L 微囊悬浮剂，31％水乳剂，30％、35％、40％悬浮剂等。

防除对象　适用于大豆、玉米、棉花、烟草、花生和多种蔬菜及果园中，防除一年生禾本科杂草和某些阔叶杂草，如马唐、狗尾草、牛筋草、早熟禾、稗草、藜、苋和蓼等杂草。

使用方法

（1）大豆田　播前土壤处理。每亩用33%乳油250～300mL（东北地区）。由于该药吸附性强，挥发性小，且不易光解，因此施药后混土与否对防除杂草效果影响不大。如果遇长期干旱，土壤含水量低时，适当混土3～5cm，以提高药效。本药剂也可以用于大豆播后苗前处理，但必须在大豆播种后出苗前5d内施药。在单、双子叶杂草混生田，可与灭草松（苯达松）搭配使用。

（2）玉米田　苗前苗后均可使用本药剂。如苗前施药，必须在玉米播后出苗前5d内用药。每亩施用33%乳油200～250mL兑水40～60kg均匀喷雾。如果施药时土壤含水量低，可以适当混土，但切忌药接触玉米种子。如果玉米苗后施药，应在阔叶杂草长出两片真叶、禾本科杂草1.5叶期之前进行。药量及施用方法同上。本药剂在玉米田里可与莠去津混用，提高防除双子叶杂草的效果，混用量为每亩用33%乳油0.2kg和40%莠去津胶悬剂83g。

（3）花生田　本药剂可用于播前或播后苗前处理。每亩用33%乳油150～200mL兑水40～50kg喷雾。

（4）棉田　播前或播后苗前处理，每亩用33%乳油150～200mL兑水30～50kg，喷雾处理。

（5）蔬菜田　韭菜、小葱、甘蓝、菜花、小白菜等直播蔬菜田，可在播种施药后浇水，每亩用33%乳油130～150mL兑水喷雾，持效期可达45d左右。对生长期长的直播蔬菜如育苗韭菜等，可在第1次用药后40～45d再用药1次，可基本上控制蔬菜整个生育期间的杂草危害。在甘蓝、菜花、莴苣、茄子、番茄、青椒等移栽菜田，均可在移栽前或移栽缓苗后土壤施药，每亩用33%乳油100～200g。

（6）果园　在果树生长季节，杂草出土前，每亩用33%乳油200～300g，土壤处理。兑水后均匀喷雾。本药剂与莠去津混用，可扩大杀草谱。

（7）烟草田　可在烟草移栽后施药，每亩用33%乳油100～200g兑水均匀喷雾。二甲戊灵也可作为烟草抑芽剂，在大部分烟草现芽2周后进行打顶，并将烟草扶直，2cm长的腋芽全部抹去。将10～13mL33%二甲戊灵加水1kg，每株用杯淋法将约20mL混合液从顶部浇溉或施淋，使每个腋芽都接触药液，有明显的抑芽效果。

（8）甘蔗田　可在甘蔗栽后施药。每亩用33%乳油200～300g兑水均匀喷雾。

（9）其他　本药剂可作为抑芽剂使用，用于烟草、西瓜等可提高产量和质量。

注意事项

（1）二甲戊灵防除单子叶杂草效果比双子叶杂草效果好。因此在双子叶杂草发生较多的田块，可同其他除草剂混用。

（2）为增加土壤吸附，减轻二甲戊灵对作物的药害，在土壤处理时，应先浇水，后施药。

（3）当土壤黏重或有机质含量超过2％时，应使用高剂量。

（4）二甲戊灵对鱼有毒，应防止药剂污染水源。

（5）接触本药剂的工作人员，需穿长袖衣、裤、戴手套、口罩等劳动保护用品，工作期间不可饮食或吸烟。工作结束，要用肥皂和清水洗净。如果不慎将药液接触皮肤和眼睛，应立刻用大量清水冲洗，如果误服中毒，不可使中毒者呕吐，应立即请医生对症治疗。

（6）本产品为可燃性液体，运输及使用时应避开火源。液体贮存应放在原容器内，并加以封闭，贮放在远离食品、饲料，及儿童、家畜接触不到的场地。使用的空筒或空瓶应深埋。

药害症状

（1）大豆　用其做土壤处理受害，表现下胚轴和主根缩短、变粗，侧根、毛根减少，不长根瘤，叶片变小、皱缩，有的产生褐色锈斑，有的顶端缺损、植株矮小、抽缩。

（2）玉米　用其做土壤处理受害，表现芽鞘缩短、变粗，叶片扭卷、弯曲、皱缩，茎部弯曲，根系缩短、变畸，植株变矮。受害严重时，根尖显著膨大，呈棒槌状或肿瘤状。

（3）油菜　用其做土壤处理受害，表现出苗缓慢，子叶缩小并向背面翻卷，有的变黄，下胚轴和胚根缩短变粗，胚根变褐，不生侧根，顶芽萎缩，植株生长停滞，迟迟不生真叶。

（4）花生　用其做土壤处理受害，表现下胚轴和根系缩短、变粗，根尖膨大，侧根、根毛减少，子叶产生褐色枯斑，真叶产生淡白色云斑，植株矮缩，生长缓慢。

复配剂及使用方法

（1）34％丙炔氟草胺·二甲戊灵乳油，防除棉花田一年生杂草，土壤喷雾，推荐亩剂量为100～130mL。

（2）42％甲戊·噁草酮乳油，防除水稻移栽田一年生杂草，瓶甩法，推荐亩剂量为80～100mL。

（3）45%戊·氧·乙草胺乳油，防除大蒜田一年生杂草，土壤喷雾，推荐亩剂量为100～160mL。

二氯吡啶酸
（clopyralid）

$C_6H_3Cl_2NO_2$, 192.0, 1702-17-6

化学名称　3,6-二氯吡啶-2-羧酸。

其他名称　毕克草Ⅱ号，龙拳。

理化性质　纯品为无色结晶，熔点149.6℃，164℃降解，相对密度1.76，溶解度（mg/L，20℃）：水7850，丙酮250000，乙酸乙酯102000，二甲苯4600，正己烷6000。

毒性　原药对大鼠急性经口毒性LD_{50}＞5000mg/kg，低毒，短期喂食毒性LD_{50}＞15mg/kg，高毒；对绿头鸭急性毒性LD_{50}为1465mg/kg，中等毒性；对虹鳟LC_{50}（96h）＞99.9mg/L，中等毒性；大型溞EC_{50}（48h）＞99mg/kg，中等毒性；对月牙藻EC_{50}（72h）为30.5mg/L，低毒；对蜜蜂接触毒性中等，喂食毒性低；对蚯蚓低毒。对眼睛、皮肤和呼吸道具刺激性，无神经毒性和染色体畸变风险。

剂型　95%、96%、97%、98%原药，63%可溶粒剂（二氯吡啶酸钾盐），75%可溶粒剂，75%可溶粉剂（二氯吡啶酸钾盐），75%水分散粒剂，30%水剂。

作用机理　二氯吡啶酸为合成激素类除草剂，可通过叶片与根部吸收并传导至整个植株，在植物体内促进杂草核糖核酸的形成，致使植物根部过度生长，茎及叶片生长畸形，阻碍维管束功能，导致杂草烂根死亡。

防除对象　主要用于小麦、玉米、油菜、甜菜等作物田防除阔叶杂草，尤其对豆科和菊科多年生杂草具有较好防效，如小蓟、大蓟、大巢菜、苣荬菜、卷茎蓼、稻槎菜、鬼针草等。

使用方法

（1）小麦、油菜田中于杂草2～6叶期，兑水15～30kg稀释均匀后进行茎叶喷雾，以 30%水剂为例，油菜田亩制剂用量 40～60mL；

（2）玉米 4～6 叶期、杂草 2～6 叶期，兑水 15～30kg 稀释均匀后进行茎叶喷雾，以 30%水剂为例，亩制剂用量 30～40mL；

（3）甜菜 4～6 叶期、杂草 2～6 叶期，兑水 15～30kg 稀释均匀后进行茎叶喷雾，以 30%水剂为例，亩制剂用量 40～60mL。

注意事项

（1）二氯吡啶酸土壤吸附性不强，施药后 6h 内降雨会影响药效。

（2）二氯喹啉酸可在甘蓝型油菜、白菜型油菜上使用，但不能用在芥菜型油菜上。

（3）豆科、伞形科、菊科等作物对二氯吡啶酸敏感，如大豆、胡萝卜、向日葵等，施药时避免飘移。

（4）正常剂量下后茬种植小麦、大麦、油菜、十字花科蔬菜安全，种植大豆、花生等作物需间隔 1 年，种植棉花、向日葵、西瓜、番茄、红豆、绿豆、甘薯需间隔 18 个月，其他作物应经试验安全后种植。

（5）不可与碱性物质混用，会影响药效。

复配剂及使用方法

（1）28.6%氨氯·二氯吡水剂，主要用于油菜田防除一年生阔叶杂草，茎叶喷雾，推荐亩用量 24～36mL；

（2）24%滴酸·二氯吡水剂，主要用于非耕地田防除薇甘菊，兑水稀释 1000～2000 倍喷雾；

（3）8%二吡·烯草酮可分散油悬浮剂，主要用于油菜田防除一年生杂草，茎叶喷雾，推荐亩用量 100～125mL；

（4）16%二吡·烯·草灵可分散油悬浮剂，主要用于油菜田防除一年生杂草，茎叶喷雾，推荐亩用量 100～125g；

（5）25%硝磺·二氯吡可分散油悬浮剂，主要用于玉米田防除一年生杂草，茎叶喷雾，推荐亩用量 40～60mL；

（6）27%氧氟·二氯吡悬浮剂，主要用于苗圃（云杉）防除一年生杂草，茎叶喷雾，推荐亩用量 80～120mL；

（7）40%烟·莠·二氯吡可分散油悬浮剂，主要用于玉米田防除一年生杂草，茎叶喷雾，推荐亩用量 80～100mL；

（8）20%二吡·烯·氨吡可分散油悬浮剂，主要用于油菜田防除一年生杂草，茎叶喷雾，推荐亩用量 60～85mL 等。

二氯喹啉草酮

(quintrione)

C_{16}H_{11}Cl_2NO_3, 336.2, 130901-36-8

化学名称 2-(3,7-二氯喹啉-8-基)羰基-环己烷-1,3-二酮。

其他名称 金稻亿。

理化性质 纯品为淡黄色粉末，无刺激性异味，熔点 141.8～144.2℃，沸点 248.2℃，溶解度（mg/L，20℃）：水 0.423，二甲基甲酰胺 79840，丙酮 25300，甲醇 2690。

毒性 原药对大鼠急性经口、经皮毒性 LD_{50} ＞5000mg/kg，低毒；大鼠急性吸入毒性 LC_{50} ＞2000mg/kg，低毒；对日本鹌鹑 LD_{50} 为 1490mg/kg，低毒；对斑马鱼 LC_{50}（96h）＞1.05mg/L，中等毒性；对蜜蜂经口 LD_{50}（48h）63.9μg/蜂，接触 LD_{50}（48h）＞100μg/蜂，低毒；对家蚕 LC_{50}（96h）为 2000mg/L。对眼睛、皮肤具轻度刺激性，有弱致敏性，无染色体畸变风险。

剂型 98%原药，20%可分散油悬浮剂。

作用机理 二氯喹啉草酮是对羟苯基丙酮酸双氧化酶（HPPD）抑制剂，可通过根、茎、叶吸收，在植物体内抑制酪氨酸转变为质体醌，干扰类胡萝卜素合成，3～5d 内出现黄化症状，1～2 周内白化死亡。

防除对象 主要用于防除稻田内禾本科杂草、阔叶类杂草和莎草类杂草，对稗草、无芒稗、西来稗、光头稗、马唐、鳢肠、陌上菜、丁香蓼、异型莎草、碎米知风草、猪殃殃、牛繁缕、荠菜、大巢菜具有较好防效，对于耳叶水苋、鸭舌草具有一定防效，对千金子、日本看麦娘、看麦娘、菵草、硬草、棒头草、早熟禾、野燕麦和野老鹳草等杂草防效较差。

使用方法 水稻移栽后 7～20d 使用，稗草 2～4 叶期施药效果最佳，或者直播水稻出苗 3.5 叶期后，稗草 2～3 叶期，20%可分散油悬浮剂亩用量 200～300mL 兑水 30～40kg，二次稀释后茎叶喷雾。施药前排水至浅水，药后一天灌水并保水 3～5cm 5～7d。

注意事项

（1）施药时避免弱苗、小苗重复喷药。

（2）灌水时注意水层高度，避免淹没稻心产生药害。

（3）防治千金子等杂草时可与氰氟草酯等药剂混用以扩大杀草谱。

（4）该除草剂对水稻安全性较高，但伞形花科作物对其较敏感，使用时应避免飘移。

二氯喹啉酸

（quinclorac）

$C_{10}H_5Cl_2NO_2$，242.1，84087-01-4

化学名称　3,7-二氯喹啉-8-羧酸。

其他名称　快杀稗，杀稗灵，稗草净，杀稗特，杀稗王，杀稗净，稗草王，克稗灵，神锄，Facet。

理化性质　纯品二氯喹啉酸为无色晶体，熔点274℃，相对密度1.75。溶解度（20℃，mg/L）：水0.065，丙酮10000；不溶于甲醇，不溶于二甲苯。水与土壤中稳定，半衰期超过1年，在土壤中有较大的移动性，能被土壤微生物分解。

毒性　二氯喹啉酸原药对大鼠急性经口毒性LD_{50}为2680mg/kg，低毒；对绿头鸭急性毒性LD_{50}＞2000mg/kg，低毒；对虹鳟LC_{50}（96h）＞100mg/L，低毒；对大型溞EC_{50}（48h）＞29.8mg/kg，中等毒性；对栅藻EC_{50}（72h）为6.53mg/L，中等毒性；对蜜蜂低毒。对眼睛、皮肤、呼吸道具刺激性，具皮肤致敏性，无生殖影响和致癌风险。

作用机理　喹啉羧酸类除草剂，是一种合成激素抑制剂，药剂能被萌发的种子、根、茎和叶部迅速吸收，并迅速向茎和顶部传导，使杂草中毒死亡，与生长素类物质的作用症状相似。

剂型　90%、96%原药，25%、50%、60%、75%可湿性粉剂，50%可溶粒剂，250g/L、25%、30%悬浮剂，25%可分散油悬浮剂，25%泡腾粒剂，50%、75%、90%水分散粒剂，45%、50%可溶粉剂。

防除对象　本剂可有效地防除稻田稗草，还能有效防除鸭舌草、水芹、田皂角、田菁、臂形草、决明和牵牛类的杂草，但对莎草科杂草的效果差。

使用方法　水稻插秧、抛秧后 7~20d 均可使用，以稗草 2~3 叶期施药最佳。水稻直播田水稻出苗后 4 叶期到分蘖期均可使用，以稗草 2~3 叶期施药最佳。排水后施药，药后间隔 1~2d 复水，保水 5~7d。以 45％可溶粉剂为例，亩制剂用量 30~50g 兑水 30~40kg。

注意事项

（1）避免在水稻播种早期胚根暴露在外时使用，秧苗 2 叶 1 心前对二氯喹啉酸敏感。

（2）也可田中带水喷雾，但水层要浅，不能浸过水稻心叶，用药量需在登记范围内酌情增加。

（3）茄科、伞形花科、锦葵科、葫芦科、豆科、菊科、旋花科等作物如甜菜、烟草、向日葵、豌豆、苜蓿、马铃薯和蔬菜等对二氯喹啉酸敏感，后茬不可种植，两年后方可种植，后茬种植水稻、玉米等耐性作物安全。

（4）施药如不均匀，易产生药害。

复配剂及使用方法

（1）28％二氯·莠去津可分散油悬浮剂，主要用于高粱田防除一年生杂草，茎叶喷雾，推荐亩用量 180~260mL；

（2）30％二氯喹·噁唑胺·氰氟酯可分散油悬浮剂，主要用于水稻田（直播）防除一年生禾本科杂草，茎叶喷雾，推荐亩用量 30~50mL；

（3）54％吡嘧·二氯喹水分散粒剂，主要用于水稻移栽田防除一年生杂草，茎叶喷雾，推荐亩用量 40~60g；

（4）27％二氯·双·五氟可分散油悬浮剂，主要用于水稻田（直播）防除一年生杂草，茎叶喷雾，推荐亩用量 60~80mL；

（5）25％二氯·肟·吡嘧可分散油悬浮剂，主要用于水稻田（直播）防除一年生杂草，茎叶喷雾，推荐亩用量 60~100mL。

砜吡草唑
（pyroxasulfone）

$C_{12}H_{14}F_5N_3O_4S$, 391.32, 447399-55-5

化学名称 3-[(5-二氟甲氧基-1-甲基-3-三氟甲基吡唑-4-基)-甲基磺酰基]-4,5-二氢-5,5-二甲基-1,2-噁唑。

理化性质 纯品为白色晶体固体，熔点 $130.7℃$，相对密度 1.60，溶解度（$20℃$，mg/L）：水 3.49。

毒性 原药对大鼠急性经口毒性 $LD_{50} > 2000mg/kg$，低毒；对山齿鹑急性毒性 $LD_{50} > 2250mg/kg$，低毒；对虹鳟 LC_{50}（96h）$> 2.2mg/L$，中等毒性；对大型溞 EC_{50}（48h）$> 4.4mg/kg$，低毒；对月牙藻 EC_{50}（72h）为 $0.00038mg/L$，高毒；对蜜蜂低毒；对蚯蚓中等毒性。

剂型 98%原药，40%悬浮剂。

作用机理 属于异噁唑类土壤封闭处理除草剂，抑制极长链脂肪酸延长酶活性，主要通过幼芽和幼根被植物吸收，阻碍顶端分生组织生长。

防除对象 用于冬小麦田防除雀麦、大穗看麦娘、播娘蒿、荠菜等多种一年生杂草。

使用方法 冬小麦播后苗前进行土壤封闭喷雾处理，40%悬浮剂亩制剂用量 $25\sim30mL$，兑水 $30\sim40kg$ 二次稀释均匀后喷雾。

注意事项

（1）土壤墒情良好或灌溉、降雨后施药最佳。

（2）后茬轮作玉米、大豆、花生、绿豆等旱地作物安全，水稻对其敏感，不宜在稻麦轮作地块使用。

砜嘧磺隆
（rimsulfuron）

$C_{14}H_{17}N_5O_7S_2$, 431.4, 122931-48-0

化学名称 ［N-［（4,6-二甲氧基-2-嘧啶基）氨基］羰基］-3-（乙基磺酰基）-2-吡啶磺酰胺。

其他名称 宝成，玉嘧磺隆，Titus。

理化性质 纯品砜嘧磺隆为无色晶体，熔点 $172℃$，$174℃$分解，相对密度 1.5，土壤与水中不稳定，溶解度（$20℃$，mg/L）：水 7300，丙酮 14800，二氯甲烷 35500，乙酸乙酯 2850，甲醇 1550。

毒性 原药对大鼠急性经口毒性 LD_{50} ＞5000mg/kg，低毒，短期喂食毒性高；对山齿鹑急性毒性 LD_{50} ＞2250mg/kg，低毒；对虹鳟 LC_{50}（96h）＞390mg/L，低毒；对大型溞 EC_{50}（48h）＞360mg/kg，低毒；对月牙藻 EC_{50}（72h）为 1.2mg/L，中等毒性；对蜜蜂接触毒性低、经口毒性中等；对蚯蚓低毒。对眼睛具刺激性，无神经毒性和呼吸道刺激性，无染色体畸变和致癌风险。

作用方式 磺酰脲类除草剂，乙酰乳酸合成酶（ALS）抑制剂，由根吸收很快传导至分生组织，通过抑制必需的缬氨酸和异亮氨酸的生物合成从而使细胞分裂和植物生长停止。

剂型 99％原药，25％水分散粒剂，4％、12％、17％、22％可分散油悬浮剂。

防除对象 用于防除玉米、马铃薯、烟草田中一年生生禾本科及部分阔叶杂草，如田蓟、铁苋、香附子、皱叶酸模、阿拉伯高粱、野燕麦、止血马唐、稗草、多花黑麦草、苘麻、反枝苋、猪殃殃、虞美人、繁缕等。

使用方法 于杂草 2～5 叶期施药效果最佳，以 25％水分散粒剂为例，亩制剂用量 5～6g，兑水 30L 以上，稀释均匀后沿行间均匀喷雾，控制喷头高度，严禁将药液直接喷到烟叶上、马铃薯及玉米的喇叭口内。按喷液量的 0.2％在药液中加入洗衣粉作表面活性剂。

注意事项

（1）严禁使用弥雾机施药，尽量在无风无雨时施药，避免雾滴飘移，危害周围作物。

（2）使用砜嘧磺隆前后七天内，禁止使用有机磷杀虫剂，避免产生药害。

（3）沙壤土质不宜施用砜嘧磺隆。

（4）甜玉米、爆玉米、黏玉米及制种玉米田不宜使用。

（5）花生、棉花、黄豆等多数阔叶作物对砜嘧磺隆敏感，须保证足够间隔时间后种植。高用量下后茬不适合种植小麦及十字花科作物（如油菜、青菜、萝卜、花椰菜等）。

复配剂及使用方法

（1）22％嗪·烯·砜嘧可分散油悬浮剂，主要用于马铃薯田防除一年生杂草，茎叶喷雾，推荐亩用量 80～120mL；

（2）6％烟嘧·砜嘧可分散油悬浮剂，主要用于玉米田防除一年生杂草，定向茎叶喷雾，推荐亩用量 40～45mL；

（3）11％砜嘧·精喹可分散油悬浮剂，主要用于马铃薯田防除一年生杂草，定向茎叶喷雾，推荐亩用量 50～60mL；

（4）50％砜嘧·硝磺水分散粒剂，主要用于玉米田防除一年生杂草，茎叶喷雾，推荐亩用量 25～30g；

（5）23.2％砜·喹·嗪草酮可分散油悬浮剂，主要用于马铃薯田防除一年生杂草，茎叶喷雾，推荐亩用量 70～85mL；

（6）32％砜·硝·氯氟吡可分散油悬浮剂，主要用于玉米田防除一年生杂草，茎叶喷雾，推荐亩用量 60～80mL 等。

—————— **呋草酮** ——————

（flurtamone）

$C_{18}H_{14}F_3NO_2$, 333.3, 96525-23-4

化学名称 （RS)-5-甲胺基-2-苯基-4-(α,α,α-三氟间甲苯基)呋喃-3(2H)-酮。

其他名称 Benchmark。

理化性质 纯品呋草酮为浅黄色粉末，熔点 148.5℃，190℃分解，相对密度 1.38，溶解度（20℃，mg/L）：水 10.7，丙酮 350000，甲醇 199000，己烷 18，乙酸乙酯 133000。

毒性 呋草酮原药对大鼠急性经口毒性 LD_{50}＞5000mg/kg，低毒，短期喂食毒性高；对山齿鹑急性毒性 LD_{50}＞2530mg/kg，低毒；对呆鲦鱼 LC_{50}（96h）为 6.64mg/L，中等毒性；对大型溞 EC_{50}（48h）为 13mg/kg，中等毒性；对月牙藻 EC_{50}（72h）为 0.073mg/L，中等毒性；对蜜蜂、黄蜂、蚯蚓低毒。对眼睛、皮肤、呼吸道有刺激性，无神经毒性和皮肤致敏性，无染色体畸变风险。

作用机理 苯基呋喃酮类除草剂，通过植物根和芽吸收而起作用。抑制类胡萝卜素合成，敏感品种发芽后立即呈现普遍褪绿白化作用。

剂型 98％原药。

防除对象 可防除多种禾本科杂草和阔叶杂草如苘麻、美国豚草、马松子、马齿苋、大果田菁、刺黄花稔、龙葵以及苋、芸薹、山扁豆、蓼等杂草。

复配剂及使用方法 33％氟噻·吡酰·呋悬浮剂，主要用于冬小麦田防除一年生杂草，土壤喷雾，推荐亩用量 60～80mL。

呋喃磺草酮
（tefuryltrione）

$C_{20}H_{23}ClO_7S$, 442.91, 473278-76-1

化学名称 2-[2-氯-4-甲磺酰基-3-[（RS）-四氢呋喃-2-基甲氧基甲基]苯甲酰基]环己烷-1,3-二酮。

其他名称 特糠酯酮，AVH-301。

作用机理 三酮类除草剂，抑制对羟基苯基丙酮酸双氧化酶（HPPD），通过根、茎、幼芽、叶吸收并迅速传导，抑制酪氨酸到质体醌的生化过程，导致植物生长中不可或缺的色素合成受阻，叶面白化，继而分生组织坏死。

剂型 97％原药。

复配剂及使用方法 27％氟酮·呋喃酮悬浮剂，主要用于水稻移栽田防除一年生杂草，采用甩施法或药土法，推荐亩用量 16～24mL。

氟胺磺隆
（triflusulfuron-methyl）

$C_{17}H_{19}F_3N_6O_6S$, 492.43, 126535-15-7

化学名称 3-[4-二甲基氨基-6-(2,2,2-三氟乙氧基)-1,3,5-三嗪-2-氨基甲酰氨基磺酰基]间甲基苯甲酸甲酯。

理化性质 纯品为白色晶状固体，熔点 159℃，159℃ 分解，相对密度 1.46，溶解度（20℃，mg/L）：水 260，乙酸乙酯 27000，丙酮

120000，己烷 1.6，甲醇 17000。酸性条件下不稳定，中性及碱性条件较稳定，土壤中半衰期短。

毒性　原药对大鼠急性经口毒性 LD_{50} ＞5000mg/kg，低毒，短期喂食毒性高；对山齿鹑急性毒性 LD_{50} ＞2250mg/kg，低毒；对虹鳟 LC_{50}（96h）为 730mg/L，中等毒性；对大型溞 EC_{50}（48h）＞960mg/kg，低毒；对月牙藻 EC_{50}（72h）为 0.034mg/L，中等毒性；对蜜蜂、蚯蚓低毒。无眼睛、皮肤刺激性和皮肤致敏性，具呼吸道刺激性，无神经毒性和染色体畸变风险。

剂型　95％原药，50％水分散粒剂。

作用机理　属于选择性内吸传导型除草剂，抑制植物的乙酰乳酸酶合成，阻断侧链氨基酸生物合成，主要通过叶面吸收并传导至分生组织，根部分吸收，影响细胞的分裂和生长。

防除对象　用于甜菜田防除反枝苋、苘麻、稗草等一年生杂草。

使用方法　甜菜苗后 3～5 叶，禾本科杂草 2～5 叶期、阔叶杂草株高 3～5cm 时，50％水分散粒剂每亩用量 2.7～3.3g 兑水 30～45kg 稀释均匀后进行茎叶喷雾。

注意事项　大风或降雨天气不宜施药，避免雾滴飘移，危害周围其他作物。

氟吡磺隆

（flucetosulfuron）

$C_{18}H_{22}FN_5O_8S$, 487.5, 412928-75-7

化学名称　(1*RS*,2*RS*；1*RS*,2*RS*)-1-[3-[(4,6-二甲氧基吡啶-2-氨甲酰)氨磺酰]-2-吡啶基]-2-氟丙基甲氧基酯。

其他名称　Flexo。

理化性质　纯品为白色固体，熔点 180℃，弱酸性，溶解度（20℃，mg/L）：水 114，乙酸乙酯 11700，丙酮 22900，正己烷 6.0，甲醇 3800。酸性条件下不稳定，中性及碱性条件较稳定，土壤中半衰期短。

毒性 原药对大鼠急性经口毒性 LD_{50} ＞5000mg/kg，低毒；对鲤鱼 LC_{50}（96h）＞10mg/L，中等毒性；对大型溞 EC_{50}（48h）＞10mg/kg，中等毒性；对藻类 EC_{50}（72h）＞10mg/L，低毒。

剂型 97％原药，10％可湿性粉剂。

作用机理 磺酰脲类除草剂，抑制乙酰乳酸合成酶，抑制亮氨酸、异亮氨酸、缬氨酸等支链氨基酸的合成，导致生长抑制和植株枯死。

防除对象 用于水稻田防除一年生和多年生杂草，对稗草防效尤为优异，但对千金子、眼子菜等的防效较差。

使用方法

（1）水稻移栽田于杂草苗前或杂草 2～4 叶期采用毒土法处理 1 次，10％可湿性粉剂亩制剂用量 13～20g（杂草苗前）、20～26g（杂草 2～4 叶期），混土 30～50kg 或拌化肥撒施。

（2）水稻直播田于杂草 2～5 叶期使用，10％可湿性粉剂亩制剂用量 13～20g 兑水 30～50kg，稀释均匀后进行茎叶喷雾。施药前排水，药后 1～2d 覆水，并保水 3～5d。

注意事项 后茬种植水稻、油菜、小麦、大蒜、胡萝卜、萝卜、菠菜、移栽黄瓜、甜瓜、辣椒、番茄、草莓、莴苣安全，其他作物需试验后方可种植。

氟吡酰草胺

（picolinafen）

$C_{19}H_{12}F_4N_2O_2$, 376.30, 137641-05-5

化学名称 *N*-(4-氟苯基)-6-[3-(三氟甲基)苯氧基]-2-吡啶甲酰胺。

理化性质 纯品为白色晶状固体，熔点 107.4℃，230℃分解，相对密度 1.45，溶解度（20℃，mg/L）：水 0.047，乙酸乙酯 464000，丙酮 557000，甲苯 263000，甲醇 30400。

毒性 原药对大鼠急性经口毒性 LD_{50} ＞5000mg/kg，低毒，短期喂食毒性高；对绿头鸭急性毒性 $LD_{50} > 2250mg/kg$，低毒；对虹鳟 LC_{50}（96h）$> 0.68mg/L$，中等毒性；对大型溞 EC_{50}（48h）$> 0.45mg/kg$，中等毒性；对藻类 EC_{50}（72h）为 $0.00018mg/L$，高毒；对蜜蜂低毒；对蚯蚓中等毒性。对皮肤、眼睛、呼吸道无刺激性，无神经毒性和生殖影响，无染色体畸变和致癌风险。

剂型　96％原药，20％悬浮剂。

作用机理　酰胺类苗前封闭除草剂，通过抑制植物体内类胡萝卜素生物合成，导致叶绿素被破坏、细胞膜破裂，杂草幼芽脱色或白色，最后整株萎蔫死亡。

防除对象　用于冬小麦田防除婆婆纳、繁缕、牛繁缕、宝盖草、荠菜、播娘蒿等一年生阔叶杂草。

使用方法　冬小麦播后苗前使用，20％悬浮剂亩制剂用量 17～20mL，兑水 30～40L 二次稀释均匀后土壤喷雾。

注意事项

（1）晴天、无风天气用药，大风天不宜施药，以免飘移至邻近敏感作物。

（2）低温和寒流及霜冻来临前后不宜用药，以免产生药害。

氟磺胺草醚

（fomesafen）

$C_{15}H_{10}ClF_3N_2O_6S$，438.76，72178-02-0

化学名称　N-甲磺酰基-5-[2-氯-4-（三氟甲基）苯氧基]-2-硝基苯甲酰胺或 5-（2-氯-α,α,α-三氟对甲苯氧基）-N-甲磺酰基-2-硝基苯甲酰胺。

其他名称　虎威，除豆莠，豆草畏，福草醚，磺氟草醚，氟黄胺草醚，氟磺醚，氟磺草，北极星，Flexstar，Flex，Acifluorfen，Reflex，pp 021。

理化性质　纯品氟磺胺草醚为白色结晶体，熔点 220～221℃。溶解度（20℃，g/L）：丙酮 300。氟磺胺草醚呈酸性，能生成水溶性盐。

毒性 氟磺胺草醚原药急性 LD_{50}（mg/kg）：大鼠经口 1250～2000，兔经皮＞1000。以 100mg/kg 饲料剂量饲喂大鼠两年，无异常现象。对兔皮肤和眼睛有轻微刺激性。对动物无致畸、致突变、致癌作用。

作用机理 氟磺胺草醚为选择性除草剂。它被植物的叶片、根吸收，进入植物叶绿体内，由于破坏光合作用引起叶部枯斑，迅速枯萎死亡。喷药后 4h 下雨不降低药效。药液在土壤里被根部吸收也能发挥杀草作用，大豆吸收药剂后能迅速降解。

剂型 95％、98％原药，250g/L、25％水剂，20％乳油，30％微乳剂，75％水分散粒剂等。

防除对象 主要用于大豆田阔叶杂草，如苘麻、铁苋菜、反枝苋、豚草、鬼针草、田旋花、荠菜、藜、刺儿菜、鸭跖草、问荆、裂叶牵牛、卷茎蓼、马齿苋、龙葵、苣荬菜、苍耳、马泡果等。

使用方法 氟磺胺草醚用于大豆苗后，一般在大豆 1～2 片复叶时，田间复叶杂草在 1 至 3 叶期每亩用氟磺胺草醚（虎威）50mL（有效成分 12.5g）兑水 30kg 均匀喷雾；如杂草达 4～5 叶时亩用药量应提高到 75mL（有效成分 18.8g）。防治鸭跖草需在 3 叶期前施药，对鸭跖草 4 叶期后仅有抑制作用。因残留对后茬作物不安全，不推荐苗前使用。对禾本科杂草与阔叶杂草混合严重发生的田块，可在田间禾本科杂草与阔叶杂草 2～3 叶期，每亩用 25％氟磺胺草醚（虎威）40mL 加 15％精吡氟禾草灵乳油 25mL 兑水 30kg 均匀喷雾。

混用 亩用 25％氟磺胺草醚 70～100mL＋15％精吡氟禾草灵 50～80mL（或 10.8％高效氟吡甲禾灵 33mL，或 5％精喹禾灵 50～100mL，或 12.5％烯禾啶 100mL，或 6.9％精噁唑禾草灵 50～70mL，或 12％烯草酮 33mL，或 4％喹禾糠酯 50～100mL）。

难治杂草推荐三混 亩用 25％氟磺胺草醚 60mL＋48％异噁草松 70mL（或 48％灭草松 100mL）＋15％精吡氟禾草灵 50～80mL（或 10.8％高效氟吡甲禾灵 33mL，或 12.5％烯禾啶 100mL，或 6.9％精噁唑禾草灵 50～70mL）。

注意事项

（1）在大豆田后施用氟磺胺草醚用量不要随意加大，当亩用商品量达 125mL 时，大豆叶面出现褐色斑点，再加大剂量生长点扭曲，一般 7～10d 恢复。

（2）氟磺胺草醚在土壤中的残效期较长。当用药量高，每亩有效成分超过60g以上，大豆播前、播后苗前土壤处理，防除大豆田双子叶杂草虽有很好效果，但在土壤中残效过长，对后茬作物有影响；对第二年种敏感作物，如白菜、谷子、高粱、甜菜、玉米、小麦、亚麻等，均有不同程度药害，应降低用药剂量，使药害减轻至无影响。在推荐剂量下，大豆茬不耕翻种玉米、高粱仍可能有轻度影响，应严格掌握用药量，选择安全后茬作物。

（3）玉米套种豆田中，不可使用氟磺胺草醚（虎威）。大豆与其他敏感作物间作时，请勿使用。

（4）果树及种植园施药时，要避免将药液直接喷溅到树上，尽量用低压喷雾，用保护罩定向喷雾。

（5）接触原液时应戴手套、护目镜，穿工作服，施药时勿饮食或抽烟，若药液溅在衣服或皮肤上，应立即用清水冲洗。如误服中毒，应立即催吐，然后送医院治疗。此药无特效解毒剂，需对症治疗。

（6）运输时需用金属器皿盛载，贮放地点要远离儿童和家畜。

药害

（1）小麦　受其残留危害，表现多在叶基、叶鞘部位发生水渍状变色，并伴生一些褐斑，心叶紧卷，并逐渐枯萎。

（2）油菜　茎叶处理油菜对氟磺胺草醚（虎威）比较敏感，误施产生药害。受其残留危害，表现子叶和真叶缩小、稍卷，并从叶基及叶缘开始失绿变白而枯萎，植株生长缓慢或停滞。受害严重时，幼苗在长出真叶之前便枯死。

（3）大豆　用其做土壤处理受害，表现子叶、真叶、顶芽蜷缩，并产生褐色枯斑或枯死，植株生长缓慢，大小不一。用其做茎叶处理受害，表现着药叶片的叶肉产生白色或黄褐色枯斑（或为密集的小斑点，或为漫连的大斑块），叶面皱缩，叶缘翻卷。

复配剂及使用方法

（1）42％灭·喹·氟磺胺微乳剂，防除春大豆田一年生杂草，茎叶喷雾，推荐亩剂量为110～130mL；

（2）32％氟·松·烯草酮乳油，防除春大豆田一年生禾本科杂草及阔叶杂草，茎叶喷雾，推荐亩剂量为110～130mL。

氟乐灵

（trifluralin）

$$C_{13}H_{16}F_3N_3O_4, 335.28, 1582-09-8$$

化学名称 2,6-二硝基-N,N-二丙基-4-三氟甲基苯胺。

其他名称 氟特力，特氟力，氟利克，特福力，茄科宁，Flutrix，Treflan，Triflurex，Trim，Treficon，Basalim，Elancolan，l 36352。

理化性质 本品为橙黄色结晶固体。熔点48.5～49℃（工业品为42℃），蒸气压2.65×10^{-2}Pa（29.5℃）、1.373×10^{-2}Pa（25℃），沸点96～97℃（23.99Pa）。能溶于多数有机溶剂，二甲苯58%，丙酮40%，乙醇7%，不溶于水。易挥发、易光解，能被土壤胶体吸附而固定，化学性质较稳定。

毒性 急性经口LD_{50}（mg/kg）：大鼠＞10000，小鼠＞5000，狗＞2000；家兔急性经皮LD_{50}＞2000mg/kg；以2000mg/kg剂量喂养大鼠两年，未见不良影响。对鱼类毒性较大，鲤鱼LC_{50}（48h）为4.2mg/L，金鱼为0.59mg/L，蓝鳃鱼为0.058mg/L。蜜蜂致死量为24mg/只。

作用机理 氟乐灵是选择性触杀型除草剂。在植物体内输导能力差，可在杂草种子发芽生长穿出土层的过程中被吸收。禾本科杂草通过幼芽吸收，阔叶杂草通过下胚轴吸收，子叶和幼根也能吸收，但出苗后的茎叶不能吸收，因此对已出土杂草无效。

剂型 480g/L、45.5%、48%乳油，95%、96%、97%原药。

防除对象 氟乐灵为旱田作物及园艺作物的芽前除草剂，可用于棉花、花生、大豆、豌豆、油菜、向日葵、甜菜、蓖麻、果树、蔬菜及桑园等防除单子叶杂草和一年生阔叶杂草，如马唐、牛筋草、狗尾草、稗草、蟋蟀草、繁缕、野苋、马齿苋、藜、蓼等，对鸭跖草、半夏、艾蒿、繁缕、雀舌草、打碗花、车前草等防效差，对多年生杂草如三棱草、狗牙根、苘麻、田旋花、茅草、龙葵、苍耳、芦苇、鳢肠、扁秆藨草、野芥及菟丝子、曼陀罗等杂草基本无效。

使用方法 氟乐灵是一种应用广泛的旱田除草剂。作物播前或播后，苗前或移栽前、后进行土壤处理后及时混土 3～5cm，混土要均匀，混土后即可播种。用药量根据土壤有机质含量及质地而定，一般有机质含量在 2%以下的每亩用 48%氟乐灵乳油 80～100mL，有机质含量超过 2%的每亩用 48%氟乐灵乳油 100～125mL。沙质地用低限，黏土用高限。如土壤湿度条件满足，南方油菜田可在播种后出苗前作土壤处理，不必进行混土，防除效果也好。

(1) 棉田　直播棉田，播种前 5～7d，每亩用 480g/L 氟乐灵乳油 100～150mL 兑水 50kg 对地面进行常规喷雾，药后立即耕地进行混土处理，拌土深度 5cm 左右，以免见光分解。地膜棉田，耕翻整地以后，每亩用 480g/L 乳油 75～100mL，兑水 50kg 左右，喷雾拌土后播种覆膜。移栽棉田，在移栽前进行土地处理，剂量和方法同直播棉田。移栽时应注意将开穴挖出的药土覆盖于棉苗根部周围。

(2) 大豆田　播种前 5～7d，48%氟乐灵乳油每亩用药量 80～150mL 兑水 50kg，施药后混土深度 3～5cm，施药后 5～7d 再播种。

(3) 玉米田　播后或播后苗前，48%氟乐灵乳油每亩用药 75～80mL 兑水 50kg 喷雾后即混土。

(4) 蔬菜田　一般在地粗平整后，每亩用 48%氟乐灵乳油 75～100mL 兑水 50kg 喷雾或拌土 20kg 均匀撒施土表，然后进行混土，混土深度为 2～3cm，混土后隔天进行播种。直播蔬菜，如胡萝卜、芹菜、茴香、香菜、架豆、豇豆、豌豆等，播种前或播种后均可用药。大（小）白菜、油菜等十字花科蔬菜播前 3～7d 施药。移栽蔬菜如番茄、茄子、辣椒、甘蓝、菜花等移栽前后均可施用。黄瓜在移栽缓苗后苗高 15cm 时使用，移栽芹菜、洋葱、沟葱、老根韭菜缓苗后可用药。以上每亩用药量为 100～150mL，杂草多、土地黏重、有机质含量高的田块在推荐亩用量范围内用量宜高，反之宜低。施药后应尽快混土 3～5cm 深，以防光解，降低除草效果。氟乐灵特别适合地膜栽培作物使用。用于地膜栽培时，氟乐灵按常量减去三分之一。

上述剂量和施药方法也可供花生、桑园、果园及其他作物使用氟乐灵时参考。氟乐灵可与扑草净、嗪草酮（赛克津）等混用以扩大杀草谱。

注意事项

(1) 氟乐灵易挥发和光解，喷药后应及时拌土 3～5cm 深。不宜过深，以免相对降低药土层中的含药量和增加药剂对作物幼苗的伤害。从施药到混土的间隔时间一般不能超过 8h，否则会影响药效。

（2）药效受土壤质地和有机质含量影响较大，用药量应根据不同条件确定。沙质土地及有机质含量低的土壤宜适当减少用量。

（3）氟乐灵残效期较长。在北方低温干旱地区可长达 10～12 个月，对后茬的高粱、谷子有一定的影响，高粱尤为敏感。

（4）瓜类作物及育苗韭菜、直播小葱、菠菜、甜菜、小麦、玉米、高粱等对氟乐灵比较敏感，不宜应用，以免产生药害。氟乐灵饱和蒸气压较高，在棉花地膜苗床使用，一般每亩用量 48％氟乐灵乳油不宜超过 80mL，否则易产生药害。氟乐灵在叶类蔬菜上使用，每亩用药量 48％氟乐灵乳油超过 150mL，易产生药害。

（5）氟乐灵乳油对塑料制品有腐蚀作用，不宜用塑料桶盛装氟乐灵，以深色玻璃瓶避光贮存为宜，并不要靠近火源和热气，用前摇动。氟乐灵对已出土的杂草基本无效，因此使用前应铲除老草。

（6）药液溅到皮肤和眼睛上，应立即用清水大量反复冲洗。

复配剂及使用方法　48％氟乐·扑草净乳油，防除花生田一年生杂草，土壤喷雾，推荐亩剂量为 150～200g；防除棉花田一年生杂草，土壤喷雾，推荐亩剂量为 150～200g；防除夏大豆田一年生杂草，土壤喷雾，推荐亩剂量为 120～180g。

氟硫草定

（dithiopyr）

$C_{15}H_{16}F_5NO_2S_2$, 371.3, 97886-45-8

化学名称　S,S'-二甲基-2-二氟甲基-4-异丁基-6-三氟甲基吡啶-3,5-二硫代甲酸酯。

其他名称　Dimension，Dictran。

理化性质　纯品为硫黄味灰白色粉末，熔点 65℃，相对密度 1.413，溶解度（20℃，mg/L）：水 1.38，己烷 33000，甲苯 250000，二乙醚 500000，乙醇 120000。

毒性　原药对大鼠急性经口毒性 LD_{50}＞5000mg/kg，低毒；对绿

头鸭急性毒性 $LD_{50} > 5620mg/kg$，低毒；对虹鳟 LC_{50}（96h）为 $0.36mg/L$，中等毒性；对大型溞 EC_{50}（48h）为 $14mg/kg$，中等毒性；对月牙藻 EC_{50}（72h）为 $0.02mg/L$，中等毒性；对蜜蜂中等毒性；对蚯蚓低毒。对眼睛、皮肤、呼吸道具刺激性，无神经毒性和生殖影响，无致癌作用。

作用机理 吡啶羧酸类芽前除草剂，抑制有丝分裂过程。主要通过茎叶和根吸收，阻断纺锤体微管的形成，造成微管短化，不能形成正常的纺锤丝，使细胞无法进行有丝分裂，造成杂草生长停止、死亡。该除草剂的除草活性不受环境因素变化的影响，对水稻安全，持效期可达 80d。

剂型 91.5%、95%原药。

防除对象 可有效防除一年生禾本科杂草和一些阔叶杂草和莎草，水稻田稗草、鸭舌草、异型莎草、节节菜和种子繁殖的泽泻等，草坪一年生禾本科杂草如马唐、紫马唐，以及一年生阔叶杂草如球序卷耳、零余子景天、腺漆姑草等。

—— 氟氯吡啶酯 ——
（halauxifen-methyl）

$C_{14}H_{11}Cl_2FN_2O_3$, 345.16, 943831-98-9

化学名称 4-氨基-3-氯-6-(4-氯-2-氟-3-甲氧基苯)-2-吡啶甲酸酯。

理化性质 纯品为白色粉末状固体，熔点 145.5℃，222℃分解，溶解度（20℃，mg/L）：水 1830，甲醇 38.1，丙酮 250，乙酸乙酯 129，正辛醇 9.83。土壤中半衰期短，易光解。

毒性 原药对大鼠急性经口毒性 $LD_{50} > 5000mg/kg$，低毒；对山齿鹑急性毒性 $LD_{50} > 2250mg/kg$，低毒；对羊头鱼 LC_{50}（96h）为 $1.33mg/L$，中等毒性；对大型溞 EC_{50}（48h）为 $2.21mg/kg$，中等毒性；对藻类 EC_{50}（72h）$> 0.855mg/L$，中等毒性；对蜜蜂喂食毒性低，

接触毒性中等；对蚯蚓中等毒性。无神经毒性和皮肤、眼睛刺激性，具生殖影响，无染色体畸变和致癌风险。

剂型　93%原药。

作用机理　芳基吡啶酸类合成生长素类除草剂，通过模拟高剂量天然植物生长激素的作用，引发对生长素调节基因的过度刺激，干扰敏感植物的生长过程。

防除对象　目前未登记单剂，混剂用于小麦田中，主要用于防除阔叶杂草。

复配剂及使用方法

（1）40%氟氯・氯氟吡乳油，主要用于冬小麦田防除一年生阔叶杂草，茎叶喷雾，推荐亩用量30～40mL；

（2）20%啶磺・氟氯酯水分散粒剂，主要用于小麦田防除一年生杂草，茎叶喷雾，推荐亩用量5～6.7g；

（3）20%双氟・氟氯酯水分散粒剂，主要用于冬小麦田防除一年生阔叶杂草，茎叶喷雾，推荐亩用量5～6.5g。

氟噻草胺
（flufenacet）

$C_{14}H_{13}F_4N_3O_2S$, 363.3, 142459-58-3

化学名称　4′-氟-N-异丙基-N-2-(5-三氟甲基-1,3,4-噻二唑-2-基氧基)乙酰苯胺。

其他名称　Cadou, Drago, Fluthiamide, Thiadiazlamide。

理化性质　纯品氟噻草胺为白色或棕色固体，熔点76℃，150℃分解，相对密度1.45，溶解度（20℃，mg/L）：水51，丙酮280000，甲苯200000，己烷8700，丙醇170000。

毒性　原药对大鼠急性经口毒性LD_{50}为598mg/kg，中等毒性，短期喂食毒性高；对山齿鹑急性毒性LD_{50}为1608mg/kg，低毒；对蓝鳃鱼LC_{50}（96h）为2.13mg/L，中等毒性；对大型溞EC_{50}（48h）为

30.9mg/kg，中等毒性；对月牙藻 EC_{50}（72h）为 0.00204mg/L，高毒；对蜜蜂、黄蜂低毒；对蚯蚓中等毒性。对皮肤具致敏性，无神经毒性，无染色体畸变和致癌风险。

剂型 95%、98%原药，41%悬浮剂。

作用机理 属氧化乙酰胺类选择性除草剂，该化合物为细胞分裂抑制剂，通过抑制靶标杂草根和茎部幼芽区域的细胞分裂过程，达到阻止其生长和组织延伸的效果。

防除对象 用于防除玉米田里的一年生杂草如狗尾草、稗草、马唐等，对阔叶杂草也具有一定的抑制作用。

使用方法 玉米播后苗前、杂草尚未出土时，41%悬浮剂亩制剂用量 80～120mL 兑水 30～60kg 进行土壤喷雾。

注意事项

(1) 使用时应注意避免飘移，以免引起药害或降低药效。

(2) 严禁加洗衣粉等助剂混合使用。

复配剂及使用方法 33%氟噻·吡酰·呋悬浮剂，主要用于冬小麦田防除一年生杂草，土壤喷雾，推荐亩用量 60～80mL。

—— 氟酮磺草胺 ——
(triafamone)

$C_{14}H_{13}F_3N_4O_5S$, 406.34, 874195-61-6

化学名称 N-[2-(4,6-二甲氧基-1,3,5-三嗪-2-羰基)-6-氟苯基]-1,1-二氟-N-甲基甲磺酰胺。

其他名称 垦收。

理化性质 纯品为白色粉末状固体，熔点 105.6℃，相对密度 1.53，溶解度（20℃，mg/L）：水 33。在土壤与水中易降解，半衰期均低于 10d。

毒性 原药对大鼠急性经口毒性 LD_{50}＞2000mg/kg，低毒；对鲤

鱼 LC_{50}（96h）＞100mg/L，低毒；大型溞 EC_{50}（48h）＞50mg/kg，中等毒性；对藻类 EC_{50}（72h）为6.23mg/L，中等毒性；对蜜蜂接触毒性低，经口毒性中等。对眼睛、皮肤无刺激性，无神经毒性、呼吸道刺激性和致敏性，无染色体畸变风险。

剂型 93.6%原药，19%悬浮剂。

作用机理 氟酮磺草胺为酰胺类化合物，其作用机制为抑制植物乙酰乳酸合成酶（ALS）功能，抑制缬氨酸、亮氨酸和异亮氨酸的生物合成，抑制植物生长，可通过根、茎、叶吸收。

防除对象 氟酮磺草胺主要用于移栽稻田土壤封闭，也可移栽后施用，对稗草、双穗雀稗、扁秆藨草、一年生莎草等具有较好防效，对丁香蓼、慈姑、鳢肠、眼子菜、狼杷草、水莎草等阔叶杂草和多年生莎草也具有较好抑制效果，但对千金子和大龄稗草（四叶期及以后）防效较差。

使用方法 水稻充分缓苗后、大部分杂草出苗前施用，目前我国只登记有19%悬浮剂一种制剂，以甩施法或者药土法施药，亩用量8～12mL，施用前用50～100mL水将制剂稀释为母液待用：甩施法，先将母液兑2～7L水搅匀，再均匀甩施；药土法，将母液与少量沙土混匀，再与3～7kg沙土拌匀后均匀撒施。移栽当天用甩施法，移栽后用甩施法或药土法。

注意事项

（1）使用时必须混匀，施药时也要均匀施药。

（2）确保均匀甩施于水稻行间的水面上，避免药液施到稻苗茎叶上，用药后保持3～5cm水层7d以上，只灌不排，水层勿淹没水稻心叶避免药害。

（3）病弱苗、浅根苗及盐碱地、药后短期内易遭受冷涝害等胁迫田块不宜施用。

（4）防治氟酮磺草胺杀草谱以外的包括抗性草在内的其他杂草时，须与其他不同作用机理的药剂搭配使用。

（5）整个生育期最多使用一次，收获后可继续连作水稻，更换轮作作物前需先试验后再种植。

复配剂及使用方法 27%氟酮·呋喃酮悬浮剂，主要用于移栽稻田防除一年生杂草，甩施法或者药土法，推荐亩用量16～24mL。

氟唑磺隆

（flucarbazone-sodium）

C₁₂H₁₀F₃N₄NaO₆S, 418.28, 181274-17-9

化学名称 1H-1,2,4-三唑-1-氨甲酰-4,5-2H-3-甲氧基-4-甲基-5-O-N-[[2-(三氟甲氧)苯]磺酰]-钠盐。

其他名称 氟酮磺隆，彪虎，锄宁，Everest，MKH 6562，Flucarbazone sodium。

理化性质 纯品为无色晶体粉末，无臭，熔点200℃（分解），相对密度1.59。溶解度（20℃，g/L）：正庚烷＜0.1，二氯甲烷0.72，异丙醇0.27，二甲苯＜0.1，二甲亚砜＞250，丙酮1.3，乙腈6.4，乙酸乙酯1.4，聚乙烯乙二醇48，水44。水和光照条件下稳定。

毒性 原药对大鼠急性经口毒性LD_{50}＞5000mg/kg，低毒，对小鼠短期喂食毒性中等；对山齿鹑急性毒性LD_{50}为2000mg/kg，中等毒性；对虹鳟LC_{50}（96h）为96.7mg/L，中等毒性；对大型溞EC_{50}（48h）为109mg/kg，低毒；对月牙藻EC_{50}（72h）为6.4mg/L，中等毒性；对蜜蜂低毒；对蚯蚓中等毒性。对眼睛具刺激性，无神经毒性，无皮肤、呼吸道刺激性，无致癌风险。

作用机理 氟唑磺隆可被杂草的根、茎、叶吸收，抑制杂草体内乙酰乳酸合成酶的活性，破坏其正常的生理生化代谢过程，发挥除草活性。在小麦体内可被快速代谢，对小麦安全性高。

剂型 95％、96％、98％原药，70％、75％水分散粒剂，5％、10％、35％可分散油悬浮剂。

防除对象 可有效防除小麦田中雀麦、野燕麦、看麦娘等大部分禾本科杂草，同时也可有效控制部分阔叶杂草，对播娘蒿、荠菜、猪殃殃等阔叶杂草也有较高的防效，对日本看麦娘、荠菜、蜡烛草、播娘蒿、大巢菜、多花黑麦草、龙葵、硬草、野油菜、早熟禾、狗尾草、稗草的防效一般，对小藜、麦家公、藜的防效较差。

使用方法 在小麦2～5叶，杂草1～4叶期且大部分杂草已萌发时使用，对叶面和土壤均匀喷雾。以 70％水分散粒剂为例，用量：秋季亩用 3.0～3.5g 兑水 30～40kg；春季亩用 3.5～4.0g 兑水 30～40kg。

注意事项

（1）如遇干旱天气，需保持充足的用水量，保证防效。

（2）可根据当地杂草情况选择苯磺隆、2甲4氯等除草剂扩大杀草谱。

（3）冬小麦田冬前使用可有效防除雀麦，冬后于小麦返青期用药也能控制雀麦危害，但防效低于冬前用药。具体情况根据当地农业生产情况确定。

（4）干旱、低温、洪涝、肥力不足等不良环境条件下不宜使用。

（5）冬小麦区在晚秋、初冬用药时，应选择晴朗温暖的天气条件用药，气温应高于 8℃。

（6）在小麦体内可被快速代谢，对小麦安全性高。推荐剂量下对小麦安全，提高剂量后小麦叶片失绿黄化。

复配剂及使用方法

（1）75％氟唑·苯磺隆水分散粒剂，防除冬小麦田一年生杂草，茎叶喷雾，推荐亩用量 4～5g；

（2）16％氟唑·炔草酯可分散油悬浮剂，防除冬小麦田一年生杂草，茎叶喷雾，推荐亩用量 30～40g；

（3）50％双氟·氟唑磺水分散粒剂，防除小麦田一年生杂草，茎叶喷雾，推荐亩用量 4～6g；

（4）68％异丙·炔·氟唑可湿性粉剂，防除冬小麦田一年生杂草，茎叶喷雾，推荐亩用量 70～90g；

（5）60％氯吡·氟唑磺水分散粒剂，防除小麦田一年生杂草，茎叶喷雾，推荐亩用量 8～10g；

（6）55％氟唑·唑草酮水分散粒剂，防除冬小麦田一年生杂草，茎叶喷雾，推荐亩用量 6～8g 等。

高效氟吡甲禾灵
（haloxyfop-P-methyl）

$C_{16}H_{13}ClF_3NO_4$, 375.73, 72619-32-0

化学名称　（*R*)-2-[4-(3-氯-5-三氟甲基-2-吡啶氧基)苯氧基]丙酸甲酯。

其他名称　右旋吡氟乙草灵，精氟吡甲禾灵，高效盖草能，精盖草能，Gallant Super。

理化性质　纯品高效氟吡甲禾灵为棕色液体，沸点＞280℃ $(1.01×10^5 Pa)$，水溶解度（25℃）为 9.08mg/L，易溶于丙酮、二氯甲烷、二甲苯、甲醇、乙酸乙酯等有机溶剂。

毒性　原药大鼠急性 LD_{50}（mg/kg）：经口≥300，经皮＞2000；对皮肤无刺激作用，对兔眼睛有轻微刺激作用，对动物无致畸、致突变、致癌作用。

作用机理　高效氟吡甲禾灵为苗后选择性除草剂，施药后能很快被禾本科杂草的叶片吸收，并传导至整个植株，抑制植物乙酰辅酶 A 羧化酶的合成，从而抑制分生组织生长，杀死杂草。施药期长，对出苗后到分蘖、抽穗初期的一年生和多年生禾本科杂草均具有很好的防除效果。正常使用情况下对各种阔叶作物高度安全。低温、干旱条件下仍能表现出优异的除草效果。

剂型　108g/L 乳油，17%、28%微乳剂，10.8%、22%、48%乳油，90%、92%、93%、94%、95%、96%、97%、98%原药。

防除对象　一年生及多年生禾本科杂草。如马唐、稗草、千金子、看麦娘、狗尾草、牛筋草、早熟禾、野燕麦、芦苇、白茅、狗牙根等，尤其对芦苇、白茅、狗牙根等多年生顽固禾本科杂草具有卓越的防除效果。

使用方法

（1）防除一年生禾本科杂草，于杂草 3～5 叶期施药，亩用 10.8%高效氟吡甲禾灵乳油 20～30mL，兑水 20～25kg，均匀喷雾于杂草茎叶。天气干旱或杂草较大时，须适当加大用药量至 30～40mL，同时兑水量也相应加大至 25～30kg。

（2）用于防治芦苇、白茅、狗牙根等多年生禾本科杂草时，亩用量为 10.8%高效氟吡甲禾灵乳油 60～80mL，兑水 25～30kg。在第一次用药后 1 个月再施药 1 次，才能达到理想的防治效果。

① 大豆田　防治一年生禾本科杂草 3～4 叶期施药，每亩用 10.8%高效氟吡甲禾灵乳油 25～30mL；4～5 叶期，每亩用 30～35mL；5 叶期以上，用药量适当增加。防治多年生禾本科杂草，3～5 叶期，每亩用 40～60mL。

混用时，亩用10.8%高效氟吡甲禾灵乳油25～35mL＋48%灭草松167～200mL（或24%乳氟禾草灵33.3mL，或21.4%三氟羧草醚70～100mL，或25%氟磺胺草醚70～80mL）。

防治难治杂草，每亩用10.8%高效氟吡甲禾灵乳油25～35mL＋48%异噁草松（广灭灵）70mL＋48%灭草松100mL（或25%氟磺胺草醚60mL）。

②油菜田　油菜苗后杂草3～5叶期时用药。每亩用10.8%高效氟吡甲禾灵乳油20～30mL（有效成分2.2～3.2g），加水15～30kg，进行茎叶喷雾处理，可有效防除看麦娘、棒头草等禾本科杂草。

③棉花、花生等作物田　根据杂草的生育期，参照大豆田、油菜田的使用方法进行处理。棉花田每亩用10.8%高效氟吡甲禾灵乳油25～30mL；花生田每亩用10.8%高效氟吡甲禾灵乳油20～30mL。

注意事项

（1）本品使用时加入有机硅助剂可以显著提高药效。

（2）禾本科作物对本品敏感，施药时应避免药液飘移到玉米、小麦、水稻等禾本科作物上，以防产生药害。

（3）本品对鱼类有毒，施药时应远离水产养殖区，剩余药液和清洗药具不得倒入湖泊或者其他水源中。

（4）高效氟吡甲禾灵与乙羧氟草醚低剂量混合对禾本科杂草马唐、稗草有拮抗作用，高剂量为加成作用。

药害症状

（1）水稻　受其飘移危害，表现心叶纵卷、褪绿、萎缩，其他叶片也逐渐纵卷、变黄、变褐枯死。

（2）小麦　受其飘移危害，表现从茎顶的生长点及心叶基部开始变褐枯萎，心叶上部变黄，根系变细、变短，植株生长停滞，随后茎叶由内向外逐渐变黄枯死。

复配剂及使用方法

（1）30%乙羧·高氟吡乳油，防除花生田一年生杂草，茎叶喷雾，推荐亩剂量为15～25mL。

（2）20%草铵·高氟吡微乳剂，防除非耕地杂草，茎叶喷雾，推荐亩剂量为150～200mL。

（3）23%氟吡·烯草酮乳油，防除冬油菜田一年生禾本科杂草，茎叶喷雾，推荐亩剂量为30～40mL。

（4）11%砜嘧·高氟吡可分散油悬浮剂，防治马铃薯田一年生杂草，茎叶喷雾，推荐亩剂量为 40～50mL。

（5）24％氟吡·氟磺胺乳油，防治春大豆田一年生杂草，茎叶喷雾，推荐亩剂量为 100～125mL；防治夏大豆田一年生杂草，茎叶喷雾，推荐亩剂量为 75～100mL。

（6）35％吡·噁·氟磺胺可分散油悬浮剂，防治大豆田一年生杂草，茎叶喷雾，推荐亩剂量为 110～130mL。

禾草丹

（thiobencarb）

$C_{12}H_{16}CINOS$, 257.7, 28249-77-6

化学名称　N,N-二乙基硫代氨基对氯苄酯。

其他名称　杀草丹、杀丹、高杀草丹、灭草丹、稻草完、除田莠、benthiocarb、Benziocarb、Bolero、Saturno、B 3015、IMC 3950。

理化性质　原药有效成分含量 93％，纯品外观为淡黄色油状液体，相对密度 1.16～1.18（20℃），沸点 126～129℃/1.07Pa，熔点 3.3℃，闪点 172℃，蒸气压 0.29×10^{-2}Pa（23℃）。20℃时，在水中的溶解度为 27.5mg/L（pH 6.7），易溶于苯、甲苯、二甲苯、醇类、丙酮等有机溶剂。在酸、碱介质中稳定，对热稳定，对光较稳定。制剂为淡黄色或黄褐色液体。

毒性　对人、畜低毒。工业原药对大鼠（雄性）急性经口 LD_{50}＞1000mg/kg。大鼠急性经皮 LD_{50}＞1000mg/kg。大鼠急性吸入 LC_{50}（1h）7.7mg/L。对家兔的皮肤和眼膜有一定的刺激作用，但短时间内即可消失。在动物体内能快速排出，无储积作用。在试验条件下，对动物未见致突变、致畸形、致癌作用。大鼠三代繁殖试验未见异常。两年饲喂无作用剂量大鼠为 1mg/（kg·d）。对鲤鱼 LC_{50}（49h）为 36mg/L，对白虾 LD_{50}（96h）为 0.264 mg/L。对鹌鹑的 LD_{50} 为 7800mg/kg，对野鸭 LD_{50} 为 10000mg/kg。

作用机理　禾草丹是一种内吸传导型的选择性芽期除草剂。主要通过杂草的幼芽和根吸收，阻断 α-淀粉酶和蛋白质合成，抑制细胞有丝分裂，对杂草种子萌发没有作用，只有当杂草萌发后吸收药剂才起作用。

剂型 50%、90%、900g/L乳油,93%、95.5%、97%原药。

防除对象 本品能防除稗草、千金子、异型莎草、牛毛毡等,及野慈姑、瓜皮草、萍类等,还能防除看麦娘、马唐、狗尾草、碎米莎草。

使用方法

(1) 秧田期使用 应在播种前或秧苗一叶一心至二叶期施药。早稻秧田每亩用50%禾草丹乳油150~200mL,晚稻秧田每亩用50%禾草丹乳油125~150mL,兑水50kg喷雾。播种前使用保持浅水层,排水后播种。苗期使用浅水层保持3~4d。

(2) 移栽稻田使用 一般在水稻移栽后3~7d,田间杂草处于萌动高峰至二叶期前,每亩用50%禾草丹乳油260~400mL,兑水50kg喷雾。

(3) 水稻直播田使用 一般在水稻直播后3d内(播种、盖籽、上水自然落干后),每亩用50%禾草丹乳油260~320mL,播后苗前土壤喷雾。

(4) 麦田、油菜田使用 一般在播后苗前,每亩用50%禾草丹乳油200~250mL作土壤喷雾处理。

注意事项

(1) 禾草丹在秧田使用时,边播种、边用药或在出苗至秧苗立针期灌水条件下用药,对秧苗都会发生药害,不宜使用。稻草还田的移栽稻田,不宜使用禾草丹。

(2) 禾草丹对三叶期稗草效果下降,应掌握在稗草二叶一心前使用。

(3) 晚稻秧田播前使用,可与克百威(呋喃丹)混用,可控制秧田期虫、草为害。禾草丹与2甲4氯、苄嘧磺隆、西草净混用,在移栽田可兼除瓜皮草等阔叶杂草。

(4) 禾草丹不可与2,4-滴混用,会降低禾草丹除草效果。

复配剂及使用方法

(1) 50%苄嘧·禾草丹可湿性粉剂(苄嘧磺隆1%、禾草丹49%),防除水稻直播田部分多年生杂草及一年生杂草,每亩200~300g,喷雾或毒土法;防除水稻秧田部分多年生杂草及一年生杂草,推荐亩剂量为200~300g,喷雾或毒土法。

(2) 35.75%苄嘧·禾草丹可湿性粉剂(苄嘧磺隆0.75%、禾草丹35%),防除水稻秧田一年生杂草,推荐亩剂量为150~200g,稀释喷雾。

（3）50%禾丹·异丙隆可湿性粉剂（异丙隆 25%、禾草丹 25%），防除水稻直播田一年生杂草，推荐亩剂量为 80～120g，稀释喷雾。

禾草敌
（molinate）

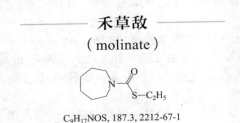

C₉H₁₇NOS, 187.3, 2212-67-1

化学名称 S-乙基-N,N-六次甲基硫代氨基甲酸酯。

其他名称 禾草特，稻得壮，田禾净，草达灭，禾大壮，杀克尔，环草丹，雅兰，Ordram，Oxonate，Sakkimol，Hydram，Morinate。

理化性质 黄褐色透明状液体，沸点为 202℃/1.33×10³Pa；工业品原药为淡黄至黄褐色液体；蒸气压 1.466×10⁻¹Pa（25℃），相对密度 1.065，能溶于丙醇、甲醇、异丙醇、苯、二甲苯，水中溶解度 0.8g/L（20℃），水田中半衰期为 21～25d。受土壤微生物作用，分解出氨及 CO_2，对热稳定，无腐蚀性，但用药时不宜使用聚氯乙烯管道或容器。

毒性 原药急性大鼠 LD_{50}（mg/kg）：经口 468～705、经皮＞1200。对鱼类有毒性，对鸟类、天敌、蜜蜂无害。对眼睛和皮肤有刺激作用。

作用机理 具有内吸作用的稻田除草剂。能被杂草的根和芽吸收，特别易被芽鞘吸收。对稗草有特效，而且适用时期较宽，但杀草谱窄。

剂型 99%原药，90.9%乳油。

防除对象 适用于水稻田防除稗草、牛毛草、异型莎草等。

使用方法

（1）秧田和直播田使用 可在播种前施用，先整好田，做好秧板，然后每亩用 90.9%乳油 100～150g 或 150～220g，混细润土 20kg，均匀撒施于土表并立即混土耙平。保持浅水层，2～3d 后即可播种已催芽露白的稻种。以后进行正常管理。亦可在稻苗长到 3 叶期以上，稗草在 2～3 叶叶期，每亩用 90.9%乳油 100～150g，混细潮土 20kg 撒施。保持水层 4～5cm，持续 6～7d。如稗草为 4～5 叶期，应加大药量到

$150\sim200g$。

（2）插秧田使用 水稻插秧后 $4\sim5d$，每亩用 90.9% 乳油 $150\sim220g$，混细潮土 $20kg$，喷雾或撒施。保持水层 $4\sim6cm$，持续 $6\sim7d$。自然落干，以后正常管理。

注意事项

（1）禾草敌挥发性强，施药时和施药后保持水层 $7d$，否则药效不能保证。

（2）籼稻对禾草敌敏感，剂量过高或用药不均匀，易产生药害。

（3）禾草敌对稗草特效，对其他阔叶杂草及多年生宿根杂草无效，如要兼除可与其他除草剂混用。

药害症状

（1）小麦 用其做土壤处理受害，表现芽鞘缩短、变粗、弯曲，芽鞘顶端变褐、枯死，有的芽鞘紧裹基叶而使之难以抽出，有的幼苗基叶弯曲和叶片黄化。

（2）水稻 秧田用其做土壤表面封闭处理受害，表现发芽、出苗迟缓，幼苗茎叶弯曲、扭卷、萎缩、僵硬，叶尖变黄、纵卷、枯干，有的叶片褪绿变黄。移植田用其做拌土撒施受害，表现内层新生的茎叶弯曲、扭卷、皱缩，外层老叶从叶尖开始黄枯，然后渐向叶基扩展，尤其触水叶片较重，分蘖抽缩、斜冲，植株变矮、变畸。

复配剂及使用方法 45% 苄嘧·禾草敌细粒剂（苄嘧磺隆 0.5%、禾草敌 44.5%），防除部分水稻秧田或直播田多年生杂草及一年生杂草，推荐亩剂量为 $150\sim200g$，毒土法。

禾草灵
（diclofop-methyl）

$C_{16}H_{14}Cl_2O_4$, 340.179, 51338-27-3

化学名称 $2[4(-2,4-二氯苯氧基)苯氧基]$丙酸甲酯。

其他名称 Illoxan, Hoe-grass, Hoelon, 禾草除, 伊洛克桑。

理化性质 纯化合物为无色无臭固体，工业品为无色无臭胶体。熔点 39～41℃，相对密度 1.30（40℃）；22℃时在水中溶解度为 0.3mg/100g，在下列有机溶剂中的溶解度：丙酮 249g/100g，乙醇 11g/100mL，乙醚 228g/100g，二甲苯 253g/100g。

毒性　急性口服 LD_{50}（mg/kg）：雄大鼠＞580，雌大鼠＞557。雄大鼠 90d 饲喂的无作用剂量为 12.5mg/kg，雄狗为 80mg/kg。对野鸭和鹌鹑 LD_{50}＞2000mg/kg，虹鳟鱼 LD_{50}（96h）10.7mg/kg。对人眼有刺激作用，对皮肤有轻微刺激作用。在实验条件下未见致畸、致癌、致突变作用。

作用机理　禾草灵作叶面处理，可被植物的根、茎、叶吸收，主要作用于植物的分生组织，抑制乙酰辅酶 A 羧化酶的合成，阻碍脂肪酸合成，导致植株死亡。其原理是在植物体内以酸和酯的形式存在，酯类作用强烈，是植物激素拮抗剂，能抑制茎的生长；酸类为弱拮抗剂，能破坏细胞膜。受药的野燕麦，细胞膜和叶绿素受到破坏，光合作用及同化物向根部运输受到抑制，经 5～10d 后即出现褪绿的中毒现象。具有局部内吸作用，传导性能差。

剂型　28%、36% 乳油，97% 原药。

防除对象　禾草灵为选择性茎叶处理剂，有一定的内吸传导作用，对双子叶植物和麦类作物安全。主要用于大（小）麦、青稞、黑麦、大豆、花生、油菜、甜菜、亚麻、马铃薯等作物田防除野燕麦、看麦娘、稗草、马唐、狗尾草、毒麦、画眉草、千金子、蟋蟀草等禾本科杂草，对阔叶杂草无效。

使用方法　禾草灵宜在杂草苗期使用，采用喷雾法处理茎叶。

（1）小麦、大麦田防除野燕麦、看麦娘时，宜在大部分杂草 2～4 叶期施药，每亩用 36% 乳油 180～200mL（有效成分 64.8～72g）加水 35～40kg，稀释后茎叶喷雾。施药越晚除草效果越差。

（2）在油菜、大豆、甜菜等作物田防除野燕麦、狗尾草、稗草等，宜在杂草 2～4 叶期施药，每亩用 36% 乳油 160～200mL（有效成分 60～72g）。防治看麦娘、马唐时，每亩用 36% 乳油 200mL（有效成分 72g）在马唐 1～2 叶或看麦娘分蘖时施药。双子叶作物对禾草灵耐药力低于禾谷类作物，每亩药有效成分超过 72g 时对小麦生长有抑制作用。

注意事项

（1）禾草灵不宜在玉米、高粱、谷子、棉花田使用。

（2）禾草灵在气温低时药效降低，麦田使用宜早。土地湿度高时有利于药效发挥，宜在施药后 2～3d 内灌水。

（3）禾草灵可与氨基甲酸酯类、取代脲类、腈类及甜菜宁、嗪草酮等除草剂混用。但不能与 2 甲 4 氯等苯氧乙酸类及麦草畏（百草敌）、灭草松混用，也不宜与氮肥混用，否则会降低药效。

（4）美国和德国规定作物最高残留量为 0.1mg/L。

（5）因本品含有溶剂，人误食后可服 200mL 石蜡油，再服 30g 活性炭解毒，不要让病人呕吐，注意保暖，静卧，禁用肾上腺素类药治疗。

环吡氟草酮
（cypyrafluone）

$C_{20}H_{19}ClF_3N_3O_3$, 441.8, 1855929-45-1

化学名称　1-[2-氯-3-（3-环丙基-5-羟基-1-甲基-1H-吡唑-4-羰基)-6-三氟甲基-苯基]-哌啶-2-酮。

其他名称　普草克。

理化性质　纯品为浅黄色粉末状固体，熔点 189.6℃，蒸气压 2.0×10^{-5}Pa，水溶解度 515.3mg/L（25℃），弱酸碱性及中性条件下稳定。

毒性　低毒。

剂型　95%原药，6%可分散油悬浮剂。

作用机理　环吡氟草酮是一种对羟基苯基丙酮酸双氧化酶（HPPD）抑制剂，抑制对羟基苯基丙酮酸转化为尿黑酸，抑制生育酚及质体醌的正常合成，影响植物体内的类胡萝卜素合成，导致叶片失绿、死亡。

防除对象　主要用于小麦田的禾本科杂草和阔叶杂草防除。茎叶处理对看麦娘、日本看麦娘、硬草、牛繁缕、婆婆纳、荠菜、麦家公、播娘蒿、菵草等具有较好防除效果，对野燕麦、大巢菜和野老鹳草具一定防效，对多花黑麦草、雀麦、节节麦、早熟禾、猪殃殃和泽漆防效较差；土壤处理对看麦娘、日本看麦娘、硬草、牛繁缕、婆婆纳具较好防效，对荠菜、野油菜具一定防效，对野老鹳草、大巢菜、野燕麦、雀麦、节节麦、猪殃殃和多花黑麦草防效较差。其与目前常用的 ALS 抑制剂（甲基二磺隆、啶磺草胺等）及 ACCase 抑制剂（精噁唑禾草灵、炔草酯、唑啉草酯等）类除草剂不存在交互抗性，故对抗性看麦娘、日本看麦娘的防治具有较好效果。

使用方法　在冬小麦 3 叶 1 心期至拔节前，杂草 2～5 叶期，6％可分散油悬浮剂亩用量 150～200mL 兑水 15～30kg，二次稀释后茎叶喷雾。

注意事项

（1）恶劣天气如大风或雨天不宜施药。

（2）避免飘移到油菜、蚕豆等作物上，以免引起药害。

环吡氟草酮对不同类型的小麦品种安全，但是对其他阔叶作物如油菜、蚕豆等会产生药害，使用时注意避免飘移。

复配剂及使用方法　25％环吡·异丙隆可分散油悬浮剂，主要用于冬小麦田防除一年生禾本科杂草及部分阔叶杂草，返青至拔节前，杂草 2～5 叶期茎叶喷雾，推荐亩用量 160～250mL，因含有异丙隆，不宜在寒潮来临前施用，可在冷尾暖头时使用。

环嗪酮

（hexazinone）

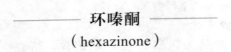

C₁₂H₂₀N₄O₂, 252.3, 51235-04-2

化学名称　3-环己基-6-二甲氨基-1-甲基-1,3,5-三嗪-2,4-二酮。

其他名称　森泰，林草净，威尔柏。

理化性质　纯品为无色晶体，熔点 113.5℃，相对密度 1.25，溶解度（mg/L，20℃）：水 33000，丙酮 626000，甲苯 334000，甲醇 2146500，苯 837000。土壤与水环境中稳定，不易降解。

毒性　原药对大鼠急性经口毒性 LD_{50} 为 1690mg/kg，中等毒性；对山齿鹑急性毒性 LD_{50}＞2258mg/kg，低毒；对虹鳟 LC_{50}（96h）＞

320mg/L，低毒；大型溞 EC_{50}（48h）>85mg/kg，中等毒性；对月牙藻 EC_{50}（72h）为 0.0145mg/L，中等毒性；对蜜蜂接触毒性 LD_{50} > 100μg/蜂，低毒。对眼睛、皮肤具刺激性，无神经毒性和染色体畸变风险。

剂型　98%原药，75%水分散粒剂，5%颗粒剂，25%可溶液剂。

作用机理　环嗪酮为三氮苯酮类除草剂，其靶标为光合作用光系统Ⅱ，引起植物光合作用受损，属芽后触杀性除草剂，可通过根和叶面吸收。

防除对象　主要用于森林防除杂草及灌木，可用于造林前除草灭灌、开设森林防火道和维护常绿针叶林（红松、樟子松、云杉、马尾松等）过程中防除多种一年生和两年生杂草，如狗牙根、空心莲子草、双穗雀稗、狗尾草、蚊子草、走马芹、羊胡苔草、香薷、芦苇、小叶樟、窄叶山蒿、蕨、铁线莲、轮叶婆婆纳、刺儿菜、野燕麦、蓼、稗、藜等，也可通过点喷的方式杀灭黄色忍冬、珍珠海、榛材、柳叶绣线菊、刺五加、翅春榆、山杨、桦、蒙古栎、椴、水曲柳、黄菠萝、核桃楸等木本植物。

使用方法　在杂草及灌木生长旺盛期施药，以25%可溶液剂为例，亩制剂用量 334~500mL 兑水稀释后进行茎叶喷雾或点射，持效期 40d。

注意事项

（1）最好在雨前施药，施药后 15d 内无降雨应适当喷水，否则会影响药效。

（2）暴雨前不宜施药，避免流失飘移引起邻近植物药害。

（3）单剂未在其他作物上登记，如需使用应先进行试验。

（4）落叶松对环嗪酮敏感，不宜使用。

（5）土壤有机质含量高时，微生物对环嗪酮降解较快，可适当提高使用剂量。

（6）稀释时水温不宜过低，否则影响环嗪酮溶解。

复配剂及使用方法　60%环嗪·敌草隆可湿性粉剂、60%环嗪·敌草隆水分散粒剂，主要用于甘蔗田防除一年生杂草，定向茎叶喷雾，推荐亩用量 145~185g，施药最佳时期为甘蔗 6 叶后、杂草 3~5 叶期，同时应避免喷施到甘蔗叶片上，以免产生药害，大风或预估 1h 内有降雨也不可施药。

环戊噁草酮

（pentoxazone）

C$_{17}$H$_{17}$ClFNO$_4$, 353.8, 110956-75-7

化学名称　3-(4-氯-5-环戊氧基-2-氟苯基)-5-异亚丙基-1,3-噁唑啉-2,4-二酮。

其他名称　恶嗪酮，Wechser，Kusabue，Shokinel，Kusa Punch，The One，Starbo，Utopia。

理化性质　纯品环戊噁草酮为无色晶体状粉末，熔点104℃，相对密度1.42，溶解度（20℃，mg/L）：水0.216，甲醇24800，己烷5100。

毒性　原药对大鼠急性经口毒性LD$_{50}$＞5000mg/kg，低毒；对山齿鹑急性毒性LD$_{50}$＞2250mg/kg，低毒；对鲤鱼LC$_{50}$（96h）为21.4mg/L，中等毒性；对大型溞EC$_{50}$（48h）为38.8mg/kg，中等毒性；对月牙藻EC$_{50}$（72h）为0.00131mg/L，高毒；对蜜蜂、蚯蚓中等毒性。对眼睛、皮肤无刺激性，无致癌风险。

剂型　97%原药，8%悬浮剂。

作用机理　日本开发的新型噁唑烷二酮类除草剂，作用靶点为原卟啉原氧化酶。有效地抑制叶绿素生物合成中的原卟啉-Ⅸ氧化酶。在光作用下，由于积累的原卟啉-Ⅸ产生的活性氧使它诱导氧化物酶膜破裂。在水中的溶解度低，对土壤的吸附能力强，药剂使用后会在水中扩散并迅速吸附于土壤表层，形成均匀的药剂处理层。

防除对象　用于水稻移栽田防除稗草、鸭舌草、荸荠、陌上菜、雨久花以及部分莎草科杂草等。

使用方法　水稻移栽后当天起3d内，施药1次。以8%悬浮剂为例，亩制剂用量160～280mL，均匀甩施。药前至少3～4d灌水3～5cm，施药后保水5～7d，不得淹没稻心叶。

注意事项　稻苗淹没于水中的深水状态时，叶鞘会出现轻度的褐变症状。

环酯草醚

（pyriftalid）

C$_{15}$H$_{14}$N$_2$O$_4$S, 318.35, 135186-78-6

化学名称 7-[（4,6-二甲氧基-2 嘧啶基）硫]-3-甲基-1（3H）-异丙并呋喃酮。

理化性质 纯品为白色晶体粉末，熔点 163℃，300℃ 时开始分解。溶解度（25℃，mg/L）：水 1.8。原药为浅褐色细粉末，在有机溶液中溶解度（25℃，g/L）：甲醇 1.4，丙酮 14，乙酸乙酯 6.1，己烷 30。

毒性 环酯草醚原药急性 LD$_{50}$（mg/kg）：大鼠经口＞5000，经皮＞2000。对兔皮肤和眼睛无刺激性；以 23.8～25.5mg/（kg·d）剂量饲喂大鼠 90d，未发现异常现象；对动物无致畸、致突变、致癌作用。对鱼类、鸟类、蜜蜂、家蚕均低毒。鲤鱼 LD$_{50}$（96h）＞100mg/L，鹌鹑 LD$_{50}$＞2000mg/kg，蜜蜂经口 LD$_{50}$（48h）＞138μg／只，接触 LD$_{50}$（48h）＞100μg／只，家蚕 LD$_{50}$（96h）＞1250mg/kg。

作用机理 抑制乙酰乳酸合成酶（ALS）的合成，主要被水稻田杂草的根尖吸收，少部分被杂草叶片吸收，在植株体代谢后，产生药效佳的代谢物，并经内吸传导，使杂草停止生长，继而枯死。

剂型 24.3%悬浮剂，96%、98%原药。

防除对象 主要用于稻田防除稗草等禾本科杂草和部分阔叶杂草，是新型水稻苗后早期广谱除草剂，目前主要在水稻移栽田中使用，对水稻后茬作物安全。对水稻田稗草、千金子防效较好，对碎米莎草、鸭舌草、节节菜等阔叶杂草和莎草有一定的防效。

使用方法 防治水稻移栽田一年生禾本科、莎草科及部分阔叶杂草，24.3%环酯草醚悬浮剂每亩用药量 50～80mL，水稻移栽后 5～7d，于杂草 2～3 叶期（稗草 2 叶期前，以稗草叶龄为主）茎叶喷雾处理，施药前一天排干田水，均匀喷雾，每亩兑水 15～30kg，施药 1～2d 后复水 3～5cm，保持 5～7d，一季作物最多施用一次。

注意事项

(1) 尽早用药，除草效果更佳，施药时避免雾滴飘移至邻近作物。

(2) 目前登记使用的产品仅限于水稻移栽田使用，在稗草 2 叶期前使用最佳，之后效果差。

磺草酮
（sulcotrione）

C$_{14}$H$_{13}$ClO$_5$S, 328.77, 99105-77-8

化学名称 2-(2-氯-4-甲磺酰基苯甲酰基)环己烷-1,3-二酮。

其他名称 galleon，Mikado。

理化性质 原药为褐灰色固体，熔点 139℃，蒸气压小于 5μPa (25℃)，25℃水中溶解度为 165mg/L，溶于丙酮和氯苯。在水中，日光或避光下稳定，耐热高达 80℃。在肥沃沙质土壤中 DT$_{50}$ 15d，细沃土中 DT$_{50}$ 7d。工业品熔点 131～139℃。

毒性 大鼠急性经口 LD$_{50}$＞7500mg/kg，兔急性经皮 LD$_{50}$＞4g/kg。原药或制剂对哺乳动物的经口、经皮或吸入急性毒性均很低，皮肤吸收也很低，对使用者也很安全。该化合物对兔皮肤无刺激作用，对眼睛有轻微的刺激作用，对豚鼠皮肤有强过敏性，急性吸入 LC$_{50}$(4h)＞1.6mg/kg。活体试验表明，本品对大鼠和兔不致畸。施药后 50d 至 140d，在玉米和青饲料作物中未发现残留。对鸟类、野鸭、鹌鹑等野生动物的毒性很低；对鲤鱼毒性低，虹鳟鱼 LC$_{50}$(96h) 为 227mg/L。对水蚤和蜜蜂安全。水蚤 LC$_{50}$(48h)＞100mg/L 高剂量下，对土壤微生物也无有害影响。

作用机理 为叶面除草剂，也可通过根系吸收，残留土壤活性使其优于仅有叶面活性的芽后除草剂。这一附加效果是防除某些杂草如苋属杂草的重要因素。施药后杂草很快脱色，缓慢死亡。三酮类除草剂的作用方式至今仍未完全弄清楚，很可能是叶绿素的合成受到直接影响，阻碍类胡萝卜素合成。由于这一作用方式，它不可能与三嗪类除草剂有交互抗性。

剂型　95％、98％原药，15％水剂，26％悬浮剂。

防除对象　禾本科、阔叶杂草及某些单子叶杂草，如稗草、牛筋草、藜、茄、龙葵、蓼、酸模叶蓼、马唐、血根草、锡兰稗和野黍。

使用方法　芽后施用，玉米3～6叶期，禾本科杂草2～4叶期，阔叶杂草2～6叶期，每亩用15％磺草酮水剂300～500mL可防除阔叶杂草和禾本科杂草。高剂量〔900g（a.i.）/hm²〕，对玉米也安全，但遇干旱和低洼积水时，玉米叶会有短暂的脱色症状，对玉米生长的重量无影响。在正常轮作条件下，对冬小麦、大麦、冬油菜、马铃薯、甜菜和豌豆等安全。可以单用、混用或连续施用防除玉米杂草。

复配剂及使用方法

（1）30％磺草·乙草胺悬浮剂，防除春玉米田一年生杂草，土壤喷雾，推荐亩剂量为300～400g。

（2）40％磺草·莠去津悬浮剂，防除玉米田一年生杂草，茎叶喷雾，推荐亩剂量为220～280mL。

甲草胺
（alachlor）

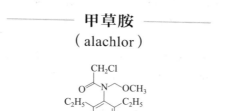

C₁₄H₂₀ClNO₂, 269.8, 15972-60-8

化学名称　2-氯-N-(2,6-二乙基苯基)-N-(甲氧甲基)乙酰胺。

其他名称　拉索，灭草胺，拉草，草不绿，澳特拉索，杂草锁，lasso，lazo，Alanex。

理化性质　原药为无色晶体，不具挥发性，熔点41℃，沸点100℃，105℃时分解，相对密度1.13，水中溶解度（20℃）240mg/L，能溶于乙醚、苯、乙醇等有机溶剂，在强酸强碱条件下可水解，紫外线下较为稳定。

毒性　原药对大鼠急性经口毒性 LD$_{50}$ 为930mg/kg，中等毒性；对大鼠短期喂食毒性高；对山齿鹑急性毒性 LD$_{50}$ 为1536mg/kg，中等毒性；对虹鳟 LC$_{50}$（96h）为1.8mg/L，中等毒性；对大型溞 EC$_{50}$（48h）为10mg/kg，中等毒性；对四尾栅藻的 EC$_{50}$（72h）为

0.966mg/L，中等毒性；对蜜蜂、蚯蚓中等毒性。对眼睛具刺激性，无神经毒性和呼吸道刺激性，无染色体畸变风险。

作用机理　甲草胺是一种选择性芽前土壤处理除草剂。主要通过杂草芽鞘吸收，根部和种子也可少量吸收。甲草胺进入杂草体内后，抑制蛋白酶活性，使蛋白质合成遭破坏而杀死杂草。甲草胺主要杀死出苗前土壤中萌发的杂草，对已出土的杂草防除效果不好。甲草胺能被土壤团粒吸附，不易在土壤中淋失，也不易挥发失效，但能被土壤微生物所分解，一般有效控制杂草时间为 35d 左右。

剂型　92%、95%、97% 原药，43%、48% 乳油，48% 微囊悬浮剂。

防除对象　甲草胺主要用于花生、棉花、夏大豆田防除稗草、马唐、蟋蟀草、狗尾草、秋稷等一年生禾本科杂草及苋、马齿苋、轮生粟米草等阔叶杂草，对藜、蓼、大豆菟丝子也有一定防除效果，对田旋花、蓟、匍匐冰草、狗牙根等多年生杂草无效。

使用方法　播后苗前施用，以 43% 乳油为例，亩制剂用量 200～300mL 兑水 50kg 稀释均匀后进行土壤喷雾。

注意事项

（1）高粱、谷子、水稻、小麦、黄瓜、瓜类、胡萝卜、韭菜、菠菜等作物不宜使用，施药时避免药液飘移到以上敏感作物上，以防产生药害。

（2）甲草胺乳油能溶解聚塑料制品，不腐蚀金属容器，可用金属制品贮存。

（3）本品可燃，低于 0℃ 贮存会出现结晶，已出现结晶在 15～20℃ 条件下可复原，对药效不影响。

（4）土壤湿度大有利于提高防效，使用后半月内如无降雨，应进行浇水或浅混土，以保证药效，但土壤积水易发生药害。

复配剂及使用方法

（1）30% 苯·苄·甲草胺泡腾粒剂，主要用于水稻移栽田防除一年生杂草，撒施，推荐亩用量 60～80g；

（2）42% 甲·乙·莠悬乳剂，主要用于玉米田防除一年生杂草，土壤喷雾，推荐亩用量 150～200mL（夏玉米）、200～300mL（春玉米）；

（3）48% 甲草·莠去津悬乳剂，主要用于春玉米、夏玉米、大葱、大蒜、姜田防除一年生杂草，土壤喷雾，推荐亩用量 300～400g（春玉米）、200～250g（夏玉米）、150～200g（大葱、大蒜、姜）；

（4）42％甲·异·莠去津悬乳剂，主要用于春玉米、夏玉米田防除一年生杂草，播后苗前土壤喷雾，推荐亩用量 300～400mL（春玉米）、200～300mL（夏玉米）等。

甲磺草胺

（sulfentrazone）

$C_{11}H_{10}Cl_2F_2N_4O_3S$, 376.30, 122836-35-5

化学名称 2′,4′-二氯-5′-(4-二氟甲基-4,5-二氢-3-甲基-5-氧代-1H-1,2,4-三唑-1-基)甲磺酰苯胺。

其他名称 磺酰唑草酮，磺酰三唑酮，Capaz，Authority，Boral。

理化性质 原药为棕白色固体，熔点122℃，相对密度0.53，水溶液弱酸性，溶解度（20℃，mg/L）：水 780，丙酮 640000，乙腈 186000，甲苯 66600，己烷 110。土壤与水中稳定，不易降解。

毒性 原药对大鼠急性经口毒性 $LD_{50}>2855mg/kg$，低毒，短期喂食毒性高；对绿头鸭急性毒性 $LD_{50}>2250mg/kg$，低毒；对蓝鳃鱼 LC_{50}（96h）为 93.8mg/L，中等毒性；对大型溞 EC_{50}（48h）$>60.4mg/kg$，中等毒性；对鱼腥藻 EC_{50}（72h）为 32.8mg/L，低毒；对蜜蜂中等毒性。对眼睛具刺激性，无呼吸道刺激性，无神经毒性和致癌风险。

剂型 91％、94％、95％、97％原药，40％悬浮剂，75％水分散粒剂。

作用机理 三唑啉酮类选择性除草剂，通过抑制叶绿素生物合成过程中原卟啉氧化酶而使细胞膜被破坏，使叶片迅速干枯、死亡。

防除对象 用于甘蔗田防除一年生杂草，如小飞蓬、莎草、马唐、阔叶丰花草、藿香蓟等。

使用方法 甘蔗、杂草出土前施药，40％甲磺草胺悬浮剂亩制剂用量 60～90mL 兑水 30～50kg 稀释均匀后进行土壤喷雾。

注意事项

（1）大风天不宜施药，避免飘移到周围作物田地及果树。

（2）严禁加洗衣粉等助剂，请勿与其他药剂混用。

（3）不适用于沙质土壤，也不能施用于任何灌溉系统中。土壤湿润有利于药效发挥。

（4）持效期长，药后 90d 内不得种植其他作物。

甲基碘磺隆

（iodosulfuron-methyl-sodium）

$C_{14}H_{13}IN_5NaO_6S$, 529.24, 144550-36-7

化学名称　4-碘代-2-[3-(4-甲氧基-6-甲基-1,3,5-三嗪-2-基)脲磺酰基]苯甲酸甲酯钠盐。

其他名称　碘甲磺隆钠盐，Hussar，AEF115008。

理化性质　纯品为白色固体，熔点 152℃，155℃降解，20℃溶解度（g/L）：水 25，正己烷 0.012，甲苯 2.1，甲醇 12。土壤半衰期 2.7d，水中稳定。

毒性　原药大鼠急性经口毒性 LD_{50} 为 2448mg/kg，急性经皮毒性 LD_{50} ＞2000mg/kg，急性吸入毒性 LC_{50} ＞2.81mg/L；对眼睛、皮肤无刺激性，具神经毒性和呼吸道刺激性，无致敏性；致突变试验 Ames 试验、小鼠微核试验为阴性，未见致畸、致癌作用。对鸟、大多数水生生物、蜜蜂和蚯蚓中等毒性，对太阳鱼 LC_{50}（96h）＞100mg/L，山齿鹑 LD_{50} ＞ 2000mg/kg，大型溞 EC_{50} ＞ 100mg/kg，蚯蚓 LC_{50}（14d）＞ 1000mg/kg。

剂型　91%、93%、94%原药，2%可分散油悬浮剂。

作用机理　支链乙酰乳酸合成酶（ALS）抑制剂，抑制缬氨酸与异亮氨酸的生物合成，阻止细胞分裂和植物生长，通过杂草根、叶吸收后在植物体内传导，使杂草叶色褪绿、停止生长，进而干枯死亡。在作物中被代谢降低毒性。

防除对象　主要用于防除玉米田一年生阔叶杂草及莎草科杂草，对猪殃殃、荠菜、繁缕、麦蒿等杂草具较好防效。

使用方法　玉米 3～5 叶期，杂草 2～5 叶期，2% 可分散油悬浮剂 20～25mL，二次稀释后，均匀茎叶喷雾。推荐在小麦-玉米-小麦轮作的玉米田使用，后茬不能种植向日葵、油菜、大豆、水稻等敏感作物。间套或混种有其他作物的玉米田不宜使用。甜、糯、爆裂玉米以及制种田玉米不宜使用，不同玉米品种对甲基碘磺隆的耐药性不同，推广前应先进行小面积试验，确认安全后再进行大面积使用。

注意事项

(1) 特殊条件慎用，如高温高湿、长期干旱、低温、玉米生长弱小。

(2) 不宜与长残效除草剂混用，以免产生药害。

(3) 不要和有机磷、氨基甲酸酯类杀虫剂混用或使用本剂前后 7d 内不要使用有机磷、氨基甲酸酯类杀虫剂，以免发生药害。

复配剂及使用方法

(1) 6.25% 酰嘧·甲碘隆水分散粒剂，主要用于冬季小麦田防除一年生阔叶杂草，茎叶喷雾，推荐亩用量 10～20g；

(2) 3.6% 二磺·甲碘隆水分散粒剂，主要用于冬季小麦田防除一年生禾本科杂草和阔叶杂草，茎叶喷雾，推荐亩用量 15～25g；

(3) 1.2% 二磺·甲碘隆可分散油悬浮剂，主要用于冬季小麦田防除一年生禾本科杂草和部分阔叶杂草，茎叶喷雾，推荐亩用量 45～75g 等。

甲基二磺隆

(mesosulfuron-methyl)

$C_{17}H_{21}N_5O_9S_2$, 503.5, 208465-21-8

化学名称　2-[3-(4,6-二甲氧基嘧啶-2-基)脲磺酰]-4-甲磺酰胺甲基苯甲酸甲酯。

其他名称　甲磺胺磺隆，世玛，竞马。

理化性质　纯品为乳白色粉末，略带辛辣味，熔点 195.4℃

（190℃降解），20℃溶解度（g/L）：水 483，正己烷 200，丙酮 13660，乙酸乙酯 2000，甲苯 130。土壤与水中稳定，土壤半衰期 78d，水中半衰期 44d。

毒性　原药对大鼠急性经口毒性 LD_{50} ＞5000mg/kg，低毒；对绿头鸭急性毒性 LD_{50} ＞2000mg/kg，低毒；对山齿鹑经口 LD_{50} ＞5000mg/kg，低毒；对虹鳟 LC_{50}（96h）＞100mg/L，低毒；大型溞 EC_{50}（48h）＞100mg/kg，低毒；对月牙藻 EC_{50}（72h）为 0.2mg/L，中等毒性；对蜜蜂中等毒性，对黄蜂、蚯蚓低毒。对眼睛、皮肤具刺激性，无神经毒性、呼吸道刺激性和致敏性，无染色体畸变风险。

剂型　93％、95％原药，30g/L、1％可分散油悬浮剂。

作用机理　甲基二磺隆是磺酰脲类杀菌剂的一种，抑制乙酰乳酸合成酶（ALS）活性，影响缬氨酸、亮氨酸和异亮氨酸的合成，阻止细胞分裂和植物生长，可通过茎、叶和根部吸收，抑制植物细胞分裂，导致植物死亡。一般使用后 2d 杂草停止生长，2～4 周后死亡，干旱低温条件下施药，效果较慢但不影响最终防效。

防除对象　主要用于防治春小麦、冬小麦田大多数禾本科杂草，如硬草、节节麦、早熟禾、碱茅、棒头草、看麦娘、菵草、黑麦草、毒麦、野燕麦等，以及部分阔叶类杂草，如牛繁缕、荠菜等。对具精唑禾草灵抗性的菵草、日本看麦娘也具有较好防效。

使用方法　施用时期宜偏早，在小麦 3～6 叶期，禾本科杂草基本出齐，处于 3～5 叶期时及早使用，施药过迟易产生药害。以 30g/L 可分散油悬浮剂为例，20～40mL，用 15～30kg 水，二次稀释后均匀茎叶喷雾。

注意事项

（1）一般冬前使用为宜，杂草基本出齐苗后用药越早越好。

（2）本剂施用后有蹲苗作用，某些小麦品种可能出现黄化或矮化现象，小麦返青后黄化自然消失。麦田套种下茬作物时，应于小麦起身拔节 55d 以后进行。

（3）施药后 8h 内降雨会降低药效，可半量补喷。

药害　不同类型的小麦品种对甲基二磺隆的敏感程度存在明显差异，对普通类型的冬小麦品种安全，通常冬小麦较春小麦品种耐药，粉质型品种较半角质型品种耐药，角质型品种相对最为敏感。正常使用后会出现暂时性黄化和矮化现象，返青后自然消失，可有效防治小麦徒长，具一定增产效果。施用不当时，会造成小麦出现缺绿病、叶片畸形、枯萎、部分叶片叶焦和严重生长抑制，甚至死亡，建议与安全剂混合使用，进行小规模试验无药害后再使用。

复配剂及使用方法

（1）3.6%二磺·甲碘隆水分散粒剂，主要用于冬小麦田防除一年生禾本科杂草及阔叶杂草，茎叶喷雾，推荐亩用量 15～25mL；

（2）1%双氟·二磺可分散油悬浮剂，主要用于冬小麦田防除一年生杂草，茎叶喷雾，推荐亩用量 80～120mL；

（3）52%二磺·滴辛酯可分散油悬浮剂，主要用于冬小麦田防除一年生杂草，茎叶喷雾，推荐亩用量 30～50mL；

（4）8%二磺·双氟·炔可分散油悬浮剂，主要用于冬小麦田防除一年生杂草，茎叶喷雾，推荐亩用量 50～70mL；

（5）25% 2甲·二磺·双氟可分散油悬浮剂，主要用于冬小麦田防除一年生杂草，茎叶喷雾，推荐亩用量 60～80mL 等。

2甲4氯
（MCPA）

C$_9$H$_9$ClO$_3$, 200.6, 94-74-6

化学名称　2-甲基-4-氯苯氧乙酸。

其他名称　兴丰宝，苏米大，MCP，Cornox，Metaxone，Agritox，Rhomenc，Trasan，Agroxone。

理化性质　2甲4氯苯氧乙酸纯品为无色、无气味结晶，熔点120℃。粗品纯度在 85%～95%，熔点 100～150℃，微溶于水（25℃溶解度 825mg/L），易溶于乙醇、丙醇等有机溶剂。能与各种碱类生成相应的盐，一般制成钠盐。2甲4氯钠原粉为褐色粉末，有酚的刺激气味。易溶于水，干燥的粉末极易吸潮结块，但不变质。

毒性　2甲4氯原药急性经口 LD$_{50}$（mg/kg）：大鼠 700～800，小鼠 550。对野生动物及鱼低毒。

作用机理　选择性激素型内吸传导除草剂，主要用于苗后茎叶处理，传导到杂草各部分，抑制植物顶端的核酸代谢和蛋白质合成，使生长点停止生长，从而导致杂草死亡。

剂型 95％、96％、97％、98％原药，13％水剂，13％钠盐水剂，56％钠盐可湿性粉剂。

防除对象 适用于水稻、小麦等作物防治三棱草、鸭舌草、泽泻、野慈姑及其他阔叶杂草。

使用方法

（1）小麦田 小麦完全分蘖末期至拔节前，每亩用13％2甲4氯水剂308～462mL，加水100kg，茎叶喷雾，可防除大部分一年生阔叶杂草。

（2）玉米田 玉米4～5叶期，每亩可用56％2甲4氯钠水剂107～143mL，兑水20～40kg，进行茎叶喷雾处理。

（3）移栽稻田 移栽后30d至拔节期前，用药前排干田水，每亩可用13％2甲4氯水剂231～462mL，兑水50～60kg，进行喷雾处理。

2甲4氯与敌稗（有效成分315g/hm^2＋2250g/hm^2）混用时，在移栽后三周，加水15～30kg进行喷雾处理，除能防除荆三棱外，还能兼治稗草。在以扁秆藨草、三菱藨草及日本藨草为主，兼有阔叶杂草的田块，实践证明2甲4氯与灭草松混用是行之有效的。在三棱草10～30cm、鸭舌草1～3叶期时，每亩用20％2甲4氯水剂100mL加48％灭草松水剂100mL（有效成分20g＋48g）进行茎叶处理，效果良好。

（4）高羊茅草坪 高羊茅草2～5叶期，每亩可用40％2甲4氯钠水剂90～110mL，进行茎叶喷雾处理。

（5）高粱 每亩可用56％2甲4氯钠水剂107～143mL，茎叶处理。

（6）大麻 每亩可用56％2甲4氯钠水剂20g＋120g/L烯草酮乳油13mL，兑水40kg茎叶喷雾处理。

注意事项

（1）2甲4氯与2,4-D一样，与喷雾机接触部分的结合力很强，用后应彻底清洗机具的有关部件，最好是专用。

（2）2甲4氯飘移对棉花、油菜、豆类、蔬菜等作物威胁极大，应尽量避开，应在无风天气施药。

（3）要穿防护衣、裤，戴口罩、手套。施药后要用肥皂洗手、洗脸。要顺风喷雾，不用逆风喷雾，以免药物接触皮肤，进入眼睛能引起炎症。施药时严禁抽烟、喝水、吃东西。

（4）中毒症状有呕吐、恶心、步态不稳、肌肉纤维颤动、反射降低、瞳孔缩小、抽搐、昏迷、休克等。部分病人有肝、肾损害。发现上述症状时，应立即送医院，请医生对症治疗，注意防治脑水肿和保护肝脏。

（5）本品储存时应注意防潮，放置于阴凉干燥处，不得与种子、食物、饲料放在一起。勿用酸性物质接触，以免失效。

药害

（1）大豆

① 药害产生原因　大豆对 2 甲 4 氯敏感，茎叶处理时误施或药液飘落到大豆植株上可产生药害。

② 药害症状　受其飘移危害，表现嫩茎、叶柄弯曲，新叶变黄、变厚，并向正面翻卷。受害严重时，老叶失水枯干，顶芽和侧芽生长停滞或萎缩。

（2）小麦　用其做茎叶处理受害，表现茎叶多向一侧弯成弓形或抛物线形，外叶的中下部变为筒状而包住心叶。受害严重时，多数叶片变为褐色而枯死。

（3）水稻　用其做茎叶处理受害，表现心叶、嫩叶纵卷呈筒状，分蘖扭曲并萎缩，叶色变暗或变浓，质地变硬，植株生长停滞。也有的表现茎叶黄枯。若用其做芽前土壤处理受害，则会造成幼芽弯曲，出苗迟缓，植株矮小、纤细，先出叶片的中上部多有黄白色枯斑。

（4）甜菜　受其飘移危害，表现叶柄弯曲，叶片向背面横卷，幼叶和顶芽萎缩。

（5）油菜　受其飘移危害，表现叶柄弯曲，嫩叶向背面翻卷，老叶则产生大块白色枯斑，顶芽萎缩，植株逐渐停止生长，进而枯死。

（6）向日葵　受其飘移危害，表现嫩茎变粗，叶柄弯曲，上部新生叶片严重萎缩、变厚，尖端枯干。

（7）棉花　受其飘移危害，表现嫩茎、叶柄弯曲，叶片变小、稍卷，植株生长缓慢。

复配剂及使用方法

（1）460g/L 2 甲·灭草松可溶液剂，防除水稻移栽田、直播田阔叶杂草及莎草科杂草，茎叶喷雾，推荐亩剂量为 133～167mL。

（2）35％甲·灭·莠去津可湿性粉剂，防除甘蔗田一年生杂草，喷雾，推荐亩剂量为 250～350mL。

（3）46％ 2 甲·草甘膦可湿性粉剂，防除柑橘园、苹果园杂草，喷雾，推荐亩剂量为 150～200mL。

（4）42.5％ 2 甲·氯氟吡乳油，防除水稻移栽田水花生、冬小麦田一年生阔叶杂草，茎叶喷雾，推荐亩剂量为 50~75mL。

（5）72%甲·灭·敌草隆可湿性粉剂，防除甘蔗田一年生杂草，定向茎叶喷雾，推荐亩剂量为 150~200g。

甲咪唑烟酸
（imazapic）

$$C_{14}H_{17}N_3O_3, 275.3, 104098-48-8$$

化学名称　（RS）-2-（4-异丙基-4-甲基-5-氧-2-咪唑啉-2-基）-5-甲基尼古丁酸。

其他名称　甲基咪草烟，百垄通，高原。

理化性质　纯品为淡褐色粉末，熔点 205℃，正辛醇-水分配系数 $\lg K_{ow}$（pH 7，20℃）为 2.47，水溶液强酸性，溶解度（20℃，mg/L）：水 2230，丙酮 18.9。

毒性　原药对大鼠急性经口毒性 LD_{50}>5000mg/kg，低毒；对绿头鸭急性毒性 LD_{50}>2150mg/kg，低毒；对虹鳟 LC_{50}（96h）>100mg/L，低毒；大型溞 EC_{50}（48h）>100mg/kg，低毒；对月牙藻 EC_{50}（72h）为 0.051mg/L，中等毒性；对蜜蜂低毒。对眼睛具刺激性，无神经毒性、呼吸道刺激性和致敏性，无染色体畸变风险。

剂型　96.4%、97%原药，24%水剂。

作用机理　甲咪唑烟酸是咪唑啉酮类除草剂，具内吸传导性，主要抑制乙酰乳酸合成酶（ALS）活性，可通过植物根、茎、叶吸收并传导至分生组织内，抑制支链氨基酸合成，阻碍蛋白质功能进而导致植物死亡。

防除对象　甲咪唑烟酸主要用于花生田与甘蔗田防治禾本科杂草、莎草科杂草以及部分阔叶杂草，如稗草、马唐、牛筋草、狗尾草、千金子、碎米莎草、香附子、苋、藜、蓼、苘麻、丁香蓼、马齿苋、龙葵、荠菜、碎米荠、牛繁缕、苍耳、胜红蓟、莲子草、空心莲子草、打碗花等。

使用方法

（1）花生田　播后苗前或苗后早期，禾本科杂草 2.5~5 叶期；阔叶杂草 5～8cm 高；花生为 1.5～2.0 复叶时，亩制剂用量 20～30mL 兑水 45～60kg，二次稀释后均匀喷雾。

（2）甘蔗田　喷雾处理，播后苗前（芽前喷雾）亩制剂用量 30～40mL 兑水 45～60kg，二次稀释后施药；也可苗后行间定向均匀喷雾，亩制剂用量 20～30mL 兑水 45～60kg，甘蔗苗后行间定向喷雾需使用保护罩，并在无风天谨慎施药。

注意事项

（1）持效期长，生长期只能用药一次，且后茬作物仅限花生、小麦轮作或甘蔗、花生继续种植。

（2）甘蔗田苗后喷雾如不使用保护罩，大风等致使喷雾雾滴飘移至甘蔗苗，会产生药害。

（3）稀释时制剂用量应严格按照说明配制并均匀稀释，施药均匀周到，避免重喷漏喷。

（4）大风或雨前不宜施药，土壤适当湿润有利于药剂发挥作用，土壤湿度不够理想时应适当延后中耕时间（14d 以后）。

（5）播后苗前处理时，一些敏感性杂草可能仍会出土，但很快这些杂草会变黄、枯萎、停止生长，同时，甲咪唑烟酸可能会引起花生或蔗苗轻微的褪绿或生长暂时受到抑制，作物很快可恢复生长，不影响最终产量。

（6）除花生与甘蔗外，甲咪唑烟酸对其他作物容易产生药害，同时其土壤持效期长，对瓜菜、叶菜、茄科蔬菜、豆科作物等均有影响，种植其他作物时应先进行小区试验，不影响作物生长时再进行种植，一般来说，施药后间隔 4 个月可种植小麦，9 个月可种植玉米、大豆、烟草，18 个月可种植甜玉米、棉花、大麦，24 个月可种植黄瓜、菠菜、油菜，36 个月可种植香蕉、番薯等作物。

甲嘧磺隆

（sulfometuron-methyl）

$C_{15}H_{16}N_4O_5S$, 364.38, 74222-97-2

化学名称 2-(4,6-二甲基嘧啶-2-基氨基甲酰氨基磺酰基)苯甲酸酯。

其他名称 一喷，森草净。

理化性质 原药为灰白色固体，熔点204℃，相对密度1.48，水溶液弱酸性，溶解度（20℃，mg/L）：水244，丙酮3300，乙酸乙酯650，甲苯240，二氯甲烷15000。

毒性 原药对大鼠急性经口毒性LD_{50}＞5000mg/kg，低毒；对绿头鸭急性毒性LD_{50}＞5000mg/kg，低毒；对虹鳟LC_{50}（96h）＞12.5mg/L，中等毒性；对大型溞EC_{50}（48h）＞12.5mg/kg，中等毒性；对蜜蜂、蚯蚓低毒。对眼睛具刺激性，无生殖影响和致癌风险。

剂型 95％、98％原药，10％悬浮剂，75％水分散粒剂，10％、75％可湿性粉剂。

作用机理 磺酰脲类灭生性除草剂，具内吸传导性，能抑制植物分生组织细胞分裂，阻止植物生长，植物外表呈现显著的红紫色、失绿、坏死、叶脉失色和端芽死亡。

防除对象 用于防火隔离带、非耕地、林地、针叶苗圃防除绝大多数一年生和多年生单、双子叶杂草及阔叶灌木。

使用方法 杂草生长旺盛期，10％悬浮剂亩制剂用量250～500g（杂草）/700～2000g（杂灌）稀释后进行定向喷雾。针叶苗圃10％悬浮剂亩制剂用量70～140g。

注意事项

（1）不能用于农田、果茶园、沟渠、田埂、路边、抛荒田等场所除草。

（2）落叶松、杉木慎用，对门氏黄松、美国黄松等有药害，不能使用。

（3）用清水配药，勿用浊水，以免减低药效，药后3～4h内下雨，药效可能会降低。

（4）不可在临近雨季的时间用药，以免遇连续降雨而将药剂冲刷到附近农田里而造成药害。

复配剂及使用方法 32％甲嘧·草甘膦悬浮剂，主要用于非耕地防除杂草，茎叶喷雾，推荐亩用量280～420mL。

甲酰氨基嘧磺隆

（foramsulfuron）

$C_{17}H_{20}N_6O_7S$, 452.44, 173159-57-4

化学名称 1-(4,6-二甲氧基嘧啶-2-基)-3-(2-二甲氨基羰基-5-甲酰氨基苯基磺酰基)脲。

其他名称 甲酰胺磺隆、康施它。

理化性质 原药为白色粉末，熔点194.5℃，相对密度1.44，水溶液弱酸性，溶解度（20℃，mg/L）：水3293，丙酮1925，乙酸乙酯362，庚烷10，甲醇1660。酸性条件下不稳定，碱性条件下稳定。

毒性 原药对大鼠急性经口毒性 LD_{50} >5000mg/kg，低毒；对山齿鹑急性毒性 LD_{50} >2000mg/kg，低毒；对虹鳟 LC_{50}（96h）>100mg/L，低毒；对大型溞 EC_{50}（48h）为100mg/kg，中等毒性；对鱼腥藻 EC_{50}（72h）为8.1mg/L，中等毒性；对蜜蜂低毒；对蚯蚓中等毒性。对呼吸道具刺激性，无皮肤刺激性和致敏性，无神经毒性和生殖影响，无染色体畸变和致癌风险。

剂型 95%原药，3%可分散油悬浮剂。

作用机理 磺酰脲类除草剂，抑制植物体支链氨基酸合成，引起杂草死亡。在玉米体内可选择性迅速代谢达到选择性的效果。

防除对象 用于玉米田防除一年生杂草。

使用方法 玉米苗后3~5叶期、一年生杂草2~5叶期使用，3%可分散油悬浮剂亩制剂用量80~120mL，兑水稀释后进行均匀茎叶喷雾。

注意事项

（1）仅限于在普通杂交玉米，即硬粒型、粉质型、马齿型及半马齿型杂交玉米上使用。施用后玉米幼苗可能出现暂时性白化和矮化现象，一般1~3周左右消失，不影响产量。禁止在爆玉米、糯玉米（蜡质型）及各种类型的玉米自交系上使用，甜玉米对甲酰氨基嘧磺隆敏感，施用后玉米幼苗会出现严重白化、扭曲和矮化等症状。

（2）杂草出齐苗后用药越早越好。

（3）大风天或预计 1h 内下雨，请勿施药。

甲氧咪草烟

（imazamox）

C$_{15}$H$_{19}$N$_3$O$_4$, 305.3, 114311-32-9

化学名称　（RS）-2-（4-异丙基-4-甲基-5-氧-2-咪唑啉-2-基）-5-甲氧基甲基尼古丁酸。

其他名称　金豆，Raptor，Sweeper，Odyseey，AC 299263，Cl 299263。

理化性质　纯品甲氧咪草烟为灰白色固体，熔点 166.3℃，相对密度 1.39，强酸性，溶解度（20℃，mg/L）：水 626000，己烷 7，甲醇 67000，甲苯 2200，乙酸乙酯 10000。土壤中稳定，不易降解。

毒性　甲氧咪草烟原药对大鼠急性经口毒性 LD$_{50}$＞5000mg/kg，低毒；对山齿鹑急性毒性 LD$_{50}$＞1846mg/kg，中等毒性；对杂色鳉 LC$_{50}$（96h）＞97mg/L，中等毒性；对大型溞 EC$_{50}$（48h）＞100mg/kg，低毒；对月牙藻 EC$_{50}$（72h）＞29.1mg/L，低毒；对蜜蜂、蚯蚓中等毒性。对眼睛、皮肤具刺激性，无神经毒性和致敏性，具生殖影响，无染色体畸变和致癌风险。

作用机理　广谱、高活性咪唑啉酮类除草剂，通过叶片吸收、传导并积累于分生组织，抑制乙酰羟酸合成酶（AHAs）的活性，影响 3 种支链氨基酸（缬氨酸、亮氨酸、异亮氨酸）的生物合成，最终破坏蛋白质的合成，干扰 DNA 合成及细胞分裂和生长。药剂在杂草苗后作茎叶处理后，很快被植物叶片吸收并传导至全株，杂草随即停止生长，在 4～6 周后死亡。植物根系也能吸收甲氧咪草烟，但吸收能力远不如咪唑啉酮类除草剂其他品种，如咪唑喹啉酸。

剂型　97%、98%原药，4%水剂。

防除对象　甲氧咪草烟用于大豆田防除大多数一年生禾本科与阔叶杂草，如野燕麦、稗草、狗尾草、金狗尾草、看麦娘、稷、千金子、马唐、鸭跖草（3叶期前）、龙葵、苘麻、反枝苋、藜、小藜、苍耳、香薷、水棘针、狼杷草、繁缕、柳叶刺蓼、鼬瓣花、荠菜等，对多年生的苣荬菜、刺儿菜等有抑制作用。

使用方法　大豆播后苗前土壤喷雾使用，4%水剂亩制剂用量75～80mL，加水15～30kg稀释均匀后喷雾处理。

注意事项

（1）在低温或作物长势较弱的情况下，应慎重使用，在北方低洼地及山间冷凉地区不宜使用甲氧咪草烟。作物偶尔会出现暂时矮化、生长点受抑制或褪绿现象，但这些现象会在1至2周内消失，作物很快恢复正常生长，不影响产量。

（2）喷洒甲氧咪草烟时不能加增效剂YZ-901、AA-921。

（3）每季作物使用该药不超过一次，使用时加入2%硫酸铵或其他液体化肥效果更好，喷雾应均匀，避免重复喷药或超推荐剂量用药。

（4）在土壤中残效期较长，按推荐剂量使用后合理安排后茬作物，播种冬小麦、春小麦、大麦需间隔4个月；播种玉米、棉花、谷子、向日葵、烟草、西瓜、马铃薯、移栽稻需间隔12个月；播种甜菜、油菜需间隔18个月（土壤pH≥6.2）。

（5）大豆用其做茎叶处理可能受害，表现幼嫩叶片褪绿转黄并皱缩、翻卷、下垂，但主、侧脉周围仍绿，叶柄和主、侧脉的背面变为紫褐色，顶芽及叶片上部枯死，随后从茎的下部长出细小侧枝。

精吡氟禾草灵
（fluazifop-P-butyl）

C19H20F3NO4, 383.36, 79241-46-6

化学名称　(R)-2-[4-[(5-三氟甲基吡啶-2-基）氧基]苯氧基]丙酸丁酯。

其他名称　Fusilade super，精稳杀得。

理化性质　原药纯度为85.7%，外观为褐色液体，相对密度1.21（20℃），熔点5℃，沸点164℃（2.67Pa），30℃时蒸气压133.3nPa。

常温下在水中溶解度为 1mL/L，可与二甲苯、丙酮、丙二酮、甲苯等有机溶剂混溶，在正常条件下贮存稳定。

毒性　按我国农业毒性分级标准，精吡氟禾草灵为低毒除草剂。原药大鼠急性经口为 LD_{50} 为 4096（雄）mg/kg、2712（雌）mg/kg，制剂精稳杀得 15% 乳油大鼠性经口 LD_{50} 为 5000mg/kg。对饲养动物试验剂量内无致畸、致突变、致癌作用。

作用机理　内吸传导型茎叶处理除草剂，其优良选择性，对禾本科杂草具强力的杀伤作用，阔叶作物安全。药剂主要通过茎叶吸收，在植物体内水解成酸，经筛管、导管传导至生长点、节间分生组织，干扰ATP（三磷酸腺苷）的产生和传递，破坏光合作用，抑制细胞分裂，阻止其生长。由于植物吸收传导强，施药后 48h 即可表现中毒症状。停止生长，芽和节的分生组织出现枯斑，心叶和其他叶片逐渐变成紫色和黄色至枯萎死亡。但药效发挥较慢，10～15d 后才能杀死一年生杂草，在干旱、杂草较大的情况下效果较差，其较强的抑制作用使杂草生长矮小，结实极少。

剂型　15%、150g/L 乳油，85.7%、90%、92% 原药。

适用范围

（1）大豆作物类　大豆、花生、棉花、油菜、甘薯、马铃薯、亚麻、胡麻、芝麻、向日葵、烟草、莲藕等。

（2）瓜果菜类　西瓜、草莓、葡萄、黄瓜、冬瓜、甜瓜、南瓜、西葫芦、白菜、甘蓝、芥菜、萝卜、各种豆类、茄子、番茄、辣椒、胡萝卜、芹菜、香菜、茴香、洋葱、大蒜、韭菜、大葱、莴苣、菠菜、苋菜、甜菜、菜花等。

（3）花草类　苜蓿及各种阔叶茶圃。

防除对象　防除一年生、多年生禾本科杂草，主要是野燕麦、狗尾草、旱稻、马唐、牛筋草、看麦娘、雀麦、臂形草等，提高剂量可除芦苇、狗牙根、双穗雀稗等多年生杂草。

使用方法

（1）大豆田　大豆 2～3 叶期，禾本科杂草 3～5 叶期，每亩用15% 精吡氟禾草灵乳油 50～70mL 加水 10L，茎叶喷雾处理。当水分条件较好，杂草幼嫩，出苗整齐，每亩 40～50mL 也能取得较好防效，干旱、杂草较大，则需适当提高剂量，每亩 67～80mL 才能取得较好防效。多年生杂草芦苇、狗牙根等用量应提高到每亩用 15% 精吡氟禾草灵乳油 80～120mL，芦苇 4～6 叶期作茎叶喷雾处理。

混用时每亩用 15％精吡氟禾草灵 50～80mL＋48％灭草松 167～200mL［或 25％氟磺胺草醚 67mL，或 48％异噁草松（广灭灵）67mL，或 24％乳氟禾草灵 33.3mL］。难治杂草推荐三混，15％精吡氟禾草灵 50～80mL＋48％异噁草松（广灭灵）70mL＋25％氟磺胺草醚 60～70mL 或 48％灭草松 100mL。

（2）花生田　花生苗后 2～3 叶期，一年生禾本科杂草 3～5 叶期，用 15％精吡氟禾草灵乳油每亩 50～67mL 加水 30～40kg 茎叶喷雾处理，结合一次中耕除草，可控制全生育期杂草。

（3）油菜田　一年生禾本科杂草 3～5 叶期，每亩用 15％精吡氟禾草灵乳油 50～70mL 加水 30～50kg，茎叶喷雾处理。

（4）棉花田　棉苗 3～4 叶期，禾本科杂草 3～5 叶期，每亩用 15％精吡氟禾草灵乳油 33～67g 加水 10kg，茎叶喷雾处理。

（5）甜菜田　甜菜 3～4 叶期，禾本科杂草 3～5 叶期，每亩 50～67mL 作茎叶喷雾处理，防除以稗草、狗尾草等一年生禾本科杂草为主的地块，可获得较好防效。在单双子叶混生地，可与 16％甜菜宁乳油每亩 400mL 混用，防除野燕麦、稗草、藜、苋、禾草及阔叶草效果显著，对作物安全。

注意事项

（1）精吡氟禾草灵对水稻、玉米、小麦等禾本科作物有害，施药时应避开这些作物。

（2）精吡氟禾草灵在土地湿度较高时效果好，干旱时较差，所以在干旱时应略加大药量和用水量。施药时应避免在高温、干燥的情况下施药。

（3）在亚麻田，与 2 甲 4 氯水剂混用可防治阔叶杂草。

（4）在大豆田，与 2 甲 4 氯、2,4-D 丁酯等苯氧乙酸类除草剂混用有明显的拮抗作用。

（5）万一误食中毒，需饮水催吐，并送医院治疗。

（6）本品应在阴暗、密封贮存，防火。

药害症状　高粱受其飘移危害，表现为先从茎顶的生长点及心叶基部开始变褐枯萎，随后心叶上部产生紫红色斑，并逐渐蔓延到外叶和根系，致使植株变黄枯死，叶片和叶鞘很容易从生长点上拔掉。

复配剂及使用方法

（1）27％松·吡·氟磺胺乳油，防除春大豆田一年生杂草，茎叶喷雾，推荐亩剂量为 200～250mL。

（2）66％吡氟·草甘膦可溶粒剂，防除非耕地杂草，茎叶喷雾，推荐亩剂量为 200～300g。

精草铵膦
（glufosinate-P）

C$_5$H$_{12}$NO$_4$P, 181.1, 35597-44-5

化学名称　（2S)-2-氨基-4-(羟基甲基磷酰基)丁酸。

理化性质　熔点 230℃，酸性强。

毒性　对鸟类急性毒性 LD$_{50}$＞2000mg/kg，低毒；对虹鳟 LC$_{50}$（96h）为 27mg/L，中等毒性；对大型溞 EC$_{50}$（48h）为 15mg/kg，中等毒性。具神经毒性和生殖影响，无呼吸道刺激性和致癌作用。

剂型　90％、91％原药，10％水剂（11.2％精草铵膦钠盐）。

作用机理　灭生性除草剂，草铵膦的 L 型异构体，谷氨酰胺合成酶抑制剂，导致铵离子累积中毒，抑制光合作用。

防除对象　目前登记用于柑橘园防除一年生和多年生杂草。

使用方法　于杂草生长期，每亩使用 10％精草铵膦钠盐水剂 400～600mL，兑水 30～60L 进行树行间或者树下均匀定向茎叶喷雾。

注意事项

（1）大风天或预计 1h 内有雨时请勿施药。

（2）定向均匀全面喷雾，喷雾时喷头上应加装保护罩，注意避免施药时药液飘移至邻近作物。

（3）遇土钝化，因此在稀释和配制本品药液时应使用清水。

精噁唑禾草灵
（fenoxaprop-P-ethyl）

C$_{18}$H$_{16}$ClNO$_5$, 361.78, 71238-80-2, 113158-40-0(酸)

化学名称 (*R*)-2-[4-(6-氯-1,3-苯并噁唑-2-氧基)苯氧基]丙酸乙酯。

其他名称 骠马，Puma Super；威霸，Whip Super。

理化性质 纯品精噁唑禾草灵白色固体，熔点 84~85℃，溶解度 (25℃)：水 0.9mg/kg，丙酮＞500g/L，环己烷、乙醇＞10g/L，乙酸乙酯＞200g/L，甲苯＞300g/L；对光不敏感，遇酸、碱分解。

毒性 急性经口 LD_{50}（mg/kg）：雄大鼠为 3040，雌大鼠为 2090。小鼠急性经口 LD_{50}＞5000mg/kg，大鼠急性经皮 LD_{50}＞2000mg/kg，大鼠急性吸入 LD_{50}＞6.04mg/L。在 90d 饲喂试验中，小鼠无作用剂量为 1.4mg/（kg·d），大鼠为 0.8mg/（kg·d），狗为 15.9mg/（kg·d）。对非哺乳动物的毒性与外消旋体相似。

作用方式 内吸性苗后广谱禾本科杂草除草剂。

剂型 92%、95%、97%、98%原药，69g/L、6.5%、6.9%、7.5%、10%、69%水乳剂，5%可分散油悬浮剂、80.5g/L、100g/L、10%乳油。

防除对象 威霸用作苗后除草剂，防除甜菜、棉花、亚麻、花生、油菜、马铃薯、大豆和蔬菜田的一年生和多年生禾本科杂草，主要是野燕麦、日本看麦娘、看麦娘、硬草等。制剂骠马中加有安全剂解草唑 (Hoe 070542)，在小麦或黑麦内可被很快代谢为无活性的降解产物，而对禾本科杂草的敏感性无明显影响。适用于小麦、黑麦田适用。

使用方法 苗后除草剂，施药期很宽。可在禾本科杂草 2~3 叶期至分蘖期用药，最佳的施药时间应在杂草 3 叶期后，使用剂量为 40~108g（a.i.）/hm²，大约为相同活性所需外消旋体量的一半。

（1）小麦田 看麦娘及野燕麦等，杂草 2 叶期及拔节期均可使用，但以冬前杂草 3~4 叶期使用最好。防除小麦田的硬草，茼草，在冬前杂草 3~4 叶期使用，亩用 6.9%乳油 50~60mL，加水 30~50kg 喷雾。冬后亩用 6.9%乳油 70~80mL，加水 40~60kg 喷雾，小麦拔节后不能使用。

（2）大豆田 大豆芽后 2~3 复叶期，用 6.9%水乳剂每亩 50~70mL，加水 10kg，茎叶处理。

（3）花生田 花生 2~3 叶期，杂草 3~5 叶期，用 10%乳油每亩 34~42mL，茎叶处理。

（4）油菜田 油菜 3~6 叶期，杂草 3 叶期喷药，冬油菜用 6.9%水乳剂每亩 50~60mL，加水 10L，茎叶处理；春油菜田 6.9%水乳剂每亩 50~70mL，加水 10kg，茎叶处理。

（5）棉花田　杂草 2～3 叶期，用 6.9％水乳剂每亩 50～60mL，加水 20～30kg，茎叶处理。

注意事项

（1）只有含有安全剂的精噁唑禾草灵才能用于小麦田，威霸不含安全剂，不能用于麦田，主要用于玉米、花生等阔叶类作物。

（2）骠马不能用于大麦、元麦或其他禾本科作物田。某些品种小麦冬后使用骠马会出现叶片短时间叶色变淡现象，7～10d 逐渐恢复。

（3）水稻田施用威霸后，水稻叶片可能出现"节节黄"现象，一般用药后 2～3 星期消除，不影响产量。

药害症状

（1）小麦　用其加安全剂（Hoe 070542）的品种作茎叶处理，受害后表现为从幼叶基部向上褪绿转黄，并在叶鞘与叶基的结合部位缢缩、枯折，从而使叶片平伏。受害严重时，心叶卷缩、变褐、枯死。

（2）水稻　受其飘移危害或误用于北方稻田而受害，表现心叶、嫩叶纵卷，颜色变黄或变暗，而呈青枯状，植株变矮，生长停滞。受害严重时，叶片全部卷缩、变黄、变褐枯死。

复配剂及使用方法

（1）8％精噁·炔草酯乳油，防除小麦田一年生禾本科杂草，茎叶喷雾，推荐亩剂量为 100～120mL。

（2）10％氰氟·精噁唑可分散油悬浮剂，防除水稻田（直播）一年生禾本科杂草，茎叶喷雾，推荐亩剂量为 30～50mL。

（3）18％噁唑·草除灵乳油，防除冬油菜田一年生杂草，茎叶喷雾，推荐亩剂量为 100～120mL。

精喹禾灵
（quizalofop-P-ethyl）

$C_{19}H_{17}ClN_2O_4$, 372.8, 100646-51-3

化学名称　（R）-2-[4-(6-氯-2-喹喔啉氧基)苯氧基]丙酸乙酯。

其他名称　精禾草克，Assure II，Piot Super，Targa Super。

理化性质　精喹禾灵原药为浅黄色粉状结晶，熔点 76～77℃，沸点 220℃/26.7Pa；溶解度（20℃，g/L）：水 0.00061，丙酮 650，乙醇 22，二甲苯 360。稳定性：中性和酸性稳定，碱性不稳定。

毒性　精喹禾灵原药急性经口 LD_{50}（mg/kg）：大鼠 3024（雄）、2791（雌），小鼠 1753（雄）、1805（雌）；经皮大鼠＞2000。对皮肤无刺激作用。以 128mg/kg 剂量饲喂大鼠 90d，未发现异常现象。对动物无致畸、致突变、致癌作用。

作用机理　精喹禾灵通过杂草茎叶吸收，在植物体内向上和向下双向传导，积累在顶端及居间分生组织，抑制细胞脂肪酸合成，使杂草坏死。精喹禾灵是一种高度选择性的旱田茎叶处理剂，在禾本科杂草和双子叶作物间有高度的选择性，对阔叶作物田的禾本科杂草有很好的防效。作用速度快，对一年生杂草可 24h 传遍植株，药效稳定，不易受雨水气温及湿度等环境条件的影响。

剂型　8.8％、10％、20％、50g/L 乳油，95％原药，20％悬浮剂，5％、10.8％水乳剂，8％微乳剂等。

防除对象　野燕麦、稗草、狗尾草、金狗尾草、马唐、野黍、牛筋草、看麦娘、画眉草、千金子、雀麦、大麦属、多花黑麦草、毒麦、稷属、早熟禾、双穗雀稗、狗牙根、白茅、匍匐冰草、芦苇等一年生和多年生禾本科杂草。

使用方法

（1）棉花田　棉花苗后、禾本科杂草 3～5 叶期防治。防治一年生禾本科杂草每亩地用 10％精喹禾灵乳油 30～40mL，兑水 30～50kg 均匀茎叶喷雾处理。土壤水分空气湿度较高时，有利于杂草对精禾草克的吸收和传导。

（2）大豆田　大豆苗后、禾本科杂草 3～5 叶期防治，春大豆田每亩地用 15％精喹禾灵乳油 30～40mL，夏大豆田每亩地用 15％精喹禾灵乳油 20～30mL，茎叶喷雾。

（3）油菜田　油菜 3 叶期后、一年生禾本科杂草 3～5 叶期，每亩地用 5％精喹禾灵乳油 50～60mL，兑水 30～50kg，茎叶喷雾。

（4）苗圃　在禾本科杂草 3～5 叶期防治，每亩地用 8.8％精喹禾灵乳油 40～50mL，兑水 30kg，茎叶喷雾。

注意事项

（1）本品飘移对水稻、小麦、玉米、甘蔗等禾本科作物威胁极大，应尽量避开。套作禾本科作物的大豆田不能使用。

（2）高温、干燥等异常天气时，有时会在大豆叶片局部出现接触性病斑，但之后会长出新叶发育正常，不影响产量。

（3）操作时，需戴口罩和橡皮手套。操作后，用肥皂将脸手脚等洗净，并用清水漱口。

（4）误饮应多喝水，将药液吐出，并马上找医生采取抢救措施。

药害症状

（1）玉米　受其飘移危害，表现为从茎顶的生长点及心叶基部开始变褐枯萎，心叶上部相继变黄、枯死，然后由内层叶片向外层叶片、由上位叶片向下位叶片依次变黄枯死。

（2）小麦　受其飘移危害，表现先从心叶基部开始向上褪绿转黄，然后逐渐向外层叶片扩展。受害严重时，全株变为黄白色或黄褐色，进而倒伏枯死。

（3）水稻　受其飘移危害和误用受害，表现心叶纵卷、颜色变黄，植株因心叶萎缩而变矮，生长停滞。受害严重时，会使所有叶片都卷缩、变黄、变褐枯死。

（4）高粱　受其飘移危害，表现从茎顶的生长点及心叶基部开始变褐枯萎，心叶上部和其他叶片、叶鞘逐渐变黄，并产生紫红或紫褐色斑，根系变紫、变褐，植株生长停滞，然后枯死。

复配剂及使用方法

（1）35％精喹·乙草胺乳油，防除大豆田一年生禾本科杂草和部分阔叶杂草，茎叶喷雾，推荐亩剂量为 $60 \sim 71$ mL。

（2）42％灭·喹·氟磺胺微乳剂，防除春大豆田一年生杂草，茎叶喷雾，推荐亩剂量为 $110 \sim 130$ mL。

（3）31％精喹·嗪草酮乳油，防除马铃薯田一年生杂草，茎叶喷雾，推荐亩剂量为 $50 \sim 70$ mL。

精异丙甲草胺

（S-metolachlor）

（αRS, 1S）　　　　　（αRS, 1R）

$C_{15}H_{22}ClNO_2$, 283.8, 87392-12-9

化学名称 (*αRS*,1*S*)-2-氯-6′-乙基-*N*-(2-甲氧基-1-甲基乙基)乙酰邻甲苯胺(80%~100%)，[(*αRS*,1*S*)-异构体]；(*αRS*,1*R*)-2-氯-6′-乙基-*N*-(2-甲氧基-1-甲基乙基)乙酰邻甲苯胺(0~20%)，[(*αRS*,1*R*)-异构体]。

其他名称 金都尔。

理化性质 原药为棕色油状液体，熔点－61.1℃，沸点334℃，290℃分解，相对密度1.12，水中溶解度（20℃）为488mg/L，与苯、甲苯、甲醇、乙醇、辛醇、丙酮、二甲苯、二氯甲烷、DMF、环己酮、己烷等有机溶剂互溶。

毒性 精异丙甲草胺原药对大鼠急性经口毒性 $LD_{50}>2000mg/kg$，低毒，短期喂食毒性高；对绿头鸭急性毒性 $LD_{50}\geqslant2150mg/kg$，低毒；对虹鳟 $LC_{50}(96h)$ 为1.23mg/L，中等毒性；对大型溞 $EC_{50}(48h)$ 为11.2mg/kg，中等毒性；对月牙藻 $EC_{50}(72h)$ 为0.017mg/L，中等毒性；对蜜蜂急性接触毒性低，急性经口毒性中等；对蚯蚓中等毒性。对皮肤具刺激性及致敏性，无眼睛刺激性，对生殖有影响。

作用机理 是在异丙甲草胺的基础上除去其中的非活性体，得到精制的活性体混合物。选择性芽前除草剂，主要通过被萌发的杂草的芽鞘、幼芽吸收而发挥杀草作用。精异丙甲草胺不仅具有异丙甲草胺的优点，而且在安全性和防治效果上更胜一筹。

防除对象 对多种单子叶杂草、一年生莎草及部分一年生双子叶杂草有高度防效，如稗、马唐、千金子、狗尾草、牛筋草、蓼、苋、马齿苋、碎米莎草及异型莎草等。

剂型 96%、97%、98%原药，960g/L乳油，45%微囊悬浮剂。

使用方法 适用于作物播后苗前或移栽前进行土壤处理，甘蓝、油菜、烟草仅限移栽前土壤喷雾，以960g/L乳油为例，亩制剂用量如下：菜豆田65~85mL（东北地区）、50~65mL（其他地区）；春大豆田80~120mL、夏大豆田60~85mL；春玉米田150~180mL、夏玉米田60~85mL；大蒜田50~65mL；冬油菜田45~60mL；番茄地65~85mL（东北地区）、50~65mL（其他地区）；甘蓝田45~55mL；花生田45~60mL；马铃薯田100~130mL（北方地区）、50~65mL（其他地区）；棉花田60~100mL；甜菜田75~90mL；西瓜田40~65mL；向日葵田100~130mL；烟草田40~75mL；芝麻田50~65mL；冬枣园50~80mL。每亩兑水30~60L，均匀喷雾。

注意事项

(1) 在质地黏重的土壤上施用时，使用推荐高限剂量，疏松的土壤上施用时，使用低剂量。

(2) 起垄作物及覆膜作物需按照实际施用面积来计算药量，不可多喷，覆膜作物施药后应立即覆膜。

(3) 正常使用剂量下对后茬作物安全，但后茬种植水稻时需先进行小面积种植，安全后方可种植。

(4) 该药剂在低洼地和沙壤土使用时，如遇雨，容易发生淋溶药害，需慎用。

(5) 干旱与大风条件不利于药效发挥，干旱条件下可先灌溉后施药（不推荐先施药后灌溉，易出现淋溶药害，降雨来临前或滴灌作物田不宜使用精异丙甲草胺）或在施药后浅混土 2～3cm 或适当增加用药量以保证药效。

(6) 水旱轮作栽培的西瓜田以及在双重及双重以上保护地西瓜田不宜使用。

(7) 拱棚栽培地易发生回流药害，不宜使用。

复配剂及使用方法

(1) 40%硝·精·莠去津微囊悬浮-悬浮剂，主要用于玉米田防除一年生禾本科杂草及部分阔叶杂草，土壤喷雾，推荐亩用量 400～500mL；

(2) 30%乙氧·精异丙水乳剂，主要用于花生田防除一年生杂草，土壤喷雾，推荐亩用量 89～133g；

(3) 670g/L 异丙·莠去津水乳剂，主要用于玉米田防除一年生禾本科杂草及阔叶杂草，土壤喷雾，推荐亩用量 161～215mL（春玉米田）、107～161mL（夏玉米田）等。

—— **克草胺** ——
（ethachlor）

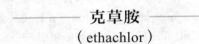

$C_{13}H_{18}ClNO_2$, 255.7

化学名称 2-乙基-N-(乙氧甲基)-α-氯代乙酰基替苯胺。

理化性质 原药为红棕色油状液体，沸点200℃（2.67kPa），相对密度1.058（25℃）。不溶于水，可溶于丙酮、二氯丙烷、乙酸、乙醇、苯、二甲苯等有机溶剂，在强酸或强碱条件下加热均可水解。25%克草胺乳油外观为红棕油状液体，相对密度0.93，闪点40℃。水分含量≤0.5%。pH为5~8。乳液稳定性合格。

毒性 原药雄小鼠急性经口 LD_{50} 为774mg/kg，雌小鼠经口 LD_{50} 为464mg/kg，Ames试验和染色体畸变分析试验为阴性。对眼睛黏膜及皮肤有刺激作用。25%乳油雄性小鼠急性经口 LD_{50} 为1470mg/kg，雌小鼠经口 LD_{50} 为1470mg/kg，小鼠经皮 LD_{50} 为1470mg/kg。

剂型 95%原药，47%乳油。

作用机理 克草胺为选择性芽前土壤处理剂。原药主要通过杂草的芽鞘吸收，其次由根部吸收，抑制蛋白质的合成，阻碍杂草的生长而使其致死。其除草效果与杂草出土前后的土壤湿度有关。药剂的持效期40d左右。

防除对象 可用于水稻移栽田防除一年生禾本科杂草及小粒种子阔叶杂草，如稗草、牛毛草、莎草等稻田杂草。

使用方法 移栽后（北方5~7d，南方3~6d），拌细土撒施，药后保水2~3cm，不要淹没稻心5~7d后正常管理。

注意事项

（1）克草胺的除草活性高于丁草胺，而对水稻的安全性低于丁草胺，因此在水稻本田应用时应严格掌握施药时间及用药量。

（2）不宜在水稻秧田、直播田及小苗、弱苗及漏水的本田使用。

（3）水稻芽期及黄瓜、菠菜、高粱等作物对克草胺敏感，不宜在上述作物田使用。

（4）克草胺对鱼类有毒，防止药液污染河水及池塘。

（5）如田间阔叶杂草较多，请与防除阔叶杂草除草剂混合使用。

复配剂及使用方法 40%克胺·莠去津悬浮剂，主要用于玉米田防除一年生杂草，土壤喷雾，推荐亩用量300~400mL（东北地区）、200~250mL（其他地区）。

喹禾糠酯

（quizalofop-P-tefuryl）

$$C_{22}H_{21}ClN_2O_5, 428.89, 119738-06-6$$

化学名称 (*RS*)-2-[4-(6-氯喹喔啉-2-氧基)苯氧基]丙酸-2-四氢呋喃甲基酯。

其他名称 喷特，糖草酯，UBI C4874。

理化性质 纯品为深黄色液体，室温下有结晶存在，熔点 58.3℃，211℃分解，相对密度 1.28，溶解度（20℃，mg/L）：水 3.13，甲苯 652000，正己烷 12000，甲醇 64000，丙酮 221000。土壤与水中不稳定，半衰期短，降解较快。

毒性 原药对大鼠急性经口毒性 LD_{50} 为 1012mg/kg，中等毒性；对山齿鹑急性毒性 LD_{50} ＞2150mg/kg，低毒；对绿头鸭经口 LD_{50} ＞258.6mg/kg；对蓝鳃鱼 LC_{50}（96h）为 0.23mg/L，中等毒性；大型溞 EC_{50}（48h）＞1.51mg/kg，中等毒性；对月牙藻 EC_{50}（72h）＞1.9mg/L，中等毒性；对蜜蜂低毒，对蚯蚓中等毒性。对眼睛具刺激性，有皮肤致敏性，无呼吸道刺激性，无染色体畸变及 DNA 损伤风险。

剂型 95%、96%原药，4%、7%、8%乳油。

作用机理 芳氧苯氧羧酸类除草剂，可通过茎叶吸收，传导至全株分生组织，抑制植物脂肪酸合成，阻止植物发芽和根茎生长，进而死亡。在杂草体内持效期长，喷药后植物快速停止生长，3～5d 心叶基部变褐，5～10d 变黄坏死，14～21d 整株死亡。

防除对象 喹禾糠酯主要用于阔叶作物田（如大豆、油菜、花生、马铃薯、棉花、亚麻、豌豆、蚕豆、向日葵、西瓜、阔叶蔬菜、果树、林业苗圃等），防除一年生和多年生禾本科杂草，可防除稗草、狗尾草、金色狗尾草、野燕麦、马唐、看麦娘、硬草、千金子、牛筋草、雀麦、棒头草、剪股颖、画眉草、野黍、大麦草、多花黑麦草、狗牙根、双穗雀稗、假高粱等杂草，对阔叶草和莎草无效。

使用方法 在禾本科作物 2～5 叶期用药，以 4%乳油为例，亩用药量 50～80mL 兑水 15～30kg，二次稀释后均匀茎叶喷雾，多年生杂草用药量提高至 80～120mL。

注意事项

（1）耐冲刷，施药一小时后降雨不影响药效。

（2）土壤及空气水分湿度较高时有利于杂草吸收药物，长期湿度低不宜施药或适当提高剂量。

（3）杂草较多时可适当提高剂量。

（4）可与灭草松、氟磺胺草醚、草除灵等混用扩大杀草谱。

（5）本品对油菜和绝大多数阔叶作物安全，对黄花苜蓿有药害。同时应避免飘移至小麦、水稻、高粱等禾本科作物，以免产生药害。

绿麦隆

（chlorotoluron）

$C_{10}H_{13}ClN_2O$, 212.7, 15545-48-9

化学名称　N-(3-氯-4-甲基苯基)-N',N'-二甲基脲。

其他名称　Chlortoluron，Dicuran。

理化性质　纯品绿麦隆为无色结晶，熔点 148.1℃，相对密度 1.34，溶解度（20℃，mg/L）：水 74，乙酸乙酯 21000，丙酮 54000，乙醇 48000，甲苯 3000。

毒性　原药对大鼠急性经口毒性 LD_{50} >10000mg/kg，低毒，对大鼠短期喂食毒性高；对日本鹌鹑急性毒性 LD_{50} 为 272mg/kg，中等毒性；对虹鳟 LC_{50}（96h）为 20mg/L，中等毒性；大型溞 EC_{50}（48h）为 67mg/kg，中等毒性；对月牙藻 EC_{50}（72h）为 0.2mg/L，中等毒性；对蜜蜂、蚯蚓低毒。无神经毒性、眼睛、皮肤、呼吸道刺激性和致敏性，有致癌风险。

作用机理　绿麦隆主要通过杂草根部吸收向上传导，并有叶面触杀作用。叶片也能吸收一部分。药剂进入植物体内以后，抑制光合作用中的希尔反应，干扰电子传递过程，使叶片褪绿，不能制造养分而"饥饿"死亡。施药后 3d，野燕麦、杂草开始表现中毒症状，叶片绿色减退，叶尖和心叶相继失绿，约 10d 后整株失绿干枯死亡。绿麦隆杀草作用缓慢，一般需两周后才能见效。抗淋溶性强，持效期可达 70d 以上，

120d后土壤中无残留。

剂型 95％原药，25％可湿性粉剂。

防除对象 主要用于大麦、小麦、玉米田防除看麦娘、硬草、碱茅、早熟禾、牛繁缕、雀舌草、卷耳、婆婆纳、荠菜、萹蓄等一年生杂草。对猪殃殃、向荆、田旋花、苣荬菜、酸模、蓼等基本无效。

使用方法 在小麦、大麦、玉米播种后出苗前施药，25％可湿性粉剂亩制剂用量160～400g，兑水溶解稀释后均匀喷雾于土壤表面；也可用于苗后早期进行茎叶喷雾，施用剂量应适当降低。每季只能施用一次。

注意事项

（1）对小麦、大麦、青稞基本安全，若施药不均，会稍有药害，表现轻度变黄现象，经20d左右可恢复正常。

（2）除草效果以及安全程度受气温、土壤湿度、光照等影响较大，应因地制宜地使用。干旱及气温10℃以下均不利于药效的发挥。因此，在适期范围内，冬前用药时间不宜过长。入冬后及寒潮来临前不宜用药。土壤干旱时应注意浇水。

（3）严禁在水稻田使用绿麦隆，在麦田轮作地区用绿麦隆防除麦田杂草用药要均匀，以免局部用药过量使后茬水稻产生药害，同时用药不能过迟，否则土壤残留也容易引起后茬水稻田药害。

（4）油菜、蚕豆、豌豆、红花、苜蓿等作物对绿麦隆较敏感，不能在这些作物上使用。

（5）绿麦隆可湿性粉剂易吸潮，应贮存于干燥处。

复配剂及使用方法

（1）35％2甲·绿麦隆可湿性粉剂，主要用于冬小麦田防除一年生阔叶杂草，喷雾，推荐亩用量130～180g；

（2）50％绿麦·异丙隆可湿性粉剂，主要用于冬小麦田防除一年生杂草，喷雾，推荐亩用量123～150g；

（3）40％绿·莠·乙草胺悬乳剂，主要用于夏玉米田防除一年生杂草，土壤喷雾，推荐亩用量200～250mL；

（4）48％绿·莠·乙草胺悬乳剂，主要用于春玉米田防除一年生杂草，播后苗前土壤喷雾，推荐亩用量150～250mL。

氯氨吡啶酸

（aminopyralid）

$$C_6H_4Cl_2N_2O_2, 207.03, 150114-71-9$$

化学名称　4-氨基-3,6-二氯-2-吡啶甲酸。

其他名称　氨草啶，迈士通。

理化性质　原药为灰白色固体，熔点163.5℃，334℃分解，相对密度1.76，水溶液强酸性，溶解度（20℃，mg/L）：水2480，丙酮29200，乙酸乙酯3940，甲醇52200，二甲苯40。

毒性　原药对大鼠急性经口毒性$LD_{50} > 5000mg/kg$，低毒，短期喂食毒性中等；对山齿鹑急性毒性$LD_{50} > 2250mg/kg$，低毒；对虹鳟$LC_{50}(96h) > 100mg/L$，低毒；对大型溞$EC_{50}(48h) > 100mg/kg$，低毒；对月牙藻$EC_{50}(72h)$为30mg/L，低毒；对蜜蜂中等毒性；对蚯蚓低毒。对眼睛具刺激性，无神经毒性、生殖影响和皮肤刺激性，无染色体畸变和致癌风险。

剂型　91.6%、95%原药，21%水剂。

作用机理　合成激素型除草剂，具内吸传导性，被植物茎叶和根迅速吸收，在敏感植物体内，诱导植物产生偏上性反应，导致植物生长停滞并迅速坏死。

防除对象　目前登记用于草原牧场防除阔叶杂草，如囊吾、乌头、棘豆属及蓟属等有毒有害阔叶杂草。

使用方法　杂草出苗后至生长旺盛期，21%水剂亩制剂用量25～35mL，牧草叶片药液干后即可放牧。

注意事项

（1）氯氨吡啶酸对垂穗披碱草、高山嵩草、线叶嵩草等有轻微药害，对蒲公英、凤毛菊、冷蒿有中等药害，阔叶牧草为主的草原牧草区域慎用，在混生草场可对有害杂草进行点喷。

（2）牛羊取食处理过的牧草或干草后，粪便含有未降解的氯氨吡啶酸，不可以用作敏感阔叶作物的肥料，否则会产生药害。

氯苯胺灵

（chlorpropham）

C10H12ClNO2, 213.7, 101-21-3

化学名称 3-氯苯基氨基甲酸异丙酯。

其他名称 戴科，土豆抑芽粉，氯普芬，Chlorprophame，CIPC，Chloro-IPC，Decco，Sprout Inhibitor，chlor-IFC，Isopropyl m-chlorocarbanilate，Chloro-TPC。

理化性质 纯品为无色结晶，熔点 41.4℃，具有轻微的特殊的气味。25℃时在水中的溶解度为 89mg/kg，在石油中溶解度中等（在煤油中 10%），可与低级醇、芳烃和大多数有机溶剂混溶。工业产品纯度为 98.5%，深褐色油状液体，熔点 38.5~40℃。在低于 100℃时稳定，但在酸和碱性介质中缓慢水解，超过 150℃分解。

氯苯胺灵在土壤中被土壤吸附作用强，在土壤中以微生物降解为主，半衰期 15℃时为 65d，29℃时为 30d，具体与微生物活性和土壤湿度密切相关。

毒性 对大鼠急性口服 LD_{50} 为 5000~7500mg/kg。该药对兔皮肤涂敷 20h 或以 2000mg/kg 饲料喂养大鼠两年均未发现毒害作用。急性经口 LD_{50} 野鸭＞2000mg/kg。金鱼、鲈鱼、鲤鱼 TLm（48h）为 10~40mg/L。对眼和皮肤有刺激作用，浓度大时，轻微抑制胆碱酯酶。

剂型 99%原药，2.5%粉剂，99%熏蒸剂，49.65%、50%、55%、99%热雾剂。

作用机理 氯苯胺灵是一种高度选择性苗前或苗后早期除草剂，有丝分裂抑制剂，在多年生作物地及一年生作物地，单独或与其他除草剂一起用作芽前选择性除草，氯苯胺灵具挥发性，其蒸气可被幼芽吸收从而抑制杂草幼芽生长，也可被叶片、根部吸收，在体内向上、向下双向传导。

同时，氯苯胺灵还有植物生长调节作用，可抑制 β-淀粉酶活性，抑制植物 RNA、蛋白质的合成，干扰氧化磷酸化和光合作用，破坏细胞分裂，因而能显著地抑制马铃薯贮存时的发芽力。也可用于果树的疏花、疏果。

适用作物 适用作物苜蓿、小麦、玉米、大豆、向日葵、马铃薯、甜菜、水稻、胡萝卜、菠菜、洋葱等。

防除对象 能有效防除稗草、野燕麦、早熟禾、荠菜、苋、燕麦草、多花黑麦草、黑雀麦、繁缕、粟米草、蓄萹、马齿苋、田野菟丝子等一年生禾本科杂草和某些阔叶草。

使用方法 在作物播后苗前进行土壤处理,处理时气温16℃以下每公顷用量2.24~4.5kg有效成分,24℃以上用量加倍,施后应拌土。苗后处理时为1.2~3.5kg。苗后处理除草活性差,但可防治幼苗期的苋与蓼、繁缕和马齿苋。可作为生长调节剂,用于抑制土豆发芽。

注意事项

(1) 吞入时,饮水并导吐;吸入时,移至新鲜空气处并供氧;溅入眼中,用大量水冲洗;如皮肤接触,则用肥皂清洗并用清水冲洗。

(2) 氯苯胺灵目前多作为植物生长调节剂被登记,仅有99%原药作为除草剂登记使用。

氯吡嘧磺隆

(halosulfuron-methyl)

$C_{13}H_{15}ClN_6O_7S$, 434.81, 100784-20-1

化学名称 3-氯-5-(4,6-二甲氧基嘧啶-2-基氨基羰基氨基磺酰基)-1-甲基吡唑-4-羧酸甲酯。

其他名称 吡氯黄隆,氯吡氯磺隆。

理化性质 原药为白色精细粉末,熔点176℃,181.6℃分解,相对密度1.62,水溶液弱酸性,溶解度(20℃,mg/L):水10.2,甲醇1616,己烷127.8,甲苯3640,乙酸乙酯15260。

毒性 原药对大鼠急性经口毒性LD_{50}为7758mg/kg,低毒;对山齿鹑急性毒性LD_{50}＞2250mg/kg,低毒;对蓝鳃鱼LC_{50}(96h)＞118mg/L,低毒;对大型溞EC_{50}(48h)＞107mg/kg,低毒;对月牙藻EC_{50}(72h)为0.0053mg/L,高毒;对蜜蜂、蚯蚓低毒。对呼吸道具刺激性,无眼睛、皮肤刺激性,无染色体畸变和致癌风险。

剂型 98％原药，35％、75％水分散粒剂，12％、15％可分散油悬浮剂。

作用机理 磺酰脲类选择性内吸传导型除草剂，具内吸传导性，通过杂草根部和叶片吸收转移到杂草各部，阻碍氨基酸、赖氨酸、异亮氨酸的生物合成，阻止细胞的分裂和生长。敏感杂草生长机能受阻，幼嫩组织过早发黄抑制叶部生长，阻碍根部生长而坏死。

防除对象 用于玉米、水稻、小麦、甘蔗、番茄、高粱田防除一年生阔叶杂草及莎草科杂草，对香附子有特效。

使用方法

（1）玉米田 3～5 叶期、杂草 2～4 叶期使用，15％可分散油悬浮剂亩制剂用量 25～30mL，兑水 30L 均匀茎叶喷雾；

（2）小麦田杂草 2～5 叶期，35％水分散粒剂亩制剂用量 8.6～12.8g，兑水 20～40kg 稀释后均匀喷雾；水稻直播田秧苗 2 叶 1 心期、杂草 2～3 叶期使用，35％水分散粒剂亩制剂用量 5.8～8.6g 兑水 20～40kg 稀释后均匀喷雾，施药前一天排干水，保持土壤湿润，药后一天复水，保水一周，勿淹没水稻心叶；

（3）甘蔗田杂草 2～5 叶期，75％水分散粒剂亩制剂用量 3～5g 兑水 30～45kg 稀释均匀后进行茎叶喷雾；

（4）番茄移栽前 1d、杂草 2～4 叶期使用，75％水分散粒剂亩制剂用量 6～8g，每亩兑水 40kg 进行土壤喷雾；

（5）高粱苗后 2 叶期到抽穗前、杂草 2～4 叶期施药，75％水分散粒剂亩制剂用量 3～4g 兑水稀释均匀后喷雾。

注意事项

（1）氯吡嘧磺隆只适用于马齿型和硬质玉米，不推荐用于甜玉米、糯玉米、爆裂玉米、制种玉米、自交系玉米及其他作物。玉米 2 叶期前及 10 叶期后不能使用本品。玉米 6～9 叶期，喷雾时压低喷头，避开玉米心叶。

（2）尽量在无风无雨时施药，避免雾滴飘移，危害周围作物。

复配剂及使用方法

（1）20％噁唑胺·氯吡嘧可分散油悬浮剂，主要用于水稻田（直播）防除一年生杂草，茎叶喷雾，推荐亩用量 40～50mL；

（2）20％噁唑·氯吡嘧·双草醚可分散油悬浮剂，主要用于水稻田（直播）防除一年生杂草，茎叶喷雾，推荐亩用量 40～60mL；

（3）16％硝·烟·氯吡嘧可分散油悬浮剂，主要用于玉米田防除一年生杂草，茎叶喷雾，推荐亩用量80～90mL；

（4）8%烟嘧·氯吡嘧可分散油悬浮剂，主要用于玉米田防除一年生杂草，茎叶喷雾，推荐亩用量80～90mL；

（5）47%异隆·丙·氯吡可湿性粉剂，主要用于冬小麦田、水稻旱直播田防除一年生杂草，土壤喷雾，推荐亩用量分别为120～150g、80～120g；

（6）29%苯噻·氯·硝磺泡腾片剂，主要用于水稻移栽田防除一年生禾本科、莎草科及部分阔叶杂草，撒施，推荐亩用量150～200g（南方地区）、200～250g（北方地区）等。

氯丙嘧啶酸

（aminocyclopyrachlor）

$C_8H_8ClN_3O_2$，213.62，858956-08-8

化学名称　6-氨基-5-氯-2-环丙烷基嘧啶-4-羧酸。

其他名称　DPX-MAT28，DPX-KJM44。

理化性质　原药为果味白色固体，熔点140.5℃，181.6℃分解，相对密度1.47，溶解度（20℃，mg/L）：水3130。

毒性　原药对大鼠急性经口毒性LD_{50}＞5000mg/kg，低毒；对绿头鸭急性毒性LD_{50}＞5290mg/kg，低毒；对蓝鳃鱼LC_{50}（96h）＞120mg/L，低毒；对大型溞EC_{50}（48h）＞27.2mg/kg，中等毒性；对月牙藻EC_{50}（72h）＞120mg/L，低毒；对蜜蜂低毒；对蚯蚓中等毒性。对眼睛具刺激性，无生殖影响和致癌风险。

剂型　88.7%原药，50%可溶粒剂。

作用机理　嘧啶羧酸类除草剂，通过杂草叶和根部吸收，转移进入分生组织，干扰杂草茎、叶和根的生长激素平衡，引起植物死亡。

防除对象　用于非耕地防除阔叶杂草，包括菊科、豆科、藜科、旋花科、茄科、大戟科和一些木本植物。

使用方法　杂草10～30cm高时使用，50%可溶粒剂亩制剂用量10～20g，兑水溶解后进行茎叶喷雾。

注意事项

(1) 氯丙嘧啶酸对土壤吸附是不可逆的，不可直接施于裸露的土壤上。

(2) 大风或预计 48h 内降雨请勿施药，避免因飘移至邻近敏感作物导致药害等问题。

(3) 不推荐在土壤渗透性强如沙土区域使用。不可用于结冰的土壤及被雪水覆盖的土壤。

氯氟吡啶酯

（florpyrauxifen-benzyl）

C$_{20}$H$_{14}$Cl$_2$F$_2$N$_2$O$_3$，439.25，1390661-72-9

化学名称 4-氨基-3-氯-6-（4-氯-2-氟-3-苯甲氧基）-5-氟-2-吡啶苯甲酸酯。

其他名称 灵斯科，XDE-848。

理化性质 原药为灰白色至米色固体，熔点 137.1℃，286.8℃分解，溶解度（20℃，mg/L）：水 0.011，甲醇 13000，丙酮 210000，二甲苯 14000，乙酸乙酯 120000。

毒性 原药对大鼠急性经口毒性 LD$_{50}$ 为 5000mg/kg，低毒；对山齿鹑急性毒性 LD$_{50}$ ＞ 2250mg/kg，低毒；对虹鳟 LC$_{50}$（96h）＞ 0.049mg/L，高毒；对大型溞 EC$_{50}$（48h）＞0.0626mg/kg，高毒；对月牙藻 EC$_{50}$（72h）＞0.0337mg/L，高毒；对蜜蜂低毒；对蚯蚓中等毒性。对眼睛、皮肤、呼吸道无刺激性，无神经毒性、生殖影响和染色体畸变风险。

剂型 91.4％原药，3％乳油。

作用机理 芳基吡啶甲酸酯类合成激素除草剂，通过植物的叶片和根部吸收，经木质部和韧皮部传导，并积累在杂草的分生组织，诱导细胞内相关生命活动暴增，导致敏感植物生长失控从而发挥除草活性。

防除对象 用于水稻田防除稗草等一年生杂草，如稗草、光头稗、稻稗、千金子等禾本科杂草，异型莎草、油莎草、碎米莎草、香附子、日照飘拂草等莎草科杂草，苘麻、泽泻、苋菜、豚草、藜、小飞蓬、母草、水丁香、雨久花、慈姑、苍耳等阔叶杂草。

使用方法　水稻直播田于秧苗 4.5 叶即 1 个分蘖可见、稗草不超过 3 个分蘖时期施药，移栽田于秧苗返青后 1 个分蘖可见、稗草不超过 3 个分蘖时期施药，3％乳油亩制剂用量 40～80mL，兑水 15～30kg 稀释均匀后进行茎叶喷雾，施药前排水（可有潜水层，需确保杂草茎叶 2/3 以上露出水面），药后 1～3d 灌水，保水 5～7d，水层不要淹没稻心叶。

注意事项

（1）极端冷热天气干旱冰雹等逆境或环境因素会影响到药效和作物耐药性，不推荐施用。

（2）施药后水稻可能出现暂时性药物反应如生长受到抑制或叶片畸形，通常水稻会逐步恢复正常生长。

（3）不宜在缺水田、漏水田及盐碱田使用。秧田、制种田、缓苗期、秧苗长势弱，存在药害风险，不推荐使用。

（4）不能和敌稗、马拉硫磷等药剂混用，施用氯氟吡啶酯 7d 内不能再施马拉硫磷。与其他药剂混用需测试。

（5）避免飘移到邻近敏感阔叶作物引起药害，如棉花、大豆、葡萄、烟草、蔬菜、桑树、花卉、观赏植物及其他非靶标阔叶植物。

复配剂及使用方法

（1）3％五氟·吡啶酯可分散油悬浮剂，主要用于水稻田（直播）、水稻田（移栽）防除一年生杂草，茎叶喷雾，推荐亩用量 120～150mL（直播）、100～150mL（移栽）；

（2）13％氰氟·吡啶酯乳油，主要用于水稻田（直播）防除一年生杂草，茎叶喷雾，推荐亩用量 60～80mL。

氯氟吡氧乙酸

（fluroxypyr）

$C_7H_5Cl_2FN_2O_3$，255.0，69377-81-7

化学名称　4-氨基-3,5-二氯-6-氟-2-吡啶氧乙酸。

其他名称 氟草定，氟草烟，氟氯比，氟氧吡啶，使它隆，盾隆，治莠灵，Starance，Advance，Dowco 433。

理化性质 纯品氯氟吡氧乙酸为白色晶体，熔点 232.5℃，360℃分解，相对密度 1.09，溶解度（20℃，mg/L）：水 6500，己烷 2，甲醇 35000，二甲苯 300，丙酮 9200。酸性及中性条件下稳定，碱性条件下易分解，土壤中易降解。

毒性 氯氟吡氧乙酸原药对大鼠急性经口毒性 $LD_{50}>2000mg/kg$，低毒，喂食毒性高；对绿头鸭急性毒性 $LD_{50}>2000mg/kg$，低毒；对蓝鳃鱼 LC_{50}（96h）为 14.3mg/L，中等毒性；对大型溞 EC_{50}（48h）$>100mg/kg$，低毒；对月牙藻的 EC_{50}（72h）为 49.8mg/L，低毒；对蜜蜂接触毒性低，喂食毒性中等；对蚯蚓中等毒性。对眼睛、皮肤、呼吸道无刺激性，具神经毒性，无染色体畸变和致癌风险。

作用机理 是一种吡啶氧乙酸类内吸传导型苗后除草剂。施药后被植物叶片与根迅速吸收，在体内很快传导，敏感作物出现典型的激素类除草剂反应，植株畸形、扭曲。在耐药性植物如小麦体内，药剂可结合成轭合物失去毒性，从而具有选择性。

剂型 200g/L、20%乳油。

防除对象 主要用于防除小麦、玉米、水稻移栽田、水田畦畔的阔叶杂草，如猪殃殃、繁缕、牛繁缕、泽漆、大巢菜、野老鹳、空心莲子草、野油菜、竹叶草、苘麻、飞蓬、铁苋菜、野油菜、鼬瓣花、田旋花、米瓦罐（麦瓶草）、卷茎蓼（荞麦蔓）、马齿苋、婆婆纳、荠菜、离心芥等，对禾本科杂草无效。

使用方法

（1）小麦田 3 叶期至拔节期，杂草 3～5 叶期施药，200g/L 乳油亩制剂用量 50～70mL，茎叶喷雾；

（2）玉米 3～5 叶期，阔叶杂草 2～5 叶期施药最佳，避开玉米心叶，200g/L 乳油亩制剂用量 50～70mL，茎叶喷雾；

（3）水稻田于移栽后 10～20d，杂草 2～5 叶期施药，200g/L 乳油亩制剂用量 65～75mL，茎叶喷雾；

（4）水田畦畔于杂草生长旺盛期施药，200g/L 乳油亩制剂用量 50～60mL，茎叶喷雾。

注意事项

（1）勿在甜玉米、爆裂玉米等特种玉米田以及制种玉米田使用。

（2）收获前 30d，不再用药；大风天或 1h 内降雨，不宜施药。

（3）施药作业时避免雾滴飘移到大豆、花生、甘薯和甘蓝等阔叶作物，以免产生药害；果园、葡萄园喷药时，避免将药液喷到树叶，压低喷头喷雾或加保护罩进行定向喷雾。

（4）温度对其除草的结果影响较小，但影响其药效发挥的速度。低温时药效发挥慢，植物中毒停止生长，但不立即死亡；气温升高后很快死亡。

复配剂及使用方法

（1）15％双氟·氯氟吡悬乳剂，主要用于冬小麦田防除一年生阔叶杂草，茎叶喷雾，推荐亩用量 40～60mL；

（2）20％氯吡·麦·烟嘧可分散油悬浮剂，主要用于春玉米田防除一年生杂草，茎叶喷雾，推荐亩用量 90～100mL；

（3）30％烟嘧·莠·氯吡可分散油悬浮剂，主要用于玉米田防除一年生杂草，茎叶喷雾，推荐亩用量 90～130mL；

（4）18％氯吡·炔草酯悬浮剂，主要用于冬小麦田防除一年生杂草，茎叶喷雾，推荐亩用量 40～50mL 等。

氯氟吡氧乙酸异辛酯
（fluroxypyr-meptyl）

$C_{15}H_{21}Cl_2FN_2O_3$，255.0，81406-37-3

化学名称　1-甲基庚基酯[（4-氨基-3,5-二氯-6-氟-2-吡啶）氧基]-乙酸 1-甲基庚基酯。

其他名称　稻粒能，是它弄，快破，阔净，绿荣，施地隆，世尊。

理化性质　纯品氯氟吡氧乙酸异辛酯为白色晶体，熔点 57.5℃，312℃分解，相对密度 1.322，溶解度（20℃，mg/L）：水 0.136，正庚烷 62300，甲醇 3770000，丙酮 3300000，乙酸乙酯 2500000。酸性及中性条件下稳定，碱性条件下易分解，土壤中易降解。

毒性　氯氟吡氧乙酸异辛酯原药对大鼠急性经口毒性 LD_{50}＞2000mg/kg，低毒；对山齿鹑急性毒性 LD_{50}＞2000mg/kg，低毒；对虹鳟 LC_{50}（96h）＞0.225mg/L，中等毒性；对大型溞 EC_{50}（48h）＞0.183mg/kg，中等毒性；对 *Scenedesmus subspicatus* 的 EC_{50}（72h）＞

0.5mg/L，中等毒性；对蜜蜂毒性低；对蚯蚓中等毒性。对眼睛、皮肤无刺激性，无神经毒性，无染色体畸变和致癌风险。

作用机理　是吡啶类内吸传导型苗后除草剂。施药后被植物叶片与根迅速吸收，其活性成分为氯氟吡氧乙酸，在体内很快传导，敏感作物出现典型的激素类除草剂反应，植株畸形、扭曲。在耐药性植物如小麦体内，药剂可结合成轭合物失去毒性，从而具有选择性。

剂型　95％、96％、97％、98％原药，200g/L、22％、288g/L、36％、360g/L乳油，30％、40％、50％可分散油悬浮剂，20％水乳剂，20％、30％悬浮剂，28.8％可湿性粉剂。

防除对象　主要用于防除小麦、玉米、高粱、水稻移栽田、狗牙根草坪、非耕地阔叶杂草如猪殃殃、繁缕、牛繁缕、泽漆、大巢菜、野老鹳、空心莲子草、野油菜、竹叶草、苘麻、飞蓬、铁苋菜、野油菜、鼬瓣花、田旋花、米瓦罐（麦瓶草）、卷茎蓼（荞麦蔓）、马齿苋、婆婆纳、荠菜、离心芥等，对禾本科杂草无效。

使用方法

(1) 春小麦田小麦返青至拔节期、冬小麦田3叶至拔节期，杂草3～5叶期施药，288g/L乳油亩制剂用量50～70mL，茎叶喷雾；

(2) 玉米3～5叶期，阔叶杂草2～5叶期施药最佳，避开玉米心叶，288g/L乳油亩制剂用量50～70mL，茎叶喷雾；

(3) 高粱4～5叶期，阔叶杂草2～4叶期施药，288g/L乳油亩制剂用量55～75mL，对准杂草顺垄定向茎叶喷雾，避开心叶；

(4) 非耕地于阔叶杂草生长旺盛期施药，288g/L乳油亩制剂用量50～65mL，茎叶喷雾；水稻田于移栽后，杂草2～5叶期施药，288g/L乳油亩制剂用量55～75mL，茎叶喷雾；

(5) 狗牙根草坪杂草3～5叶期施药，288g/L乳油亩制剂用量40～80mL，茎叶喷雾；

(6) 水田畦畔防除空心莲子草时，288g/L乳油亩制剂用量50～70mL，茎叶喷雾。

注意事项

(1) 在土壤中淋溶性差，大部分在0～10cm表土层中。

(2) 预测在1h内降雨，不宜施药。

(3) 施药作业时避免雾滴飘移到大豆、花生、甘薯和甘蓝等阔叶作物，以免产生药害；果园、葡萄园喷药时，避免将药液喷到树叶，压低喷头喷雾或加保护罩进行定向喷雾。

（4）后茬套种或轮作花生、棉花、瓜类的麦田应在冬前用药。药后90d内不可种阔叶作物。

（5）施药时保证气温在10℃以上。

复配剂及使用方法

（1）22%氯嘧·烟·氯吡可分散油悬浮剂，主要用于玉米田防除一年生杂草，茎叶喷雾，推荐亩用量80～90mL；

（2）28%五氟·氰·氯吡可分散油悬浮剂，主要用于水稻直播田防除一年生杂草，茎叶喷雾，推荐亩用量40～50mL；

（3）22%氯吡·硝·烟嘧可分散油悬浮剂，主要用于春玉米田防除一年生杂草，茎叶喷雾，推荐亩用量80～100mL；

（4）22%氟吡·双唑酮可分散油悬浮剂，主要用于冬小麦田防除一年生阔叶杂草，茎叶喷雾，推荐亩用量30～50mL；

（5）65% 2甲·草·氯吡可湿性粉剂，主要用于桉树林防除杂草，定向茎叶喷雾，推荐亩用量125～250g；

（6）48% 2甲·氯·双氟悬浮剂，主要用于冬小麦田防除一年生阔叶杂草，茎叶喷雾，推荐亩用量50～60mL等。

氯酯磺草胺

（cloransulam-methyl）

$C_{15}H_{13}ClFN_5O_5S$, 429.81, 147150-35-4

化学名称　3-氯-2-[（5-乙氧基-7-氟-[1,2,4]三唑并[5,1-c]嘧啶-2-基）磺酰氨基]苯甲酸甲酯。

理化性质　原药为灰白色，熔点217℃，水溶液呈弱酸性，溶解度（20℃，mg/L）：水184，丙酮4360，二氯甲烷6980，乙酸乙酯980，甲醇470。

毒性　原药对大鼠急性经口毒性LD_{50}＞5000mg/kg，低毒；对山齿鹑急性毒性LD_{50}＞5620mg/kg，低毒；对虹鳟LC_{50}（96h）＞86.0mg/L，中等毒性；对大型溞EC_{50}（48h）为163mg/kg，低毒；对月牙藻EC_{50}（72h）为0.042mg/L，中等毒性；对蜜蜂、蚯蚓中等毒性。对眼睛、

皮肤具刺激性，无神经毒性和呼吸道刺激性，无致癌风险。

剂型 97.5%、98%原药，40%、84%水分散粒剂。

作用机理 磺酰胺类内吸性除草剂，通过植物的叶片和根部吸收，积累在杂草的分生组织，抑制乙酰乳酸合成酶（ALS）活性，影响蛋白质的合成，使杂草停止生长而死亡。

防除对象 用于春大豆田防除阔叶杂草，对鸭跖草、红蓼、本氏蓼、苍耳、苘麻、豚草有较好的防治效果，对苦菜、苣荬菜、刺儿菜也有较强的抑制作用。

使用方法 于春大豆1~3片复叶期、鸭跖草3~5叶期施药，84%氯酯磺草胺水分散粒剂亩制剂用量2~2.5g，兑水15~30kg稀释均匀后进行茎叶喷雾。

注意事项

（1）施药时添加适量有机硅、甲基化植物油等助剂，可提高干旱条件下的除草效果。

（2）施药后大豆叶片可能出现暂时轻微褪色，很快恢复正常，不影响产量。

（3）仅限春大豆田使用，一年一茬，正常推荐剂量下第二年可以安全种植小麦、水稻、高粱、玉米（甜玉米除外）、杂豆、马铃薯。氯酯磺草胺对甜菜、向日葵敏感，后茬种植此类敏感作物需慎重，安全间隔期12个月。种植油菜、亚麻、甜菜、向日葵、烟草等作物，安全间隔期在24个月以上。其他作物需测试后再进行种植。

麦草畏

（dicamba）

$C_8H_6Cl_2O_3$, 221.0, 1918-00-9

化学名称 3,6-二氯-2-甲氧基苯甲酸。

其他名称 百草敌，Banvel，MDBA，Velsicol，Banfel，Mediben，Banex，dianat。

理化性质 纯品为白色颗粒，熔点115℃，230℃分解，相对密度1.484，强酸性，溶解度（20℃，mg/L）：水250000，丙酮500000，己烷 2800，甲醇 500000，乙酸乙酯 500000。土壤中不稳定，易分解。

毒性 原药对大鼠急性经口毒性 LD_{50} 为 1581mg/kg，中等毒性；对绿头鸭急性毒性 LD_{50} 为 1373mg/kg，中等毒性；对虹鳟 LC_{50}（96h）＞100mg/L，低毒；对大型溞 EC_{50}（48h）＞41mg/kg，中等毒性；对骨藻 EC_{50}（72h）为 1.8mg/L，中等毒性；对蜜蜂、蚯蚓低毒。对眼睛、皮肤具刺激性，无神经毒性和呼吸道刺激性，无染色体畸变和致癌风险。

作用机理 麦草畏属安息香酸系苯甲酸类除草剂，具有内吸传导作用，药剂可被杂草根、茎、叶吸收，通过木质部和韧皮部向上向下传导，集中在分生组织及代谢活动旺盛的部位，干扰和破坏阔叶杂草体内的原有激素平衡，阻止杂草正常生长，最终导致杂草死亡。

剂型 80％、90％、95％、96％、97.5％、98％原药，480g/L、48％水剂，70％水分散粒剂，70％可溶粒剂。

防除对象 猪殃殃、荞麦蔓、牛繁缕、大巢菜、播娘蒿、苍耳、薄蒴草、田旋花、刺儿菜、问荆、鳢肠等阔叶杂草。

使用方法

（1）小麦 3.5 叶期至分蘖盛期用药，480g/L 水剂亩制剂用量 20～27mL；

（2）玉米播后苗前或苗后早期用药，480g/L 水剂亩制剂用量 26～39mL；

（3）防治芦苇阔叶杂草于杂草苗期用药，480g/L 水剂亩制剂用量 29～75mL；

（4）非耕地于杂草生长旺盛期或生长初期使用，480g/L 水剂亩制剂用量 50～70mL 每亩兑水 30～40L，进行茎叶均匀喷雾。

注意事项

（1）小麦三叶期前和拔节后禁止使用，春小麦以主茎 5 叶为界，冬小麦以主茎 6 叶为界。不同小麦品种对麦草畏的敏感性也有差异，大面积应用前，应先在小范围内进行试验。小麦冬眠期间或气温低于 5℃时，不宜施用。

（2）玉米种子不得与本品接触，玉米株高达 90cm 或雄穗抽出前 15d 内，不能施用。甜玉米、爆裂玉米等敏感品种，不得施用，以免发生药害。

（3）正常使用后小麦、玉米苗在初期有匍匐、倾斜或弯曲现象，一周后方可恢复。

（4）大豆、棉花、烟草、蔬菜、向日葵和果树等阔叶作物对麦草畏敏感。大风时不要施药，以免飘移伤及邻近敏感作物。

复配剂及使用方法

（1）33%草铵膦·麦草畏可溶液剂，主要用于非耕地防除杂草，茎叶喷雾，推荐亩用量 130～160mL；

（2）20%氯吡·麦·烟嘧可分散油悬浮剂，主要用于春玉米田防除一年生杂草，茎叶喷雾，推荐亩用量 90～100mL；

（3）33%麦畏·草甘膦水剂，主要用于非耕地防除杂草，茎叶喷雾，推荐亩用量 180～240mL；

（4）41%滴胺·麦草畏水剂，主要用于冬小麦田防除一年生阔叶杂草，茎叶喷雾，推荐亩用量 70～80mL；

（5）30% 2 甲·麦草畏水剂，主要用于小麦田防除一年生阔叶杂草，茎叶喷雾，推荐亩用量 100～150mL；

（6）62%麦·草·三氯吡可湿性粉剂，主要用于非耕地防除杂草，茎叶喷雾，推荐亩用量 90～120g 等。

咪唑喹啉酸
（imazaquin）

$C_{17}H_{17}N_3O_3$, 311.3, 81335-37-7

化学名称　(RS)-2-(4-异丙基-4-甲基-5-氧-2-咪唑啉-2-基)喹啉-3-羧酸。

其他名称　灭草喹，Scepter，Image，AC 252214，Cl 252214。

理化性质　纯品咪唑喹啉酸为灰色晶状固体，熔点 224℃，250℃分解，相对密度 0.41，溶解度（20℃，mg/L）：水 102000，甲苯 240，二氯甲烷 14500，丙酮 3690，乙酸乙酯 1490。

毒性　咪唑喹啉酸原药对大鼠急性经口毒性 $LD_{50} > 5000mg/kg$，低毒；对绿头鸭急性毒性 $LD_{50} > 2150mg/kg$，低毒；对虹鳟 LC_{50}（96h）$> 100mg/L$，低毒；对大型溞 EC_{50}（48h）$> 100mg/kg$，低毒；对月牙藻 EC_{50}（72h）为 21.5mg/L，低毒；对蜜蜂接触毒性低，经口毒性中等，对蚯蚓中等毒性。无眼睛、皮肤、呼吸道刺激性，无神经毒性，无染色体畸变和致癌风险。

作用机理 咪唑喹啉酸为咪唑啉酮类高效、选择性除草剂，抑制侧链氨基酸合成。

剂型 95%、97%原药，5%水剂。

防除对象 用于春大豆田防除蓼、藜、反枝苋、鬼针草、苍耳、苘麻等阔叶杂草，对臂形草、马唐、野黍、狗尾草属等禾本科杂草也有一定防治效果。

使用方法 春大豆田播后芽前进行土壤喷雾，亩用 5%水剂 150～200mL 兑水 30kg 喷雾。

注意事项

（1）施药喷洒要均匀周到，不宜飞机喷洒，地面喷药应注意风向、风速，以免飘移造成敏感作物危害。

（2）不宜在雨天前后使用，低洼田块、酸性土壤慎用。不能在杂草四叶期后施用。

（3）白菜、油菜、黄瓜、马铃薯、茄子、辣椒、番茄、甜菜、西瓜、高粱、水稻等对本品敏感，不能在施用本品三年内种植。

复配剂及使用方法 7.5%唑喹·咪乙烟水剂，主要用于春大豆田防除一年生杂草，大豆真叶 1～2 出复叶期、杂草 1～4 叶期茎叶喷雾，推荐亩用量 100～120mL。

咪唑烟酸

（imazapyr）

$C_{13}H_{15}N_3O_3$, 261.3, 81334-34-1

化学名称 2-(4-异丙基-4-甲基-5-氧代-2-咪唑啉-2-基)吡啶-3-羧酸。

其他名称 灭草烟，依灭草。

理化性质 纯品为灰白色晶体，熔点 171℃，相对密度 1.34，溶解度（20℃，mg/L）：水 9740，丙酮 33900，正己烷 9.5，甲醇 105000，甲苯 1800。

毒性　原药对大鼠急性经口毒性 $LD_{50} > 2000mg/kg$，低毒；对绿头鸭急性毒性 LD_{50} 为 $2150mg/kg$，低毒；对虹鳟 LC_{50}（96h）为 $100mg/L$，中等毒性；对大型溞 EC_{50}（48h）为 $100mg/L$，中等毒性；对月牙藻 EC_{50}（72h）为 $71mg/L$，低毒；对蜜蜂接触毒性 $LD_{50} > 100\mu g/$蜂，低毒，对蜜蜂口服毒性 LD_{50} 为 $25\mu 5/$蜂，中等毒性；对蚯蚓中等毒性。对眼睛、皮肤、呼吸道具刺激性，无神经毒性、生殖影响和致癌作用。

剂型　95%、97%、98%原药，25%水剂。

作用机理　咪唑烟酸为咪唑啉酮类除草剂，主要抑制乙酰乳酸合成酶（ALS）活性，进而抑制支链氨基酸的合成，具内吸性，可被植物根、叶片吸收并传导至分生组织内积累，导致植物死亡。一般草本植物2～4周内失绿，逐渐死亡，1个月内树木幼龄叶片开始变红或变褐色。

防除对象　属灭生性除草剂，能防除一年生和多年生的禾本科杂草、阔叶杂草、莎草科杂草以及木本植物，持效期3～4个月。

使用方法　可用于苗期处理防除正在萌发的杂草，也可用于苗后茎叶处理，以25%水剂为例，亩制剂用量200～400mL兑水50～60kg，二次混匀后进行土壤和茎叶喷雾。

注意事项

（1）吸收快，叶片喷雾2h后降雨不影响药效。

（2）见效较慢，一般施药后15～20d见效。

（3）持效期较长，注意后期作物种植影响，同时应避免飘移至非目标地块。

（4）对䅟草、鸭跖草、节节菜等效果较差，控制时间较短。

（5）可降低剂量用于控制林间杂草。

咪唑乙烟酸
（imazethapyr）

$C_{15}H_{19}N_3O_3$, 289.3, 81335-77-5

化学名称 (RS)5-乙基-2-(4-异丙基-4-甲基-5-氧-2-咪唑啉-2-基)烟酸。

其他名称 咪草烟,普杀特,豆草唑,普施特,醚草烟,Pivot,Pursuit。

理化性质 纯品咪唑乙烟酸为无色晶体,熔点 171℃,180℃分解,相对密度 1.11,溶解度(20℃,mg/L):水 1400,丙酮 48200,甲醇 105000,甲苯 5000,庚烷 900。

毒性 咪唑乙烟酸原药对大鼠急性经口毒性 $LD_{50} > 5000mg/kg$,低毒;对绿头鸭急性毒性 $LD_{50} > 2150mg/kg$,低毒;对山齿鹑经口 $LD_{50} > 5000mg/kg$,低毒;对虹鳟 LC_{50}(96h)$> 340mg/L$,低毒;对大型溞 EC_{50}(48h)$> 1000mg/kg$,低毒;对月牙藻 EC_{50}(72h)为 71mg/L,低毒;对蜜蜂接触毒性低,经口毒性中等;对蚯蚓低毒。对眼睛、皮肤、呼吸道具刺激性,无神经毒性和生殖影响,无染色体畸变和致癌风险。

作用方式 咪唑啉酮类除草剂,是侧链氨基酸合成抑制剂,通过根、叶吸收,并在木质部和韧皮内传导,积累于植物分生组织内,阻止乙酰羟酸合成酶活性,影响缬氨酸、亮氨酸、异亮氨酸的生物合成,使植物生长受到抑制而死亡。

剂型 95%、96%、97%、98%原药,70%水分散粒剂,70%、70%可溶粉剂,50g/L、5%、100g/L、10%、15%、16%、20%水剂,5%微乳剂。

防除对象 用于东北地区春大豆田中防除禾本科杂草和某些阔叶杂草,如苋菜、千金子、蓼、藜、龙葵、苍耳、稗草、狗尾草、马唐、黍、野西瓜苗、碎米莎草、异型莎草等。

使用方法 播后苗前土壤处理或苗后早期(大豆真叶出复叶期,杂草 2~4 叶期)喷雾处理。5%水剂亩制剂用量 100~135g,兑水 20~30kg,稀释均匀后喷雾。

注意事项

(1)甜菜、白菜、油菜、西瓜、黄瓜、马铃薯、茄子、辣椒、番茄、高粱等作物对其敏感,施用后三年不得种植。按推荐剂量使用,后茬种植春小麦、大豆或者玉米安全。

(2)施药初期对大豆生长有明显抑制作用,能很快恢复。

(3)避免飞机高空施药,避免飘移产生药害。

(4)低洼田块、酸性土壤慎用,干旱时应加大用水量。

（5）土壤有机质含量高，土质黏重、土壤干旱，宜采用较高药量；土壤有机质含量低，沙质土壤、土壤墒情好宜采用较低药量。

复配剂及使用方法

（1）20%喹·唑·氟磺胺乳油，主要用于春大豆田防除一年生杂草，茎叶喷雾，推荐亩用量100～120mL；

（2）38%松·烟·氟磺胺微乳剂，主要用于春大豆田防除一年生杂草，茎叶喷雾，推荐亩用量90～110mL；

（3）7.5%唑喹·咪乙烟水剂，主要用于春大豆田防除一年生杂草，茎叶喷雾，推荐亩用量100～120mL；

（4）40%咪乙·异噁松乳油，主要用于春大豆田防除一年生杂草，土壤或茎叶喷雾，推荐亩用量90～140mL；

（5）34.5%咪乙·甲戊灵乳油，主要用于春大豆田防除一年生杂草，土壤喷雾，推荐亩用量160～200mL。

醚磺隆

（cinosulfuron）

$C_{15}H_{19}N_5O_7S$, 413.4, 94593-91-6

化学名称 1-(4,6-二甲氧基-1,3,5-三嗪-2-基)-3-[2-(2甲氧基乙氧基)苯基磺酰]脲。

其他名称 醚黄隆，耕夫，莎多伏，Setoff，CgA 142464。

理化性质 纯品醚黄隆为无色结晶状粉末，熔点131℃，相对密度1.47，土壤及酸性条件下不稳定，碱性条件下稳定，溶解度（20℃，mg/L）：水4000，丙酮36000，乙醇1900，甲苯540，正辛醇260。

毒性 原药对大鼠急性经口毒性$LD_{50} > 5000mg/kg$，低毒；对日本鹌鹑急性毒性LD_{50}为2000mg/kg，中等毒性；对虹鳟LC_{50}（96h）为100mg/L，中等毒性；对大型溞EC_{50}（48h）为2500mg/kg，低毒；对 *Scenedesmus subspicatus* 的EC_{50}（72h）为4.8mg/L，中等毒性；对蜜蜂、蚯蚓中等毒性，对眼睛、皮肤无刺激性。

剂型 92%原药，10%可湿性粉剂。

作用机理 醚磺隆属磺酰脲类除草剂，主要通过根部和茎部吸收，由输导组织传送到分生组织，抑制支链氨基酸（如缬氨酸、异亮氨酸）的生物合成。施药后杂草停止生长，5～10d后植株开始黄化，逐渐枯萎死亡。

防除对象 用于水稻移栽田防除一年生阔叶杂草及莎草科杂草，对水苋菜、异型莎草、圆齿尖头草、沟酸浆属杂草、慈姑属杂草、粗大蔍草、萤蔺、仰卧蔗草、尖瓣花、绯红水苋菜、求生田繁缕、花蔺、异型莎草、鳢肠、三蕊沟繁缕、牛毛毡、水虱草、丁香蓼、鸭舌草、眼子菜和浮叶眼子菜防治效果较好，其次为田皂草、野生田皂角、空心莲子草、反枝苋、鸭跖草、碎米莎草、水虱草、针蔺、节节草、瓜皮草和三叶慈姑。

使用方法 水稻移栽后4～10d用药，10％醚磺隆可湿性粉剂亩制剂用量12～20g，毒土法施药，1：10用水稀释，每亩拌细湿土30kg，施药前后田间保持2～4cm的浅水层，药后保水5～7d。

注意事项

（1）重沙性土、漏水田慎用，以免发生药害；

（2）每季水稻最多使用1次。

复配剂及使用方法

（1）25％醚磺·乙草胺可湿性粉剂，主要用于水稻移栽田防除一年生及部分多年生杂草，药土法，推荐亩用量20～30g；

（2）21％醚磺·丙草胺可湿性粉剂，主要用于水稻移栽田防除一年生杂草，药土法，推荐亩用量120～150g。

嘧苯胺磺隆

（orthosulfamuron）

$C_{16}H_{20}N_6O_6S$，424.44，213464-77-8

化学名称 1-(4,6-二甲氧基嘧啶-2-基)-3-[2-(二甲基氨基甲酰基)苯氨基磺酰基]脲。

其他名称 意莎得。

理化性质 纯品为无味白色粉末，熔点157℃，185℃分解，相对密度1.48，20℃溶解度（g/L）：水629，丙酮19500，乙酸乙酯3300，甲醇8300，二氯甲烷56000。

毒性 原药对大鼠急性经口毒性LD_{50}＞5000mg/kg，低毒；对山齿鹑急性毒性LD_{50}＞2000mg/kg，低毒；对斑马鱼LC_{50}（96h）＞100mg/L，低毒；大型溞EC_{50}（48h）＞100mg/kg，低毒；对鱼腥藻EC_{50}（72h）为13mg/L，低毒；对蜜蜂、蚯蚓低毒。对眼睛、皮肤无刺激性，具神经毒性和生殖影响，无染色体畸变风险。

剂型 98%原药，50%水分散粒剂。

作用机理 胺磺酰脲类除草剂，与磺酰脲类除草剂有一定区别，抑制乙酰乳酸合成酶（ALS）活性，影响缬氨酸、亮氨酸和异亮氨酸的合成，阻止细胞分裂和植物生长，可通过茎、叶和根部吸收，抑制植物细胞分裂，导致植物死亡。

防除对象 主要用于移栽水稻田防除一年生和多年生阔叶杂草、莎草及低龄稗草。

使用方法 水稻移栽后5～7d使用，50%水分散粒剂亩制剂用量8～10g，茎叶喷雾或毒土法施药均可。

注意事项

（1）对低龄杂草防治效果较好。

（2）使用时水稻可能会存在一定程度抑制和失绿，在两周后可恢复，通过追肥提高秧苗素质可恢复正常生长。

───── **嘧草醚** ─────

（pyriminobac-methyl）

$C_{17}H_{19}N_3O_6$, 361.4, 136191-64-5

化学名称 2-(4,6-二甲氧基-2-嘧啶氧基)-6-(1-甲氧基亚胺乙基)苯甲酸甲酯。

其他名称 必利必能，Prosper。

理化性质 纯品嘧草醚为白色粉状固体，为顺式和反式混合物，熔点 105℃（纯顺式 70℃，纯反式 107～109℃），甲醇溶解度（20℃）为 14.0～14.6g/L，难溶于水；工业品原药纯度＞93％，其中顺式 75％～78％，反式 11％～21％。

毒性 嘧草醚原药急性 LD_{50}（mg/kg）：大鼠经口＞5000，兔经皮＞5000。对兔皮肤和眼睛有轻微刺激性。对动物无致畸、致突变、致癌作用。

作用机理 可通过杂草的茎叶和根吸收并迅速传导至全株，抑制乙酰乳酸合成酶（ALS）和氨基酸的生物合成，从而抑制和阻碍杂草体内的细胞分裂，使杂草停止生长，最终使杂草白化而枯死。

剂型 97％原药，25％、10％可湿性粉剂，6％可分散油悬浮剂，2％大粒剂。

防除对象 3 叶期以前的稗草。

使用方法

（1）水稻移栽田 稗草 3 叶期前，每亩用 10％嘧草醚可湿性粉剂 20～30g，药土、毒肥或茎叶喷施。

（2）水稻直播田 水稻 3～5 叶期，稗草 3 叶期前施药，每亩用 10％嘧草醚可湿性粉剂 20～30g，药土法。

注意事项

（1）嘧草醚只是除稗剂，尤其对 1～3 叶期的稻稗效果最好。施药时，为了防除其他杂草，应与相应的除草剂混用。

（2）施药后杂草死亡速度比较慢，一般为 7～10d，嘧草醚对未发芽的杂草种子和芽期杂草无效。

（3）对水稻很安全，可适用于移栽田、抛秧田、直播田以及水育秧田。

（4）可在播后无水层时使用，但在施药后需要 3～5cm 水层并保水 5d 以上。

（5）对水稻芽期很安全无药害，在播种后 0～3d 也可施用，但是稗草在 1 叶期以后才能够吸收嘧草醚有效成分，因此稗草都是在 1 叶期以后才出现中毒现象，之后稗草白化枯死。

复配剂及使用方法

（1）20％苄嘧·嘧草醚可湿性粉剂，防除水稻移栽田一年生杂草，药土法，推荐亩剂量为 10～12g。

（2）25％吡嘧·嘧草醚可分散油悬浮剂，防除水稻直播田一年生杂草，药土法，推荐亩剂量为 15～20mL。

嘧啶肟草醚

（pyribenzoxim）

$C_{32}H_{27}N_5O_8$, 609.59, 168088-61-7

化学名称 O-[2,6-双(4,6-二甲氧-2-嘧啶基)苯甲酰基]二苯酮肟。

其他名称 韩乐天，Pyanchor。

理化性质 纯品嘧啶肟草醚为白色固体，熔点 128～130℃，溶解度（25℃，mg/L）：水 3.5。

毒性 嘧啶肟草醚药急性 LD_{50}（mg/kg）：大鼠经口＞5000（雌），经皮小鼠＞2000；对兔皮肤和眼睛无刺激性；对动物无致畸、致突变、致癌作用。

作用机理 属于原卟啉原氧化酶（PPO）抑制剂，可以被植物的茎叶吸收，在体内传导，抑制敏感植物支链氨基酸的生物合成（主要是抑制乙酰乳酸合成酶即 ALS）。喷药后 24h 抑制植物生长，3～5d 出现黄化，7～14d 枯死。

剂型 5％乳油，10％水乳剂，10％可分散油悬浮剂，5％微乳剂，95％、98％原药。

防除对象 可以用于水稻移栽田、直播田和抛秧稻田，防除禾本科、莎草科及一些阔叶杂草。防除效果较好的杂草种类：稗草、稻稗、稻李氏禾、扁秆藨草、日本藨草、异型莎草、野慈姑、泽泻、陌上菜、节节菜。防除效果一般的杂草种类：匍茎剪股颖、雨久花、鸭舌草、萤蔺。无防除效果的杂草种类：马唐、千金子，防除这两种杂草可与氰氟草酯复配使用。

使用方法 施药前一天排水，使杂草茎叶充分露出水面，每亩兑水 15kg，将药液均匀喷到杂草茎叶上，喷药后 1～2d 灌水正常管理（灌水可以抑制杂草的萌发，可以减少后期杂草的数量）。水直播以杂草叶龄为基准，但要考虑水稻是否没于水内。

注意事项

（1）嘧啶肟草醚（韩乐天）用药后 6h 之内降雨会影响药效，应及时补喷。

（2）温度低于 15℃ 持续 3～4d，药效不好；15～30℃，效果正常，温度升高，效果增强；超过 30℃，不会出现药害，但水稻黄化现象会出现得早。

（3）不要倍量使用此药效（即不应减少兑水量），不要重喷，水稻没于水中使用此药剂，易产生药害。

（4）嘧啶肟草醚（韩乐天）落水失效，所以使用前应排水，使杂草充分露出水面。

（5）水稻出现黄化现象后，应立即灌水，保持水稻正常生长。

（6）不能与敌稗、灭草松等触杀型药剂混用。

复配剂及使用方法

（1）15% 嘧肟·氰氟草乳油，防除水稻直播田一年生杂草，茎叶喷雾，推荐亩剂量为 60～80mL。

（2）31% 嘧肟·丙草胺乳油，防除水稻移栽田一年生杂草，茎叶喷雾，推荐亩剂量为 85～100mL（东北地区），其他地区为 65～80mL。

灭草松

（bentazone）

C$_{10}$H$_{12}$N$_2$O$_3$S, 240.3, 22057-89-0

化学名称　3-异丙基-(1H)-苯并-2,1,3-噻二嗪-4-酮-2,2-二氧化物。

其他名称　苯达松，百草克，排草丹，噻草平，苯并硫二嗪酮，Basagran，Bendioxide，bentazon，BASF 3510H，BAS 351 H。

理化性质　纯品为白色或黄色晶体，熔点 139℃，210℃ 分解，相对密度 1.41，溶解度（20℃，mg/L）：水 7112，正己烷 18，甲苯 21000，乙酸乙酯 388000，甲醇 556000。在酸和碱介质中均不易水解，但在紫外线照射下分解。

毒性　灭草松对大鼠急性经口毒性 LD$_{50}$ 为 1400mg/kg，中等毒性，短期喂食毒性高；对山齿鹑急性毒性 LD$_{50}$ 为 1140mg/kg，中等毒性；对虹鳟 LC_{50}（96h）＞100mg/L，低毒；对大型溞 EC_{50}（48h）＞100mg/kg，低毒；对鱼腥藻 EC_{50}（72h）为10.1mg/L，低毒；对蜜蜂、蚯蚓低毒。对眼睛具刺激性，无神经毒性、皮肤和呼吸道刺激性，具皮肤致敏性，无生殖影响，无染色体畸变和致癌风险。

作用机理　灭草松是触杀型选择性的苗后除草剂，用于苗期茎叶处理，通过叶片接触而起作用。旱田作用，先通过叶面渗透传导到叶绿体内抑制光合作用。水田使用，既能通过叶面渗透又能通过根部吸收，传导到茎叶，强烈阻碍杂草光合作用和水分代谢，造成营养饥饿，使生理机能失调而致死。有效成分在耐性作物体内代谢为活性弱的糖轭合物而解毒，对作物安全。施药后8～16周灭草松在土壤中可被微生物分解。

剂型　95％、96％、97％、98％原药，51％母液，25％、40％、480g/L、48％、560g/L水剂，25％悬浮剂，80％可溶粉剂，480g/L可溶液剂。

防除对象　登记用于草原牧场、茶园、大豆、甘薯、水稻、小麦、马铃薯田防除阔叶杂草，可防除马齿苋、鳢肠、打碗花、米莎草、藜、蓼、龙葵、苋属杂草、苍耳属杂草、鸭跖草属杂草、苘麻、荠菜、曼陀罗、野西瓜苗、硬毛刺苞菊、野芝麻属杂草、繁缕、宾洲蓼、细万寿菊、全叶家艾、田蓟、猪殃殃、芸薹属、乾花属、母菊属、野生萝卜、刺黄花穗、大麻、铁荸荠、向日葵、酸浆属杂草、野芥等旱田杂草，也可防除泽泻、鸭舌草、节节菜、慈姑、尖瓣花、莲子草、矮慈姑、慈姑属杂草、萤蔺、球花莎草、异型莎草、水虱草、日照飘拂草、油莎草、碎米莎草、荸荠属杂草等水田杂草。

使用方法

（1）花生、大豆田、茶园在杂草3～4叶期进行茎叶喷雾处理，480g/L水剂亩制剂用量104～208mL（大豆）、150～200mL（花生、茶园）；

（2）马铃薯田在5～10cm高、杂草2～5叶期，其中藜2叶期前，进行茎叶喷雾处理，480g/L水剂亩制剂用量150～200mL；

（3）插秧田在插秧后20～30d，直播田在播后30～40d，水稻分蘖末期，杂草3～5叶期施药，480g/L水剂亩制剂用量133～200mL；

（4）草原牧场在5～6月份，杂草3～5叶期施药，480g/L水剂亩制剂用量200～250mL；

（5）甘薯移栽后15～30d，杂草3～4叶期施药，480g/L水剂亩制剂用量133～200mL；

（6）小麦田在小麦 2～3 叶期、杂草 2 叶期施药，480g/L 水剂亩制剂用量 100mL 兑水 20～30L，稀释均匀后茎叶喷雾。

注意事项

（1）旱田使用灭草松应在阔叶杂草出齐幼小时施药，喷洒均匀，使杂草茎叶充分接触药剂。稻田防除三棱草、阔叶杂草，一定要在杂草出齐、排水后喷雾，均匀喷在杂草茎叶上，两天后灌水，效果显著，否则影响药效。

（2）灭草松在高温晴天活性高除草效果好，反之阴天和气温低时效果差。用药的最佳温度为 15～27℃，最佳湿度大于 65%。施药后 8h 内应无雨。在极度干旱和水涝的田间不宜使用灭草松，以防发生药害。

（3）灭草松对棉花、蔬菜等阔叶作物较为敏感，施药时注意避开。

（4）茶园使用本品时注意不要把药液喷到茶叶上。

复配剂及使用方法

（1）28%氰氟·肟·灭松可分散油悬浮剂，主要用于水稻田（直播）防除一年生杂草，茎叶喷雾，推荐亩用量 80～120mL；

（2）460g/L 2 甲·灭草松可溶液剂，主要用于水稻田（直播）防除一年生阔叶杂草及莎草科杂草，茎叶喷雾，推荐亩用量 135～165mL；

（3）440g/L 氟醚·灭草松水剂，主要用于春大豆田防除一年生阔叶杂草，茎叶喷雾，推荐亩用量 120～150mL；

（4）20%噁唑·灭草松微乳剂，主要用于水稻田（直播）防除一年生杂草，茎叶喷雾，推荐亩用量 200～250mL；

（5）38%灭·喹·氟磺胺微乳剂，主要用于夏大豆田防除一年生杂草，茎叶喷雾，推荐亩用量 70～110mL 等。

哌草丹

（dimepiperate）

$C_{15}H_{21}NOS, 263.2, 61432-55-1$

化学名称　S-(α,α-二甲基苄基)哌啶-1-硫代甲酸酯，S-1-甲基-1-苯基乙基哌啶-1-硫代甲酸酯。

其他名称　优克稗，哌啶酯，Yukamate，MY-93，MUW-1193。

理化性质　纯品为蜡状固体，熔点 38.8～39.3℃，沸点 164～168℃/100Pa，蒸气压 0.53mPa（30℃）。水中溶解度 20mg/kg（25℃），其他溶剂中溶解度（kg/L，25℃）：丙酮 6.2、氯仿 5.8、环己酮 4.9、乙醇 4.1、己烷 2.0。稳定性：30℃下稳定 1 年以上，当干燥时日光下稳定，其水溶液在 pH=1 和 pH=14 稳定。

毒性　大鼠急性经口 LD_{50}（mg/kg）：雄 946，雌 959。小鼠急性经口 LD_{50}（mg/kg）：雄 4677，雌 4519。大鼠急性经皮 LD_{50}＞5000mg/kg。对兔皮肤和眼睛无刺激作用，对豚鼠无皮肤过敏性，大鼠和兔未测出致畸活性，大鼠两代繁殖试验未见异常。大鼠吸入 LC_{50}（4h）＞1.66mg/L。大鼠饲喂两年无作用剂量 0.104mg/L，允许摄入剂量 0.001mg/kg。雄日本鹌鹑急性经皮 LD_{50}＞2000mg/kg，母鸡急性经皮 LD_{50}＞5000mg/kg。鱼毒 LC_{50}（48h）：鲤鱼 5.8mg/L，虹鳟鱼 5.7mg/L。

作用机理　哌草丹为内吸传导型稻田选择性除草剂。对防治二叶期以前的稗草效果突出，对水稻安全性高。药剂由根部和茎叶吸收后传导至整个植株。哌草丹是植物内源生长素的拮抗剂，可打破内源生长素的平衡，进而使细胞内蛋白质合成受到阻碍，破坏生长点细胞的分裂，致使生长发育停止，茎叶由浓绿变黄变褐、枯死需 1～2 周。哌草丹在稗草和水稻体内的吸收与传递速度有差异，能在稻株内与葡萄糖结成无毒的糖苷化合物，都是形成选择性的生理基础。此外，哌草丹在稻田大部分分布在土壤表层 1cm 之内，这对移植水稻来说，也是安全性高的因素之一。

土壤温度、还原条件对药效影响作用小。由于哌草丹蒸气压低、挥发性小，因此不会对周围的蔬菜等作物造成飘移危害。此外，对水层要求不甚严格，土壤饱和状态的水分就可得到较好的除草效果。

剂型　17.2%苄嘧·哌草丹可湿性粉剂。

防除对象　防除稗草及牛毛草，对水田其他杂草无效。

使用方法　在水稻秧田、南方直播田中，该药目前在登记使用的只有 17.2%苄嘧·哌草丹（苄嘧磺隆 0.6%，哌草丹 16.6%）可湿性粉剂。直播田，水稻播种后，稗草 2 叶期前，每亩使用 17.2%苄嘧·哌草丹可湿性粉剂 200～300g，兑水 300L 进行喷雾处理。水育秧田，播后 1～4d，每亩使用 17.2%苄嘧·哌草丹可湿性粉剂 200～300g，拌细土撒施。

注意事项

（1）本剂适用于以稗草为主的秧（稻）田。当稻田草相复杂时，应与其他除草剂混合使用，如2甲4氯、灭草松（苯达松）、苄嘧磺隆（农得时）等。哌草丹目前只有与苄嘧磺隆的复配剂在登记使用。

（2）哌草丹对2叶期以前的稗草防效好，应注意不要错过施药适期。

（3）低温贮存有结晶析出时，用前应注意充分搅动，使晶体完全溶解后再施药。

（4）在日本水稻上的残留试验结果表明，稻米上残留量低于最低检出量0.005mg/kg，土壤中的半衰期在7d以内。

（5）万一中毒或误服时，应立即让病人饮大量水，等呕吐出毒物后保持病人安静并送医院。如不慎将药液溅在皮肤上或眼睛内，应用肥皂和水彻底洗净。

复配剂及使用方法　17.2%苄嘧·哌草丹（苄嘧磺隆0.6%，哌草丹16.6%）可湿性粉剂，防除水稻秧田和南方直播田一年生、双子叶杂草，推荐亩剂量为200～300g，播后1～4d喷雾处理。

扑草净
（prometryn）

$C_{10}H_{19}N_5S$, 241.4, 7287-19-6

化学名称　4,6-双(异丙氨基)-2-甲硫基-1,3,5-三嗪。

其他名称　扑蔓尽，割杀佳，捕草净，割草佳，gesagard，Merkazin，Caparol，Selektin。

理化性质　纯品为白色晶体，熔点119℃，沸点300℃，相对密度1.15，溶解度（20℃，mg/L）：水33，丙酮240000，己烷5500，甲醇160000，甲苯17000。在正常环境条件下稳定，在酸性和碱性介质中水解。

毒性　原药对大鼠急性经口毒性$LD_{50}>2000mg/kg$，低毒；对绿头鸭急性毒性$LD_{50}>2150mg/kg$，低毒；对绿头鸭短期喂食毒性$LD_{50}>500mg/kg$；对虹鳟LC_{50}（96h）为5.5mg/L，中等毒性；对大型溞EC_{50}（48h）为12.66mg/kg，中等毒性；对栅藻EC_{50}（72h）为

0.002mg/L，高毒；对蜜蜂、蚯蚓中等毒性。无皮肤刺激性、皮肤致敏性和生殖影响，干扰内分泌，无染色体畸变和致癌风险。

作用机理　三氮苯类选择性内吸传导型除草剂，主要通过根部吸收，也可以经茎、叶渗入植物体内。吸收的扑草净通过蒸腾流进行传导，抑制光合作用中的希尔反应，使植物失绿，干枯死亡。本品施药后可被土壤黏粒吸附，在0～5cm表土中形成药层，持效期20～70d。

剂型　80%、90%、95%、96%原药，25%、40%、50%、66%可湿性粉剂，50%悬浮剂，25%泡腾颗粒剂。

防除对象　可用于茶园、果园、大豆田、甘蔗田、谷子田、花生田、麦田、棉花田、苗圃、水稻本田、水稻秧田、苎麻田、大蒜田防除马唐、狗尾草、蟋蟀草、稗草、看麦娘、马齿苋、鸭舌草、藜、牛毛毡、眼子菜、四叶萍、野慈姑、莎草科等杂草，对猪殃殃、伞形花科和一些豆科杂草防效较差。

使用方法

（1）茶园、果园、苗圃于杂草芽期或中耕后使用，以50%可湿性粉剂为例，亩制剂用量250～400g兑水40～60kg，稀释均匀后喷雾，喷于地表，切勿喷至树上。

（2）花生、大豆、棉花、谷子、甘蔗于播后苗前土壤喷雾，以50%可湿性粉剂为例，亩制剂用量100～150g。

（3）麦田于小麦2～3叶期，杂草刚萌芽或1～2叶期，以50%可湿性粉剂为例，亩制剂用量60～100g，兑水30～60kg稀释均匀后茎叶喷雾。

（4）水稻田于移栽后5～7d，秧苗返青及眼子菜（牙齿菜）叶色由红转绿时，拌细土20～30kg撒施，以50%可湿性粉剂为例，亩制剂用量20～120g，施药前堵住进出口，水层保持3～5cm，保持药水层5～7d。

（5）大蒜田种后苗前使用，以50%可湿性粉剂为例，亩制剂用量80～120g兑水40kg稀释均匀后进行土壤喷雾。

注意事项

（1）该药活性高，用量少，施药时应量准土地面积，用药量要准确，以免发生药害。

（2）有机质含量低的沙质土不宜使用。

（3）避免高温时施药，气温超过30℃时容易产生药害。地膜覆盖田，在28℃以上时应及时放苗。小拱棚禁用。

（4）施药时适当的土壤水分有利于发挥药效，保持土壤湿润、施药后浅混土2～3cm、镇压，有利于提高药效。

（5）用于水田时一定要在秧苗返青后才可施药。水稻生长期禁用。

复配剂及使用方法

（1）35％甲戊·扑草净乳油，主要用于棉花田防除一年生杂草，土壤喷雾，推荐亩用量200～250mL；

（2）69％扑·乙乳油，主要用于花生田防除一年生杂草，土壤喷雾，推荐亩用量100～150mL；

（3）63％异丙甲·扑净悬乳剂，主要用于花生田防除一年生杂草，土壤喷雾，推荐亩用量150～250mL；

（4）45％苄·西·扑草净可湿性粉剂，主要用于水稻移栽田防除一年生杂草，药土法，推荐亩用量30～50g；

（5）50％吡·西·扑草净可湿性粉剂，主要用于水稻移栽田防除一年生杂草，药土法，推荐亩用量30～45g；

（6）10％异·异丙·扑净颗粒剂，主要用于莲藕田防除一年生杂草，撒施，推荐亩用量300～400g等。

嗪吡嘧磺隆

（metazosulfuron）

$C_{15}H_{18}ClN_7O_7S$, 475.9, 868680-84-6

化学名称 1-{3-氯-1-甲基-4-[(5RS)-5,6-二氢-5-甲基-1,4,2-二噁嗪-3基]吡唑-5-基磺酰基}-3-(4,6-二甲氧基吡啶-2-基)脲。

其他名称 安达星。

理化性质 纯品为白色无气味固体，熔点175.5～177.6℃，密度1.49g/cm³，蒸气压为7.0×10⁻⁸Pa，溶解度（20℃，mg/L）：水33.3。

毒性 嗪吡嘧磺隆对哺乳动物的毒性极低，对鱼、鸟及天敌昆虫安全，大鼠经口急性LD_{50}＞2000mg/kg，急性经皮LC_{50}＞5.05mg/L；

对兔皮肤无刺激性，对兔眼睛有轻微刺激性；Ames 试验阴性，微核试验阴性；对鲤鱼急性毒性 $LC_{50} > 95.1mg/L$，对大型溞 $EC_{50} > 101mg/L$；对西方蜜蜂 $LD_{50} > 100\mu g/$只（经口、接触），对北美鹌 $LD_{50} > 2000mg/kg$（经口），对赤子爱胜蚓 $LC_{50} > 1000mg/kg$。

作用机理　嗪吡嘧磺隆为磺酰脲类除草剂，是一种乙酰乳酸合成酶（ALS）抑制剂，在植物体内主要抑制关键氨基酸（缬氨酸、亮氨酸、异亮氨酸）的生物合成，从而使细胞分裂受阻，抑制植物生长。嗪吡嘧磺隆的作用靶标与现有磺酰脲类相同，但受体不同，故嗪吡嘧磺隆对现有磺酰脲类产生抗性的杂草具较好的防除效果。

剂型　91%原药，33%水分散粒剂。

防除对象　对现有磺酰脲类产生抗性的杂草具有较好的防除效果，如已产生抗性的萤蔺、三棱草、雨久花、鸭舌草、泽泻、野慈姑等田间杂草，对萤蔺和野慈姑具特效并抑制其地下块茎，降低次年发生的危害度，同时还能有效防除幼龄稗草、莎草科杂草及一年生、多年生阔叶杂草。

使用方法　水稻插秧返青后 3~7d（插秧后 10~20d），按照施用剂量 20~25g，采用毒土、毒肥或喷雾法施用 33%嗪吡嘧磺隆水分散粒剂；施药后田间需保持水层 3~5cm，保水 5~7d（杂草未露出水面情况下效果最佳，超出水层需结合其他防除措施）；杂草发生严重时，可与丁草胺或苯噻·苄等混用，加强除草效果。

注意事项

（1）为确保效果稳定，插秧前需封闭处理。

（2）施用后需保水，沙质土或漏水田应避免使用。

（3）对部分水稻品种具有一定药害风险，如稻花香系列，需谨慎使用。

（4）异常高温或低温情况下需谨慎使用。

嗪草酸甲酯
（fluthiacet-methyl）

$C_{15}H_{15}ClFN_3O_3S_2$, 403.88, 117337-19-6

化学名称 [[2-氯-4-氟-5-[(四氢-3-氧代-1H-3H-(1,3,4)噻二唑[3,4a]亚哒嗪-1-基)氨基]苯基]硫]乙酸甲酯。

其他名称 氟噻乙草酯。

理化性质 原药为灰白色粉末,熔点106℃,249℃分解,相对密度0.43,溶解度(20℃,mg/L):水0.85,丙酮10100,二氯甲烷53100,甲苯8400,甲醇441。

毒性 原药对大鼠急性经口毒性 LD_{50} >5000mg/kg,低毒;对山齿鹑急性毒性 LD_{50} >2250mg/kg,低毒;对虹鳟 LC_{50}(96h)为0.043mg/L,高毒;对大型溞 EC_{50}(48h)>2.3mg/kg,中等毒性;对月牙藻 EC_{50}(72h)为0.00251mg/L,高毒;对蜜蜂低毒;对蚯蚓中等毒性。对眼睛具刺激性,无神经毒性和皮肤刺激性,无致癌风险。

剂型 90%、95%原药,5%乳油。

作用机理 稠杂环类触杀性茎叶处理除草剂,抑制敏感植物叶绿体合成中的原卟啉原氧化酶,造成原卟啉的积累、细胞膜坏死,进而导致植株枯死。

防除对象 用于大豆、玉米田防除一年生阔叶杂草,如藜、反枝苋、铁苋菜、苘麻等,尤其对苘麻特效。

使用方法 于大豆1~2片复叶,玉米2~4叶期,大部分一年生阔叶杂草出齐2~4叶期施药,部分难防杂草如鸭跖草宜在两叶前用药。5%乳油亩制剂用量10~15mL(东北地区)、8~12mL(其他地区),兑水20~30L稀释均匀后进行茎叶喷雾。

注意事项

(1)施药后大豆会产生轻微灼伤斑,一周可恢复正常生长,对产量无影响。

(2)如需防治禾本科杂草,可与防除禾本科杂草除草剂配合使用。

(3)尽量不要在高温条件下施药,高温下(大于28℃)用药量酌减。

(4)嗪草酸甲酯降解速度较快,无后茬残留影响,但不得套种或混种敏感阔叶作物。

复配剂及使用方法 20%嗪·烟·莠去津可分散油悬浮剂,主要用于玉米田防除一年生杂草,茎叶喷雾,推荐亩用量80~90mL等。

嗪草酮

（metribuzin）

$$C_8H_{14}N_4OS, 214.3, 21087-64-9$$

化学名称　4-氨基-6-叔丁基-4,5-二氢-3-甲硫基-1,2,4-三嗪-5-酮。

其他名称　赛克津，特丁嗪，塞克，立克除，赛克嗪，甲草嗪，Sencor，lexone，Sencoral，Sencorex，Bayer 94337，Bayer 6159H，Bayer 6443H，DIC 1468，DPX-g2504。

理化性质　纯品嗪草酮为白色有轻微气味晶体，熔点125℃，230℃分解，相对密度1.26，溶解度（20℃，mg/L）：水10700，正庚烷820，二甲苯60000，乙酸乙酯250000，丙酮449400。土壤中易降解。

毒性　嗪草酮原药对大鼠急性经口毒性LD_{50}为322mg/kg，中等毒性，短期喂食毒性高；对山齿鹑急性毒性LD_{50}为164mg/kg，中等毒性；对虹鳟LC_{50}（96h）为74.6mg/L，中等毒性；对大型溞EC_{50}（48h）为49mg/kg，中等毒性；对 *Scenedesmus subspicatus* 的EC_{50}（72h）为0.02mg/L，中等毒性；对蜜蜂接触毒性低、喂食毒性中等，对黄蜂低毒；对蚯蚓中等毒性。有生殖影响，无神经毒性，无眼睛、皮肤、呼吸道刺激性和眼睛致敏性，无染色体畸变和致癌风险。

作用机理　嗪草酮为三嗪类选择性除草剂。有效成分被杂草根系吸收随蒸腾流向上部传导，也可被叶片吸收在体内做有限的传导。主要通过抑制敏感植物的光合作用发挥杀草活性，施药后各敏感杂草萌发出苗不受影响，出苗后叶片褪绿，最后营养枯竭而致死。

剂型　91%、95%、96%、97%、98%、97.5%原药，50%、70%可湿性粉剂，70%、75%水分散粒剂，44%、480g/L悬浮剂。

防除对象　用于大豆、马铃薯田防除一年生的阔叶杂草和部分禾本科杂草，对多年生杂草效果不好。防除阔叶杂草如蓼、苋、藜、荠菜、小野芝麻、蒿蓄、马齿苋、野生萝卜、田芥菜、苦荬菜、苣荬菜、繁缕、牛繁缕、荞麦蔓、香薷等有极好的效果，对苘麻、苍耳、鳢肠、龙葵则次之；对部分单子叶杂草如狗尾草、马唐、稗草、野燕麦、毒麦等有一定效果，对多年生杂草效果很差。

使用方法 于大豆、马铃薯播后苗前使用，也可用于马铃薯苗后（马铃薯3～5叶期，杂草2～5叶期）除草使用，以75%水分散粒剂为例，大豆田亩制剂用量45～60g，马铃薯苗前使用亩制剂用量50～60g兑水30～50kg土壤喷雾，马铃薯苗后亩使用剂量18～22g，稀释均匀后对全田茎叶均匀喷雾。

注意事项

（1）严禁用于土壤有机质含量低于2%的轻质沙土。若土壤含有大量黏质土及腐殖质，药量要酌情提高，反之减少。

（2）在pH 7.5以上的土壤应采用低限剂量，以免发生药害。

（3）温度对嗪草酮的除草效果及作物安全性亦有一定影响，温度高的较温度低的地区用药量低。大豆播后苗前施药，在雨量低的地区使用较高剂量，施药后有较大降水或大水漫灌，会使大豆根部吸收药剂而发生药害，春季低温多雨地区慎用。

（4）北豆系列大豆品种不宜用本品。

（5）大豆播种深度至少3.5～4cm，播种过浅易发生药害。

（6）土壤具有适当的温度有利于根的吸收，若土壤干燥应于施药后浅混土。

（7）高用药量对下茬甜菜、洋葱生长有影响，需要间隔18个月再种植。

复配剂及使用方法

（1）70%乙·嗪·滴辛酯乳油，主要用于春玉米田防除一年生杂草，土壤喷雾，推荐亩用量150～200mL；

（2）22%嗪·烯·砜嘧可分散油悬浮剂，主要用于马铃薯田防除一年生杂草，茎叶喷雾，推荐亩用量80～120mL；

（3）75%嗪酮·乙草胺乳油，主要用于春大豆、马铃薯田防除一年生杂草，土壤喷雾，推荐亩用量90～130mL；

（4）23.2%砜·喹·嗪草酮可分散油悬浮剂，主要用于马铃薯田防除一年生杂草，茎叶喷雾，推荐亩用量70～85mL；

（5）42%异甲·嗪草酮悬乳剂，主要用于马铃薯田防除一年生杂草，土壤喷雾，推荐亩用量200～250mL等。

氰草津

（cyanazine）

$C_9H_{13}ClN_6$, 240.7, 21725-46-2

化学名称 2-氯-4-(1-氰基-1-甲基乙胺基)-6-乙胺基-1,3,5-三嗪。

其他名称 百得斯，草净津，丙腈津，Bladex，Fortrol，SD 15418，Wl 19805，DW 3418，Radikill，Shell 19805，Payze，gramex。

理化性质 白色晶体，熔点 168℃，相对密度 1.29，溶解度（20℃，mg/L）：水 171，丙酮 195000，乙醇 45000，苯 15000，己烷 15000。对光和热稳定，在 pH 5～9 稳定，强酸、强碱介质中水解。

毒性 原药对大鼠急性经口毒性 LD_{50} 为 288mg/kg，中等毒性；对稚急性毒性 LD_{50} 为 400mg/kg，中等毒性；对 *Rasbora heteromorpha* 的 LC_{50}（96h）为 10mg/L，中等毒性；对大型溞 EC_{50}（48h）为 49mg/kg，中等毒性；对四尾栅藻的 EC_{50}（72h）为 0.2mg/L，中等毒性；对蜜蜂、蚯蚓中等毒性。对呼吸道具刺激性，具神经毒性和生殖影响。

作用机理 氰草津是选择性内吸传导型除草剂，以根部吸收为主，叶部也能吸收，通过抑制光合作用，使杂草枯萎而死亡。选择性是因为玉米本身含有一种酶能分解氰草津。药效 2～3 个月，对后茬种植小麦无影响。除草活性与土壤类型有关，土壤有机质多为黏土时用药量需要适当增加。在潮湿土壤中半衰期 14～16d，在土壤有机质中被土壤微生物分解。

剂型 95%、97% 原药（自 2008 年制剂登记证到期后，暂无单剂登记）。

复配剂及使用方法

（1）46% 硝·灭·氰草津可湿性粉剂，主要用于甘蔗田防除一年生杂草，定向茎叶喷雾，推荐亩用量 100～200g；

（2）48% 甲·灭·氰草津可湿性粉剂，主要用于甘蔗田防除一年生杂草，定向茎叶喷雾，推荐亩用量 200～250g；

（3）30% 氰津·莠悬浮剂，主要用于夏玉米田防除一年生杂草，喷雾，推荐亩用量 300～400mL；

（4）48%硝磺·氰草津悬浮剂，主要用于玉米田防除一年生杂草，茎叶喷雾，推荐亩用量 100～150mL；

（5）70%乙·莠·氰草津悬浮剂，主要用于玉米田防除一年生杂草，播后苗前土壤喷雾，推荐亩用量 200～250mL（春玉米）、120～180mL（夏玉米）等。

氰氟草酯
（cyhalofop-butyl）

$C_{20}H_{20}FNO_4$, 357.4, 122008-85-9

化学名称 （R）-2-[4-(4-氰基-2-氟苯氧基)苯氧基]丙酸丁酯。

其他名称 千金，氰氟禾草灵，Clincher，Cleaner。

理化性质 纯品氰氟草酯为白色晶体，熔点 50℃，沸点＞270℃（分解）；溶解度（20℃）：水 0.44mg/kg，乙腈、丙酮、乙酸乙酯、二氯甲烷、甲醇、甲苯＞250g/L；在 pH＝1.2、9.0 时迅速分解。

毒性 氰氟草酯原药急性 LD_{50}（mg/kg）：大（小）鼠经口＞5000，经皮大鼠＞2000；对兔皮肤无刺激性，对兔眼睛有轻微刺激性；以 0.8～2.5mg/(kg·d) 剂量饲喂大鼠，未发现异常现象；对动物无致畸、致突变、致癌作用。

作用机理 内吸传导性除草剂。由植物体的叶片和叶鞘吸收，韧皮部传导，积累于植物体的分生组织区，抑制乙酰辅酶 A 羧化酶（ACCase），使脂肪酸合成停止，细胞的生长分裂不能正常进行，膜系统等含脂结构破坏，最后导致植物死亡。从氰氟草酯被吸收到杂草死亡比较缓慢，一般需要 1～3 周。杂草在施药后的症状如下：四叶期的嫩芽萎缩，导致死亡；二叶期的老叶变化极小，保持绿色。

剂型 10%、15%、20%、30%乳油，10%、15%、20%、25%、100g/L 水乳剂，15%、20%、30%可分散油悬浮剂，25%微乳剂，95%、97.5%、98%原药等。

防除对象 主要用于防除重要的禾本科杂草。氰氟草酯对千金子高效，对低龄稗草有一定的防效，还可防除马唐、双穗雀稗、狗尾草、牛筋草、看麦娘等，对莎草科杂草和阔叶杂草无效。

使用方法

（1）秧田　稗草 1～2 叶期，每公顷用 10％乳油 450～750mL（每亩 30～50mL），加水 450～600kg（每亩 30～40kg），茎叶喷雾。

（2）直播田、移栽田和抛秧田　稗草 2～4 叶期，每公顷用 10％乳油 750～1005mL（每亩 50～67mL），加水 450～600kg（每亩 30～40kg），做茎叶喷雾，防治大龄杂草时应适当加大用药量。

注意事项

（1）氰氟草酯在土壤中和稻田中降解迅速，对后茬作物和水稻安全，但不宜用作土壤处理（毒土或毒肥法）。

（2）与氰氟草酯混用无拮抗作用的除草剂有异噁草松（广灭灵）、禾草丹（杀草丹）、丙草胺（扫弗特）、二甲戊灵（除草通）、丁草胺、二氯喹啉酸（快杀稗）、噁草酮（农思它）、氟草烟（使它隆）。氰氟草酯与 2 甲 4 氯、磺酰脲类以及灭草松混用时可能会有拮抗现象，可通过调节氰氟草酯用量来克服。如需防除阔叶草及莎草科杂草，最好施用氰氟草酯 7d 后再施用防阔叶杂草除草剂。

（3）施药时，土表水层小于 1cm 或排干（土壤水分为饱和状态）可达最佳药效，杂草植株 50％高于水面，也可达到较理想的效果。旱育秧田或旱直播田施药时田间持水量饱和可保证杂草生长旺盛，从而保证最佳药效。施药后 24～48h 灌水，防止新杂草萌发。干燥情况下应酌情增加用量。

（4）10％氰氟草酯乳油中已含有最佳助剂，使用时不必再添加其他助剂。

（5）使用较高压力、低容量喷雾。

药害　水稻幼苗期过量施药（亩用量 5g），可产生不同程度的药害。

药害症状　在育苗秧田用其做茎叶处理受害，表现心叶稍卷，叶尖变黄、变褐枯干，有时在外叶（第一叶片）上部产生褐斑，幼苗矮小，生长停滞。在移植本田用其做茎叶处理受害，表现叶片的叶尖、叶缘产生漫连紫褐色斑，随后纵向卷缩枯干，分蘖减少，根系短小。

复配剂及使用方法

（1）10％氰氟·精噁唑乳油，防除水稻直播田一年生禾本科杂草，茎叶喷雾，推荐亩剂量为 40～60g。

（2）60g/L 五氟·氰氟草可分散油悬浮剂，防除直播水稻田千金子、稗草及部分阔叶杂草和莎草，茎叶喷雾，推荐亩剂量为 100～

115mL（水稻秧田）、100～165mL（移栽水稻田）、100～133mL（直播水稻田）。

炔草酯
（clodinafop-propargyl）

C$_{17}$H$_{13}$ClFNO$_4$, 339.7, 105512-06-9

化学名称　（R）-2-［4-（5-氯-3-氟-2-吡啶氧基）丙酸炔丙酯。

其他名称　顶尖，炔草酸，麦极，Topic，Celio。

理化性质　纯品为白色晶体，熔点 59.5℃，相对密度 1.37（20℃）。蒸气压 3.19×10^{-3} mPa（20℃），分配系数 lgK_{ow}＝3.9（20℃）。Henry 常数 2.79×10^{-4} Pa/mol（25℃）。水中溶解度 2.0mg/kg（20℃）。其他溶剂中溶解度（g/L，25℃）：甲苯 690，丙酮 880，乙醇 97，正己烷 7.5。在酸性介质中相对稳定，碱性介质中水解；DT$_{50}$（25℃）：64h（pH＝7），2.2h（pH＝9）。

毒性　急性经口 LD$_{50}$（mg/kg）：大鼠＞1829，小鼠＞2000。大鼠急性经皮 LD$_{50}$＞2000mg/kg。对兔眼和皮肤无刺激性。大鼠急性吸入 LC$_{50}$（4h）3.325mg/L 空气。喂养试验无作用剂量［mg/（kg·d）］：大鼠 0.35，小鼠 18 个月 1.2，狗 3.3。无致畸性，无致突变性，无繁殖毒性。鱼毒 LC$_{50}$（96h，mg/L）：鲤鱼 0.46，虹鳟鱼 0.39。对野生动物、无脊椎动物及昆虫低毒，LD$_{50}$（8d，mg/L）：山齿鹑＞2000。蚯蚓＞210mg/kg 土壤。蜜蜂 LD$_{50}$（48h，经口和接触）＞100μg/只。

作用机理　抑制植物体内乙酰辅酶 A 羧化酶的活性，从而影响脂肪酸的合成，而脂肪酸是细胞膜形成的必要物质。炔草酯主要通过杂草叶部组织吸收，而根部几乎不吸收。叶部吸收后，通过木质部由上向下传导，并在分生组织中累积，高温、高湿条件下可加快传导速度。炔草酯在土壤中迅速降解为游离酸苯基和吡啶部分进入土壤，在土壤中基本无活性，对后茬作物无影响。

作用特点　该药杀草谱广，施药时期宽，混用性好。对小麦高度安全，适用于冬小麦和春小麦除草；加量使用不影响安全性，使用推荐剂量 2 倍药量对小麦无不良影响；温度变化不影响安全性，从 10 月份至次年 4 月份均可施药；安全性不受小麦生育期影响，从小麦 2 叶期至拔节期均可施药。该药残留期较短，在土壤中的半衰期为 10～15d，在通气条件下能快速降解，不易在土壤中移动、淋溶和累积，对下茬作物安全。

剂型 8%、24%乳油，15%、20%、25%可湿性粉剂，8%水乳剂，15%、24%微乳剂，15%、20%水乳剂，95%、96%、97%原药。

防除对象 对恶性禾本科杂草特别有效，与安全剂一定比例混合，用于小麦田，主要防治禾本科杂草，如鼠尾看麦娘、燕麦、黑麦草、早熟禾、狗尾草等，另外有资料记录对硬草、茵草、棒头草也表现十分卓越。对阔叶杂草和莎草无效。一般施药 1～2d 后杂草停止生长，10～30d 后死亡。

使用方法 用药量有效成分一般在 30～45g/hm²，用于小麦苗后茎叶喷雾 1 次，使用 60g/hm² 剂量可造成小麦叶片黄化，但 20d 后可以恢复，在推荐范围内对小麦安全。炔草酯的使用与杂草的种类和使用时期密切相关。如果在野燕麦、看麦娘杂草 2～4 叶期使用，亩用量 3g 兑水 15～30kg 喷雾，就可以获得满意的防效；后期 5～8 叶期，使用剂量提高到 4.5g 即可。如果对硬草、茵草、棒头草等为主的田块，杂草 2～4 叶期，亩用量 4.5g；5～8 叶期，剂量提高到 5.25～6g。一般来说，在禾本科杂草 2～4 叶期，在温暖、潮湿的气候下，大多数杂草已经发芽并且生长旺盛时使用效果最佳。炔草酯（麦极）还有一个特点，它的防效和水的使用量没有关系，如果使用适当的喷雾设备，保证杂草均匀受药的情况下，一般使用 15kg 水也能取得一样的防效，这样可以节省用水和劳力。

注意事项

（1）建议在麦田进行除草时和苯磺隆、苄嘧磺隆可湿性粉剂等除草剂混用，以提高阔叶杂草的防治效果。

（2）冬前使用施药适期为禾本科杂草 2～4 叶。

（3）施药后遇低温或干旱，药效发挥速度变慢，防除效果变差。

（4）小麦拔节后和大麦田不宜使用。

（5）在低温下使用对麦苗也有较好的安全性，但应避免在麦田受渍、生长弱的田块用药，否则容易出现药害，药害症状主要是麦苗生长受抑，并可能出现麦叶发黄症状。

（6）唑草酮与炔草酯混用，可以兼除麦田禾本科杂草和阔叶杂草，安全性和防效性均好，但如果用到上述田块（麦田受渍、生长弱的田块），小麦受到唑草酮药害后，生长变弱，可能进一步受到炔草酯药害而生长受抑。

复配剂及使用方法

（1）37%炔·苄·唑草酮可湿性粉剂，防除冬小麦田一年生禾本科杂草及阔叶杂草，茎叶喷雾，推荐亩剂量为18～22g。

（2）5%唑啉·炔草酯乳油，防除冬小麦、春小麦田禾本科杂草，茎叶喷雾，推荐亩剂量为40～80mL（春小麦）、60～100mL（冬小麦田）。

（3）18%氟吡·炔草酯悬浮剂，防除冬小麦田一年生杂草，茎叶喷雾，推荐亩剂量为40～50mL。

乳氟禾草灵

（lactofen）

$C_{19}H_{15}ClF_3O_7N$, 461.77, 77501-63-4

化学名称　O-[5-(2-氯-α,α,α-三氟对甲苯氧基)-2-硝基苯甲酰基]-DL-乳酸乙酯。

其他名称　眼镜蛇，克阔乐，Cobra，PPg 844。

理化性质　纯品乳氟禾草灵为深红色液体，几乎不溶于水，能溶于二甲苯。

毒性　乳氟禾草灵原药急性LD_{50}（mg/kg）：大鼠经口＞5000，经皮兔＞2000；对兔皮肤刺激性很小，对兔眼睛有中度刺激性；对鱼类高毒，对蜜蜂低毒，对鸟类毒性较低；对动物无致畸、致突变、致癌作用。

作用机理　该药为选择性苗后茎叶处理型除草剂，施药后杂草通过茎叶吸收，在体内进行有限传导，通过破坏细胞膜的完整性而导致细胞内容物的流失，从而使杂草干枯而死。

剂型　240g/L、24%乳油，80%、85%、95%原药。

防除对象　主要用于大豆、棉花、花生、水稻、玉米等作物的阔叶杂草。如苍耳、反枝苋、龙葵、苘麻、柳叶刺蓼、酸模叶蓼、节蓼、卷茎蓼、铁苋菜、野西瓜苗、狼杷草、鬼针草、藜、小藜、香薷、水棘针、鸭跖草（3 叶期以前）、地肤、马齿苋、豚草等一年生阔叶杂草，对多年生的苣荬菜、刺儿菜、大蓟、问荆等有较强的抑制作用，在干旱条件下对苍耳、苘麻、藜的效果明显下降。

使用方法　在大豆出苗后 2～4 片复叶期，阔叶杂草基本出齐且大多数杂草植株不超过 5cm 高时，每亩用 24% 乳氟禾草灵乳油 22～50mL（含有效成分为 5.3～12g），加水 25kg 进行均匀喷雾，且使杂草茎叶能均匀接触药液。夏大豆用药量低，亩用有效成分不宜超过 8g，否则药害重。乳氟禾草灵（克阔乐）是苗后触杀型除草剂，苗后早期施药被杂草茎叶吸收，抑制光合作用，充足的光照有助于药效发挥。

注意事项

（1）该药对作物的安全性较差，施药后会出现不同程度的药害，故施药时要尽可能地保证药液均匀，做到不重喷不漏喷，且严格限制用药量。

（2）杂草生长状况和气象条件均可影响该药的活性。该药对 4 叶期以前生长旺盛的杂草杀草活性高，低温、干旱不利于药效的发挥。故施药时应选择合适的天气。

（3）空气相对湿度低于 65%，土壤长期干旱或温度超过 27℃ 时不应施药，施药后最好半小时内不降雨。

（4）切勿让该药接触皮肤和眼睛，若不慎染上，应立即用清水冲洗 15min 以上，如入眼还需请医生治疗。如误服该药中毒应用牛奶蛋清催吐。

（5）本品应严格保管，勿与食物、饲料、种子存放一处。

药害

（1）大豆　用其做茎叶处理受害，表现着药叶片产生漫连形灰白色或淡褐色、棕褐色枯斑，有的嫩叶失绿变白，有的嫩叶面皱缩、叶缘翻卷并枯焦破裂，有的叶脉变褐。受害严重时，部分叶片和顶芽完全变褐，卷缩而枯死。

（2）花生　用其做茎叶处理受害，表现着药叶片产生黄褐色枯斑，嫩叶皱缩，植株生长缓慢而瘦小。受害严重时，叶片失绿变为灰白色或黄白色而枯死，顶芽变褐枯死。

复配剂及使用方法

（1）15% 乳禾·氟磺胺乳油，防除春大豆田一年生阔叶杂草，茎叶喷雾，推荐亩剂量为 120～150mL。

（2）10.8％乳氟·喹禾灵乳油，防除夏大豆田一年生杂草，茎叶喷雾，推荐亩剂量为50～60mL。

（3）11.8％精喹·乳氟禾乳油，防除花生田一年生杂草，茎叶喷雾，推荐亩剂量为30～40mL。

噻吩磺隆

（thifensulfuron-methyl）

$C_{12}H_{13}N_5O_6S_2$，387.3，79277-27-3

化学名称　3-(4-甲氧基-6-甲基-1,3,5-三嗪-2-基氨基羰基氨基磺酰基)噻吩-2-羧酸甲酯。

其他名称　阔叶散，噻磺隆，宝收，Harmony，thiameturonmethyl，DPX-M 6316。

理化性质　噻吩磺隆原药为白色粉末，熔点171℃，相对密度1.49，水溶液弱酸性，溶解度（20℃，mg/L）：水54.1，丙酮1900，乙醇900，乙酸乙酯2600，甲醇2600。土壤中不稳定，半衰期短。

毒性　噻吩磺隆原药对大鼠急性经口毒性LD_{50}＞5000mg/kg，低毒；对绿头鸭急性毒性LD_{50}＞2510mg/kg，低毒；对虹鳟LC_{50}(96h)＞56.4mg/L，中等毒性；对大型溞EC_{50}(48h)为60.7mg/kg，中等毒性；对月牙藻EC_{50}(72h)＞0.8mg/L，中等毒性；对蜜蜂接触毒性低，经口毒性中等；对蚯蚓低毒。对眼睛、皮肤无刺激性，具神经毒性和呼吸道刺激性，无染色体畸变和致癌风险。

作用机理　属选择性内吸传导型磺酰脲类除草剂，是侧链氨基酸合成抑制剂。阔叶杂草叶面和根系迅速吸收并转移到体内分生组织，抑制缬氨酸和异亮氨酸的生物合成，从而组织细胞分裂，达到杀除杂草的目的。

剂型　95％、97％原药，15％、20％、25％、70％可湿性粉剂、75％水分散粒剂。

防除对象　用于玉米、大豆、小麦、花生田防除一年生和多年生阔叶杂草，如苘麻、野蒜、凹头苋、反枝苋、皱果苋、臭甘菊、荠菜、藜、鸭跖草、播娘蒿、香薷、问荆、小花糖芥、鼬瓣花、猪殃殃、葎草、地肤、本氏蓼、卷茎蓼、酸模叶蓼、桃叶蓼、马齿苋、猪毛菜、米瓦罐、龙葵、苣荬菜、牛繁缕、繁缕、遏蓝菜、王不留行、婆婆纳等。对田蓟、田旋花、野燕麦、狗尾草、雀麦等防效不显著。

使用方法 在小麦 2 叶期至拔节前进行茎叶喷雾，在花生、大豆播前或播后苗前土壤喷雾一次；在玉米播后苗前进行土壤处理或在玉米 3～4 叶期茎叶喷雾。15％可湿性粉剂亩制剂用量 10～15g（冬小麦）、8～12g（花生）、6.5～9g（夏大豆、夏玉米芽前）、9～11g（春大豆、春玉米芽前）、3.5～6.5g（夏玉米芽后）、6.5～9g（春玉米芽后），兑水 30～50kg，稀释均匀后进行喷雾。

注意事项

（1）在同一田块里，每一作物生长季中噻磺隆的用量以不超过 $32.5g/hm^2$ 为宜，残留期 30～60d。

（2）当作物处于不良环境时（如严寒、干旱、土壤水分过饱和及病虫危害等），不宜施药，否则可能产生药害。土壤 pH＞7、土壤黏重及积水的田块禁止使用。施药时遇干旱土壤处理应混土；茎叶处理施药时，药液中加入 1％植物油型助剂在干旱条件下可获得稳定的药效。

（3）沙质土、低洼地及高碱性土壤不宜使用。

（4）稀释时加入洗衣粉液，加上表面活性剂可提高噻磺隆对阔叶杂草的活性。

（5）对禾本科杂草无效，阔叶杂草叶龄大于 5 叶防效差。

（6）不能与碱性物质混合，以免分解失效。

（7）在苗带及地膜覆盖施药时，用药量应酌减。

复配剂及使用方法

（1）50％噻吩·乙草胺可湿性粉剂，主要用于冬小麦田防除一年生杂草，土壤喷雾，推荐亩用量 60～80g；

（2）22％噻吩·唑草酮可湿性粉剂，主要用于小麦田防除一年生阔叶杂草，茎叶喷雾，推荐亩用量 10～15g；

（3）75％砜嘧·噻吩水分散粒剂，主要用于玉米田防除一年生阔叶杂草及禾本科杂草，土壤喷雾，推荐亩用量 4.5～6.5g；

（4）78％扑·噻·乙草胺悬乳剂，主要用于花生田防除一年生杂草，土壤喷雾，推荐亩用量 100～130g 等。

噻酮磺隆
（thiencarbazone-methyl）

C$_{12}$H$_{14}$N$_4$O$_7$S$_2$, 390.44, 317815-83-1

化学名称　4-[（4,5-二氢-3-甲氧基-4-甲基-5-氧代-1H-1,2,4-三唑-1-基)羰基磺酰胺]-5-甲基噻吩-3-羧酸酯。

理化性质　原药为白色晶体粉末，熔点205℃，231℃分解，相对密度1.51，水溶液弱酸性，溶解度（20℃，mg/L）：水436，乙醇230，正己烷0.15，甲苯190，丙酮9540。

毒性　原药对大鼠急性经口毒性LD$_{50}$＞2000mg/kg，低毒；对山齿鹑急性毒性LD$_{50}$＞2000mg/kg，低毒；对虹鳟LC$_{50}$（96h）＞104mg/L，低毒；对大型溞EC$_{50}$（48h）＞98.6mg/kg，中等毒性；对月牙藻EC$_{50}$（72h）为0.17mg/L，中等毒性；对蜜蜂、蚯蚓低毒。具生殖影响，无神经毒性和皮肤刺激性，无染色体畸变和致癌风险。

剂型　98%原药。

作用机理　乙酰乳酸合成酶（ALS）抑制剂，具有内吸性，药剂能够通过植物根部和叶片吸收。

防除对象　用于防除禾本科杂草和阔叶杂草，目前国内无单剂登记，与异噁唑草酮复配后杀草谱得到有效拓宽，可防除多种禾本科杂草和阔叶杂草，如野黍、马唐、反枝苋、狗尾草、牛筋草、藜、稗草、苘麻等。

复配剂及使用方法　26%噻酮·异噁唑悬浮剂，主要用于玉米田防除一年生杂草，茎叶喷雾、土壤喷雾，推荐亩用量25～30mL。

三氟羧草醚
（acifluorfen）

C$_{14}$H$_7$ClF$_3$NO$_5$, 361.66, 50594-66-6

化学名称　5-(2-氯-α,α,α-三氟对甲氧基)-2-硝基苯甲酸(钠)。

其他名称　杂草净，杂草焚，豆阔净，氟羧草醚，木星，克达果，克莠灵，达克尔，布雷则，Tackle，Blazer。

理化性质　纯品三氟羧草醚为棕色固体，熔点 142～146℃，235℃分解；溶解度（25℃，g/kg）：丙酮 600，二氯甲烷 50，乙醇 500，水 0.12。纯品三氟羧草醚钠盐为白色固体，熔点 274～278℃（分解）；溶解度（25℃，g/L）：水 608.1，辛醇 53.7，甲醇 641.5。

毒性　三氟羧草醚原药急性 LD_{50}（mg/kg）：大鼠经口 2025（雄），1370（雌）；小鼠经口 2050（雄），1370（雌）；兔经皮 3680。对兔皮肤有中等刺激，对兔眼睛有强刺激性。对动物无致畸、致突变、致癌作用。

作用机理　三氟羧草醚是一种触杀型选择性芽后除草剂。苗后早期处理，被杂草吸收后能促使气孔关闭，借助光来发挥除草活性，提高植物体温度引起坏死，并抑制线粒体电子的传导，以引起呼吸系统和能量生产系统的停滞，抑制细胞分裂使杂草致死。但进入大豆体内，被迅速代谢，因此，能选择性防除阔叶杂草。可被杂草茎叶吸收，在土壤中不被根吸收，且易被微生物分解，故不能做土壤处理，对大豆安全。

剂型　80%、95%、96%原药，14.8%、21.4%水剂，28%微乳剂。

防除对象　主要防阔叶杂草，如防除铁苋菜、苋、刺苋、豚草、芸薹、灰藜、野西瓜、甜瓜、曼陀罗、裂叶牵牛等。对 1～3 叶期禾本科草如狗尾草、稷和野高粱也有较好的防效，对苣荬菜、刺儿菜有较强的抑制作用。

使用方法　三氟羧草醚适用于大豆田，一般在大豆 1～3 复叶期，田间一年生阔叶杂草基本出齐，株高 5～10cm（2～4 叶期）。亩用三氟羧草醚有效成分 12～18g 兑水 25kg 左右均匀喷雾。在阔叶杂草与禾本科杂草混合发生的田块，可在大豆播种前每亩先用 48%氟乐灵 100mL 兑水 35 kg 左右均匀喷雾于土表，随即充分均匀混土 2～3cm，混土后隔天播种，等大豆 1～3 片复叶时再用三氟羧草醚，可有效地防除一年生禾本科杂草和阔叶杂草，如大豆苗后禾本科杂草与阔叶杂草混合严重发生的田块，可在田间一年生阔叶杂草和禾本科杂草 2～4 叶期先用三氟羧草醚，隔 1～2d 再用 15%精吡氟禾草灵 50mL 兑水 35kg 左右对杂草茎叶喷雾，可有效防除阔叶杂草和禾本科杂草。

混用。亩用 21.4% 三氟羧草醚 50mL ＋ 48% 灭草松 100mL；

21.4%三氟羧草醚 70～100mL＋6.9%精噁唑禾草灵 50～70mL（或15%精吡氟禾草灵 50～80mL，或 10.8%高效氟吡甲禾灵 33mL）。

难治杂草推荐三混。亩用 21.4%三氟羧草醚 50mL＋48%灭草松 100mL（或异噁草松 70mL，或 25%氟磺胺草醚 60mL）＋ 6.9%精噁唑禾草灵 50～70mL（或 15%精吡氟禾草灵 50～80mL，或 10.8%高效氟吡甲禾灵 33mL）。

注意事项

（1）大豆三片复叶以后，叶片会遮盖杂草，此时施药会影响除草效果，并且大豆接触药剂多，抗药性减弱，会加重药害。

（2）大豆生长在不良的环境中，如遇干旱、水淹、肥料过多或土壤中含过多盐碱、霜冻，最高日温低于 21℃或土温低于 15℃均不施用，以免造成药害。应避免在 6h 之内下雨的情况下施药。

（3）该药对眼睛和皮肤有刺激性，施药时应戴面罩或眼镜，避免吸入药雾，如该药溅入眼睛中或皮肤上，立即用大量清水冲洗 15min 以上。若不慎误服，应让患者呕吐，本药剂无特效解毒剂，可对症治疗。

（4）该药剂须在 0℃以上条件下贮存，在 0℃以下（－18℃）贮存，将会结冰，可加温到 0℃以上，彻底搅匀后使用。

（5）勿使本剂流入湖泊、池塘或河流中，避免因洗涤器具或处理废物导致水源的污染。

药害

（1）小麦 受其飘移危害，表现先从叶片的着药部位开始失绿变为灰白、黄白或黄褐色而枯萎，并扭卷、弯曲、下垂，有的叶片则变为紫褐色，有的叶鞘也随之枯死。

（2）大豆 用其做茎叶处理受害，表现着药叶片的叶肉失绿变为灰白，并产生漫连形锈褐色（中间色浅、边缘色深）枯斑。受害严重时，叶片大面积变褐或枯焦卷缩，顶芽枯死，遂形成无主生长点的植株。

（3）甜菜 受其飘移危害，表现着药子叶变黄白而枯死，真叶局部变灰白而枯萎、皱缩，叶柄和生长点变黑褐而枯萎。

复配剂及使用方法

（1）28%精喹·氟羧草乳油，防除花生田一年生杂草，茎叶喷雾，推荐亩用量为 40～50mL。

（2）15.8%氟·喹·异噁松乳油，防除春大豆田一年生杂草，茎叶喷雾，推荐亩剂量为 200～220mL（东北地区）。

（3）7.5%氟草·喹禾灵乳油，防除夏大豆田一年生杂草，苗后喷雾，推荐亩剂量为 100～120mL。

（4）440g/L氟醚·灭草松水剂，防除春大豆田一年生阔叶杂草，茎叶喷雾，推荐亩剂量为 125～150mL。

三氟啶磺隆钠盐

（trifloxysulfuron sodium）

$C_{14}H_{13}F_3N_5NaO_6S$, 459.33, 199119-58-9

化学名称　N-[（4,6-二甲氧基-2-嘧啶基）氨基甲酰]-3-（2,2,2-三氟乙氧基）-2-吡啶磺酰胺钠。

理化性质　原药为白色粉末，熔点 174℃，相对密度 0.645，水溶液弱酸性，溶解度（20℃，mg/L）：水 25700，丙酮 17000，乙酸乙酯 3800，甲醇 50000，甲苯 1.0。

毒性　原药对大鼠急性经口毒性 LD_{50}＞5000mg/kg，低毒；对山齿鹑急性毒性 LD_{50} 为 2000mg/kg，中等毒性；对虹鳟 LC_{50}（96h）＞103mg/L，低毒；对大型溞 EC_{50}（48h）＞108mg/kg，低毒；对月牙藻 EC_{50}（72h）为 0.0065mg/L，高毒；对蜜蜂、蚯蚓中等毒性。对眼睛、皮肤具刺激性，无神经毒性，无染色体畸变和致癌风险。

剂型　90%原药，11%可分散油悬浮剂。

作用机理　磺酰脲类选择性除草剂，抑制乙酰乳酸合成酶（ALS）的生物活性从而杀死杂草。根据杂草种类和生长条件的差异，一般在 2～4 周后完全死亡。

防除对象　登记用于暖季型草坪（长江流域及以南地区的狗牙根类和结缕草类的暖季型草坪草）防除莎草和阔叶杂草以及部分禾本科杂草，如香附子、马唐、阔叶草等多种杂草。

使用方法　于成坪草坪杂草旺盛生长期叶龄较小时均匀喷雾处理，施药前、后 1～2d 内不修剪，11%可分散油悬浮剂亩制剂用量 20～30mL，兑水稀释后均匀喷雾，施药 3h 后遇雨对药效无明显影响。

注意事项

（1）不能用于早熟禾、黑麦草、匍茎剪股颖、高羊茅等冷季型草坪草及海滨雀稗等其他草坪草。

（2）施用后请勿播植除草坪草以外的任何作物，在秋冬季暖季型草坪上交播冷季型草坪草（黑麦草）时应保证至少在交播前60d停止使用。

（3）不得用于新播种、新铺植或新近用匍匐茎栽植的草坪。

（4）草坪生长不旺盛或处于如干旱等胁迫条件下时不得施用。

（5）勿与酸性化合物、有机磷类杀虫剂或杀线虫剂混用。若稀释水pH小于5.5，应将pH调到7左右再使用。

（6）加入非离子表面活性剂可提高药效，加入甲基化种子油或作物油脂类浓缩物也可提高药效但可能会引起短暂的草坪叶片变色。

（7）每季最多使用2～3次，每季每公顷用量不宜超过90g有效成分。

三甲苯草酮
（tralkoxydim）

$C_{20}H_{27}NO_3$, 329.43, 87820-88-0

化学名称　2-[1-(乙氧基亚氨基)丙基]-3-羟基-5-(2,4,6-三甲基)环己-2-烯酮。

其他名称　肟草酮，苯草酮，grasp，grasp 604，PP 604，Splendor，Achieve。

理化性质　纯品三甲苯草酮为无色无味固体，熔点106℃；溶解度（20℃，g/L）：水0.006（pH=6.5）、5（pH 5.0），甲醇25，己烷18，乙酸乙酯、甲苯213，二氯甲烷>500，丙酮89，乙酸乙酯110。

毒性　三甲苯草酮原药急性LD_{50}（mg/kg）：大鼠经口1324（雄）、934（雌），小鼠经口1321（雄）、1100（雌），大鼠经皮>2000；对兔眼睛和皮肤有轻微刺激性；以12.5mg/(kg·d)剂量饲喂大鼠90d，未发现异常现象；对动物无致畸、致突变、致癌作用；对鱼类高毒。

作用机理　叶面施药后迅速被植物吸收，在韧皮部转移到生长点，抑制乙酰辅酶A羧化酶活性，从而抑制脂肪酸的合成，阻碍新的生长。杂草失绿后变色枯死，一般3～4周内完全枯死，叶面喷雾后1h内应不下雨，否则影响药效。

剂型 40%水分散粒剂、95%原药。

防除对象 鼠尾看麦娘、风草、瑞士黑麦草、硬草、马唐、野燕麦、狗尾草和䅟草等禾本科杂草。对阔叶杂草和莎草科杂草无明显除草活性。

使用方法 芽后施药，小麦田在杂草 2～5 叶期，每亩 40%三甲苯草酮水分散粒剂 65～80g。防除野燕麦施药适期宽，每公顷用药量 200～350g（a.i.）。几乎可彻底防除分蘖末期前的野燕麦，抑制期可延至拔节期。本药剂即便在 2 倍最大推荐剂量下，对小麦、大麦和硬粒小麦均安全。

注意事项

（1）该药剂对鱼类有毒，剩余的药液和洗刷施药用具的水，禁止倒入田间水流或水产养殖区。

（2）避免与激素类除草剂如 2 甲 4 氯等混用。

三氯吡氧乙酸

（triclopyr）

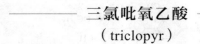

$C_7H_4Cl_3NO_3$, 256.47, 55335-06-3

化学名称 3,5,6-三氯-2-吡啶氧乙酸。

其他名称 盖灌能，盖灌林，绿草定。

理化性质 原药为白色固体，熔点 150℃，210℃分解，相对密度 1.3，水溶液弱酸性，溶解度（20℃，mg/L）：水 8100，己烷 90，甲苯 19000，甲醇 665000，丙酮 582000。高温及碱性条件下易分解。

毒性 原药对大鼠急性经口毒性 LD_{50} 为 630mg/kg，中等毒性，短期喂食毒性高；对绿头鸭急性毒性 LD_{50} 为 1698mg/kg，中等毒性；对虹鳟 LC_{50}（96h）为 117mg/L，低毒；对大型溞 EC_{50}（48h）为 132.9mg/kg，低毒；对月牙藻 EC_{50}（72h）为 181.1mg/L，低毒；对蜜蜂低毒；对蚯蚓中等毒性。具眼睛刺激性、皮肤致敏性和生殖影响，无神经毒性和皮肤刺激性，无染色体畸变和致癌风险。

剂型 98%、99%原药，480g/L 乳油。

作用机理　内吸传导型选择性除草剂，通过植物的叶面和根系吸收，并在植物体内传导至全株，造成其根、茎、叶畸形，储藏物质耗尽，维管束被栓塞或破裂，逐渐死亡。

防除对象　登记用于森林防除灌木和阔叶杂草。

使用方法

（1）防火道及造林前灭灌　以柴油稀释50倍，喷洒于灌木及幼树基部。

（2）非目的树种防除　以柴油稀释50倍，在离地面70～90cm喷洒，桦、柞、椴、杨胸径在10～20cm之间，每株用药液70～90mL。

（3）除幼小灌木、藤木和阔叶杂草　生长旺盛期，以清水稀释100～200倍，低容量定向喷雾，480g/L乳油亩制剂用量278～417mL。

注意事项

（1）施药时避免药液喷洒或飘移到阔叶作物，以免产生药害。

（2）对于松树和云杉超过1kg（a.i.）/hm^{2}将有不同程度药害发生，有的甚至死亡，应用喷枪定量穴喷。

复配剂及使用方法

（1）70%草甘·三氯吡可溶粉剂，主要用于非耕地防除杂草，茎叶喷雾，推荐亩用量80～120g；

（2）62%麦·草·三氯吡可湿性粉剂，主要用于非耕地防除杂草，茎叶喷雾，推荐亩用量90～120g等。

三氯吡氧乙酸丁氧基乙酯
（triclopyr-butotyl）

$C_{13}H_{16}Cl_3NO_4$，356.62，64700-56-7

化学名称　[（3,5,6-三氯吡啶-2-基）氧]乙酸 2-丁氧基乙酯。

其他名称　屠灌，灌清，绿草定-2-丁氧基乙酯。

理化性质　原药为无色液体，熔点-32℃，210℃分解，水中溶解度（20℃）为5.75mg/L，易溶于己烷、丙酮、甲苯、乙酸乙酯。土壤中易分解。

毒性　原药对大鼠急性经口毒性LD$_{50}$为500mg/kg，中等毒性，短期喂食毒性高；对山齿鹑急性毒性 LD_{50} 为 735mg/kg，中等毒性；对虹鳟 LC_{50}（96h）为 1.3mg/L，中等毒性；对大型溞 EC_{50}（48h）为 2.9mg/kg，中等毒性；对月牙藻 EC_{50}（72h）＞3.0mg/L，中等毒性；对蜜蜂低毒。具皮肤致敏性、呼吸道刺激性和无生殖影响，无神经毒性，无眼睛、皮肤刺激性，无致癌风险。

剂型　99%原药，45%、62%、70%乳油。

作用机理　内吸传导型选择性除草剂，通过植物的叶面和根系吸收，并在植物体内传导至全株，作用于核酸代谢，使植物产生过量核酸，从而使一些组织转变为分生组织，造成叶片、茎和根畸形，贮藏物质耗尽，维管束组织被栓塞或破裂，植株死亡。

防除对象　登记用于森林防除灌木和阔叶杂草。

使用方法　灌木、阔叶杂草始盛期低容量定向喷雾，45%乳油亩制剂用量 350～420mL 兑水 50kg 稀释均匀后喷雾。

注意事项　大风天或预计 6h 内降雨，请勿施药，避免药液喷洒或飘移到阔叶作物产生药害。

双草醚

（bispyribac-sodium）

$C_{19}H_{17}N_4NaO_8$, 452.35, 125401-92-5

化学名称　2,6-双-(4,6-二甲氧嘧啶-2-氧基)苯甲酸钠。

其他名称　农美利，双嘧草醚，Nominee，grass-short，Short-keep。

理化性质　纯品双草醚为白色粉状固体，熔点 223～224℃，溶解度（25℃，g/L）：水 73.3，甲醇 26.3，丙酮 0.043。

毒性　双草醚药大鼠急性 LD_{50}（mg/kg）：经口 4111（雄）、2635（雌）；大鼠＞2000；对兔皮肤无刺激性，对兔眼睛有轻度刺激性；以 1.1～1.4mg/(kg·d) 剂量饲喂大鼠两年，未发现异常现象；对鸟类、蜜蜂低毒；对动物无致畸、致突变、致癌作用。

作用机理　是高活性的乙酰乳酸合成酶（ALS）抑制剂，本品施药后能很快被杂草的茎叶吸收，并传导至整个植株，抑制植物分生组织生长，从而杀死杂草。高效、广谱、用量极低。

剂型 100g/L、10％、15％、20％、40％悬浮剂，10％、20％可分散油悬浮剂，95％原药，20％可湿性粉剂等。

防除对象 有效防除稻田稗草及其他禾本科杂草，兼治大多数阔叶杂草、一些莎草科杂草及对其他除草剂产生抗性的稗草。如稗草、双穗雀稗、稻李氏禾、马唐、匍茎剪股颖、看麦娘、东北甜茅、狼杷草、异形莎草、日照瓢拂草、碎米莎草、萤蔺、日本草、扁秆草、鸭舌草、雨久花、野慈姑、泽泻、眼子菜、谷精草、牛毛毡、节节菜、陌上菜、水竹叶、空心莲子草、花蔺等水稻田常见的绝大部分杂草。对大龄稗草和双穗雀稗有特效，可杀死1～7叶期的稗草。

使用方法

（1）直播稻田　本品在直播水稻出苗后到抽穗前均可使用，在稗草3～5叶期施药，效果最好。每亩用20％双草醚可湿性粉剂18～24g兑水25～30kg，均匀喷雾杂草茎叶。

（2）移栽田或抛秧田　水稻移栽田或抛秧田，应在移栽或抛秧15d以后，秧苗返青后施药，以避免用药过早，秧苗耐药性差，从而出现药害。每亩用20％双草醚可湿性粉剂12～18g兑水25～30kg，均匀喷雾杂草茎叶。施药前排干田水，使杂草全部露出，施药后1～2d灌水，保持3～5cm水层4～5d。

注意事项

（1）本品只能用于稻田除草，请勿用于其他作物。

（2）粳稻品种喷施本品后有叶片发黄现象，4～5d即可恢复，不影响产量。

（3）稗草1～7叶期均可用药，稗草小，用低剂量，稗草大，用高剂量。

（4）本品使用时加入有机硅助剂可提高药效。

复配剂及使用方法

（1）30％苄嘧·双草醚可湿性粉剂，防除直播水稻田一年生杂草，茎叶喷雾处理，推荐亩剂量为10～15g。

（2）20％氰氟·双草醚悬浮剂，防除直播水稻田一年生杂草，茎叶喷雾，推荐亩剂量为30～50mL。

（3）42％双醚·草甘膦水剂，防除非耕地杂草，茎叶喷雾，推荐亩剂量为350～450mL。

（4）25％唑草·双草醚可湿性粉剂，防除水稻移栽田一年生杂草，茎叶喷雾，推荐亩剂量为 10～15mL。

双氟磺草胺

（florasulam）

C₁₂H₈F₃N₅O₃S, 359.3, 145701-23-1

化学名称　$2',6'$-二氟-5-甲氧基-8-氟[1,2,4]三唑[1,5-c]嘧啶-2-磺酰苯胺。

其他名称　普瑞麦，麦喜为，麦施达，de-570。

理化性质　纯品为灰白色固体，熔点 193.5℃，202.5℃分解，相对密度 1.53，溶解度（20℃，mg/L）：水 6360，正庚烷 0.019，二甲苯 227，甲醇 9810，丙酮 123000。土壤中易分解。

毒性　原药对大鼠急性经口毒性 LD_{50} ＞5000mg/kg，低毒；对日本鹌鹑急性毒性 LD_{50} 为 1046mg/kg，中等毒性；对虹鳟 LC_{50}（96h）＞100mg/L，低毒；对大型溞 EC_{50}（48h）＞292mg/kg，低毒；对某未知藻类 EC_{50}（72h）为 0.00894mg/L，高毒；对蜜蜂、蚯蚓低毒。对呼吸道具刺激性，无神经毒性，无眼睛和皮肤刺激性，无染色体畸变和致癌风险。

剂型　97％、98％原药，5％、50g/L、10％悬浮剂，5％可分散油悬浮剂，10％、25％水分散粒剂，10％可湿性粉剂。

作用机理　双氟磺草胺是三唑并嘧啶磺酰胺类超高效除草剂，是选择内吸传导型除草剂，可被植物根部和嫩芽吸收，通过木质部和韧皮部快速传导至杂草全株，抑制支链氨基酸的合成。在低温下药效稳定，即使是在 2℃时仍能保证稳定药效，这一点是其他除草剂无法比拟的。

防除对象　用于小麦田防除阔叶杂草如看麦娘、猪殃殃、播娘蒿、泽漆、繁缕、蓼属杂草、菊科杂草等。

使用方法　小麦返青至拔节期、杂草 2～5 叶期施药，以 25％水分散粒剂为例，亩制剂用量 1～1.2g 兑水 15～30kg 稀释均匀后茎叶喷雾。

复配剂及使用方法

（1）16％双氟·氯氟吡悬乳剂，主要用于冬小麦田、高羊茅草坪、玉米田防除一年生阔叶杂草，茎叶喷雾，推荐亩用量 30～40mL（冬小麦田）、30～40mL（高羊茅草坪）、15～30mL（玉米田）；

（2）8％双氟•唑草酮悬乳剂，主要用于冬小麦田防除一年生阔叶杂草，茎叶喷雾，推荐亩用量 10～15mL；

（3）37％滴辛酯•炔草酯•双氟悬乳剂，主要用于小麦田防除一年生杂草，茎叶喷雾，推荐亩用量 20～40mL；

（4）25％ 2甲•二磺•双氟可分散油悬浮剂，主要用于冬小麦田防除一年生杂草，茎叶喷雾，推荐亩用量 60～80mL；

（5）15％双氟•氯氟吡悬乳剂，主要用于冬小麦田防除一年生阔叶杂草，茎叶喷雾，推荐亩用量 40～60mL 等。

双环磺草酮

（benzobicyclon）

$C_{22}H_{19}ClO_4S_2$, 446.96, 156963-66-5

化学名称　3-(2-氯-4-甲基苯甲酰基)-4-苯基硫代双环[3,2,1]-2-辛烯-4-酮。

理化性质　原药为淡黄色结晶固体，相对密度 1.45，辛醇-水分配系数（pH 7，20℃）lgK_{ow} 为 3.1，溶解度（20℃，mg/L）：水 0.052。

毒性　原药对大鼠急性经口毒性 LD_{50}＞5000mg/kg，低毒；对绿头鸭急性毒性 LD_{50}＞2250mg/kg，低毒；对鲤鱼 LC_{50}（96h）＞10.0mg/L，中等毒性；大型溞 EC_{50}（48h）＞1.0mg/kg，中等毒性；对月牙藻 EC_{50}（72h）为 1.0mg/L，中等毒性；对蜜蜂低毒。

剂型　98％原药，25％悬浮剂。

作用机理　双环辛烷类内吸传导型除草剂，主要通过根茎部吸收，抑制对羟基苯基丙酮酸双氧化酶（HPPD）活性，影响质体醌合成和胡萝卜素生物合成，使叶面白化死亡。

防除对象　用于水稻移栽田防除一年生杂草，如萤蔺、异型莎草、扁秆藨草、鸭舌草、雨久花、陌上菜、泽泻、幼龄稗草、假稻、千金子等。

使用方法 水稻移栽当天或移栽后 1～5d，水面喷雾施药，25% 悬浮剂亩制剂用量 40～60mL，兑水 15～30kg 稀释均匀后喷雾，施药时保持 3～5cm 水层，药后保水 5～7d，不得淹没稻心叶。

注意事项 对粳稻安全，对籼稻敏感，不得使用。

双氯磺草胺
（diclosulam）

$C_{13}H_{10}Cl_2FN_5O_3S$, 406.22, 145701-21-9

化学名称 N-(2,6-二氯苯基)-5-乙氧基-7-氟[1,2,4]三唑并[1,5-c]嘧啶-2-磺酰胺。

理化性质 原药为类白色固体，熔点 220℃，相对密度 1.74，水溶液弱酸性，溶解度（20℃，mg/L）：水 6.32，丙酮 7970，二氯甲烷 2170，乙酸乙酯 1450，甲醇 813。

毒性 原药对大鼠急性经口毒性 $LD_{50} > 5000$mg/kg，低毒；对山齿鹑急性毒性 $LD_{50} > 2250$mg/kg，低毒；对虹鳟 LC_{50}(96h) > 110mg/L，低毒；对大型溞 EC_{50}(48h) 为 72mg/kg，中等毒性；对月牙藻 EC_{50}(72h) > 0.01mg/L，中等毒性；对蜜蜂、蚯蚓中等毒性。对眼睛、皮肤具刺激性，无神经毒性和生殖影响，无染色体畸变和致癌风险。

剂型 95% 原药，84% 水分散粒剂。

作用机理 磺酰胺类除草剂，通过杂草叶、鞘部、茎或根吸收，在生长点累积，抑制乙酰乳酸合成酶，阻碍支链氨基酸、蛋白质合成，造成杂草停止生长，黄化，然后枯死。

防除对象 登记用于夏大豆田防除一年生阔叶杂草，如凹头苋、反枝苋、马齿苋、鸭跖草、苘麻、碎米莎草等。

使用方法 播后苗前，土壤均匀喷雾，84% 水分散粒剂亩制剂用量 2～4g，兑水 30～45kg 稀释均匀后进行喷雾。

注意事项

（1）在无风无雨时施药，避免雾滴飘移，危害周围作物。

（2）南方地区低温阴雨时，不宜使用高剂量。

（3）后茬不宜种植苋菜、蔬菜等敏感作物，与敏感作物套种的大豆田慎用。

双唑草腈
（pyraclonil）

C$_{15}$H$_{15}$ClN$_6$, 314.8, 158353-15-2

化学名称　1-(3-氯-4,5,6,7-四氢吡唑并[1,5-*a*]吡啶-2-基)-5-[甲基(丙-2-炔基)氨基]吡唑-4-腈。

其他名称　稻田盛夫，AEB 172391，Pyrazogyl。

理化性质　纯品为白色固体，熔点 93.1℃，水中溶解度（20℃）：50.1mg/L，蒸气压 1.9×10^{-7}Pa（25℃）。

毒性　原药对大鼠急性经口毒性 LD$_{50}$ 为 4979mg/kg，对大鼠急性经皮毒性 LD$_{50}$＞2000mg/kg，低毒；对鲤鱼 LC$_{50}$（96h）＞28mg/L，中等毒性；大型溞 EC$_{50}$（48h）＞16.3mg/kg，中等毒性。对眼睛、皮肤、呼吸道具刺激性。

剂型　97％原药，2％颗粒剂。

作用机理　双唑草腈为原卟啉原氧化酶（PPO）抑制剂，植物根和叶基部为其可能的主要吸收部位，通过抑制植物体内叶绿素合成过程中原卟啉原氧化酶而破坏细胞膜，使叶片迅速干枯、死亡。

防除对象　主要用于水稻田防除一年生杂草，如稗草（幼龄）、凹头苋、鸭舌草、陌菜、节节菜、沟繁缕、萤蔺、紫水苋菜、鳢肠、狼杷草、田皂角、扁秆藨草、矮慈姑、雨久花、狭叶母草等，同时可防除对磺酰脲类除草剂产生耐药性的杂草（萤蔺、雨久花、鸭舌草等），对双穗雀稗、日本藨草、假稻防效较差。

使用方法　人工插秧 5～7d，或者机插 8～10d 后，杂草 1～2 叶期时，直接撒施或者拌土、肥均匀撒施，2％颗粒剂亩用量 550～700g，撒施后保水 3～5cm 4～5d，水层不要淹没心叶，如遇大雨应及时排水。

注意事项

（1）田块应整平，否则会影响药效。

（2）早春低温 4 叶期以下的早稻移栽田不宜使用。

（3）机插秧、抛秧田由于根系浅，需等秧苗返青后施药。

（4）对水稻安全，对残效期适中，对后茬作物无影响。

（5）稗草大量发生时可与其他除稗剂如丙草胺、丁草胺、苯噻酰草胺混用。

双唑草酮

（bipyrazone）

C$_{20}$H$_{19}$SN$_4$F$_3$O$_5$，484.4，1622908-18-2

化学名称　1,3-二甲基-1*H*-吡唑-4-甲酸-1,3-二甲基-4-(2-甲基磺酰基)-4-(三氟甲基)苯甲酰基-1*H*-吡唑-5-基酯。

作用机理　具有内吸传导作用的新型 HPPD 抑制剂，使对羟基苯基丙酮酸转化为尿黑酸的过程受阻，从而导致生育酚及质体醌无法正常合成，影响靶标体内类胡萝卜素合成，导致叶片发白。与当前麦田常用的双氟磺草胺、苯磺隆、苄嘧磺隆、噻吩磺隆等 ALS 抑制剂类除草剂，唑草酮、乙羧氟草醚等 PPO 抑制剂类除草剂以及 2 甲 4 氯钠、2,4-D 等激素类除草剂不存在交互抗性。

剂型　96％原药，10％可分散油悬浮剂。

防除对象　用于小麦田防除猪殃殃、播娘蒿、繁缕、牛繁缕、荠菜、麦家公、野油菜、宝盖草、泽漆、野老鹳、大巢菜等杂草。

使用方法　冬小麦返青至拔节前、阔叶杂草 2～5 叶期进行茎叶喷雾，10％双唑草酮可分散油悬浮剂亩制剂用量 20～25mL 兑水 15～30kg。

注意事项

（1）最适施药温度 10～25℃。

（2）大风天或预计 8h 内降雨，请勿施药。

（3）施药时避免药液飘移到邻近阔叶作物上，以防产生药害。

复配剂及使用方法　22％氟吡·双唑酮可分散油悬浮剂，主要用于冬小麦田防除一年生阔叶杂草，茎叶喷雾，推荐亩用量 30～50mL。

莎稗磷

（anilofos）

$C_{13}H_{19}ClNO_3PS_2$, 367.9, 64249-01-0

化学名称 S-4-氯-N-异丙基苯氨基甲酰基甲基-O,O-二甲基二硫代磷酸酯。

其他名称 阿罗津，赛稗津，业香源，Rico，Arozin，Hoe 30374。

理化性质 纯品莎稗磷为无色至浅棕色晶体，熔点 51℃，150℃分解，相对密度 1.27，溶解度（20℃，mg/L）：水 9.4，丙酮、乙酸乙酯、甲苯 1000000，己烷 12000。

毒性 莎稗磷原药对大鼠急性经口毒性 LD_{50} 为 472mg/kg，中等毒性；对日本鹌鹑急性毒性 LD_{50}＞3360mg/kg，低毒；对虹鳟 LC_{50}（96h）＞2.8mg/L，中等毒性；对大型溞 EC_{50}（48h）＞56mg/kg，中等毒性；对蜜蜂中等毒性。对皮肤和呼吸道具刺激性，具神经毒性，无眼睛刺激性。

作用机理 内吸性传导型土壤处理的选择性除草剂，主要被幼芽和地下茎吸收，抑制植物细胞分裂与伸长，对正在萌发的杂草幼芽效果好，对已长大的杂草效果差。受害植物叶片深绿、变短、厚、脆，心叶不易抽出，生长停止，最后枯死，持效期 20～40d。

剂型 90％、91％、95％原药，30％、300g/L、40％、45％乳油，20％水乳剂，36％微乳剂，50％可湿性粉剂。

防除对象 用于水稻田防除一年生禾本科杂草和莎草科杂草，如马唐、狗尾草、蟋蟀草、野燕麦、苋、稗草、千金子、鸭舌草和水莎草、异型莎草、碎米莎草、节节菜、蘑草和牛毛毡等，对阔叶杂草防效差。

使用方法 南方在水稻移栽后 4～8d，北方在水稻移栽前 3～5d 或移栽后 2～3 周，稗草萌发期至 2 叶期，以 30％乳油为例，亩制剂用量 60～70mL（南方）、70～80mL（北方），拌细沙土或者化肥 5～7kg，均匀撒施，控制水层 3～5cm，保水 5～7d，水层不得淹没稻心。

注意事项

（1）早育秧苗对本品的耐药性与丁草胺相近，轻度药害一般在 3～4 周消失，对分蘖和产量没有影响。

（2）水育秧苗即使在较高剂量时也无药害，若在栽后 3d 前施药，则药害很重，直播田的类似试验证明，苗后 10～14d 施药，作物对本品的耐药性差。

（3）本品颗粒剂分别施在 1cm、3cm、6cm 水深的稻田里，施药后水层保持 4～5d，对防效无影响。

（4）本品乳油或与 2,4-滴桶混喷雾在吸足水的土壤上，当施药时排去稻田水，24h 后再灌水，其除草效果提高很多。

复配剂及使用方法

（1）30％莎稗磷·乙氧磺隆可湿性粉剂，主要用于水稻移栽田防除一年生杂草，药土法，推荐亩用量 50～65mL；

（2）55％苯·苄·莎稗磷可湿性粉剂，主要用于水稻移栽田防除一年生杂草，药土法，推荐亩用量 90～100mL；

（3）42％噁·氧·莎稗磷乳油，主要用于水稻移栽田防除一年生杂草，药土法，推荐亩用量 40～50mL；

（4）32％吡嘧·莎稗磷乳油，主要用于水稻移栽田防除一年生杂草，药土法，推荐亩用量 60～70mL 等。

甜菜安

（desmedipham）

$C_{16}H_{16}N_2O_4$，300.3，13684-56-5

化学名称　{3-[（苯基氨基甲酰）氧基]苯基}氨基甲酸乙酯。

其他名称　异苯敌草，Betanal AM，Betamex，Schering 38107，SN38107，EP-475，Bethanol-475。

理化性质　纯品为无色结晶，熔点 118～119℃，蒸气压 $4×10^{-5}$ mPa（25℃）。水中溶解度（20℃）7mg/kg（pH 7），其他溶剂中溶解度（20℃，g/L）：丙酮 400，苯 1.6，氯仿 80，二氯甲烷 17.8，乙酸乙酯 149，己烷 0.5，甲醇 180，甲苯 1.2。

毒性　急性经口 LD_{50}（mg/kg）：大鼠＞10250，小鼠＞5000。兔急性经皮 LD_{50}＞4000mg/kg。在两年的饲养试验中，大鼠无作用剂量 60mg/kg 饲料，小鼠 1250mg/kg。野鸭和山齿鹑饲喂饲料 8d LC_{50}＞10000mg/kg 饲料。鱼毒 LC_{50}（96h）：虹鳟 1.7mg/L，太阳鱼 6.0mg/L。蜜蜂经口 LD_{50}＞50μg／只。

作用方式　二氨基甲酸酯类除草剂，芽后防除阔叶杂草，如反枝苋等。适用于甜菜作物，特别是糖甜菜，通常与甜菜宁混用。可制成乳油。

剂型　96％原药，16％乳油。

防除对象　防除甜菜田的阔叶杂草，如荞麦属杂草、藜属杂草、芥菜、苋属杂草、豚草属杂草、荠菜等。

使用方法　16％甜菜安每亩施药剂量为 360～408mL，作苗期茎叶处理，以杂草 2～4 叶期时防效最佳。该药对甜菜十分安全。土壤类型及温度对药效无影响。复配剂登记使用时常与甜菜宁（phenmedipham）以 1:1 的比例混用。该药仅由叶面吸收而起作用，在正常生长条件下受土壤类型和温度影响小。由于该药对作物十分安全，因此喷药时间仅由杂草的发育阶段来决定，杂草不多于 2～4 片真叶时防效最佳。

复配剂及使用方法

（1）160g/L 甜菜安·宁乳油（甜菜安 80g/L、甜菜宁 80g/L），防除甜菜地一年生阔叶杂草，推荐亩剂量为 360～408mL，喷雾处理。

（2）160g/L 甜菜安·宁乳油（甜菜安 80g/L、甜菜宁 80g/L），防除甜菜田一年生阔叶杂草，推荐亩剂量为 300～400mL，茎叶喷雾处理；防除草莓田一年生阔叶杂草，推荐亩剂量为 300～400mL，茎叶喷雾处理。

（3）21％安·宁·乙呋黄乳油（甜菜安 7％、甜菜宁 7％、乙氧呋草黄 7％），防除甜菜田一年生阔叶杂草，推荐亩剂量为 350～400mL，茎叶喷雾处理。

甜菜宁

(phenmedipham)

$C_{16}H_{16}N_2O_4$, 300.3, 13684-63-4

化学名称 3-[（甲氧羰基）氨基]苯基-N-（3-甲基苯基）氨基甲酸酯

其他名称 甜安宁，凯米丰，甲二威灵，凯米双，苯敌草，Betanal，Bentanal，Kemifam，PMP，SN 38584，ZK 15320，SW 4072，M 75，Schering 4075，Schering 38584。

理化性质 纯品为无色结晶，熔点 143～144℃，相对密度 0.20～0.30（20℃）。水中溶解度（20℃）6mg/L，其他溶剂中的溶解度（20℃，g/L）：丙酮、环己酮约 200，苯 2.5，氯仿 20，三氯甲烷 16.7，乙酸乙酯 56.3，乙烷约 0.5，甲醇约 50，甲苯 0.97。原药纯度＞97%，熔点 140～144℃，蒸气压 1.3nPa（20℃），在 200℃以上稳定，在 pH=5 时，水解 DT_{50} 为 50d，pH=7 时 14.5h，pH=9 时 10min。土壤中 DT_{50} 为 2d。制剂外观为浅色透明液体，相对密度 1.00（25℃），常温贮存稳定可达数年。

毒性 急性经口 LD_{50} 大鼠和小鼠＞8000mg/kg，狗和鹌鹑＞4000mg/kg，大鼠急性经皮 LD_{50}＞4000mg/kg。在两年的饲养试验中，大鼠无作用剂量 100mg/kg 饲料，狗 1000mg/kg，鸡口服毒性 LD_{50} 3000mg/kg，野鸭急性经口 LD_{50} 2100mg/kg，野鸭和山齿鹑饲喂 8d LC_{50}＞10000mg/kg 饲料。鱼毒 LC_{50}（96h）：虹鳟鱼 1.4～3.0mg/L，太阳鱼 3.98mg/L。蚯蚓 LD_{50} 447.6mg/kg 土壤。

作用方式 甜菜宁为选择性苗后茎叶处理剂。对甜菜田许多阔叶杂草有良好的防治效果，对甜菜高度安全。杂草通过茎叶吸收，传导到各部分。

剂型 16%乳油，96%、97%原药。

防除对象 甜菜宁适用于甜菜、草莓等作物防除多种阔叶杂草如藜属杂草、豚草属杂草、牛舌草、鼬瓣花、野芝麻、野萝卜、繁缕、荞麦蔓等，但是蓼、苋等双子叶杂草对其耐性强，对禾本科杂草和未萌发的杂草无效。

使用方法 甜菜宁可采用一次性用药或低量分次施药方法进行处理。一次用药的适宜时间为阔叶杂草 2～4 叶期，株高 5cm 以上。在气候条件不好、干旱、杂草出苗不齐的情况下宜于低量分次用药。一次施药的剂量为每亩用 16%凯米丰或 Betanal 乳油 330～400mL（有效成分 53.3～64g）。低量分次施药推荐每亩用商品量 200mL，每隔 7～10d 重复喷药 1 次，共 2～3 次即可。每亩兑水 20kg 均匀喷雾，高温低湿有助于杂草叶片吸收。本品可与其他防除单子叶杂草的除草剂（如烯禾啶等）混用，以扩大杀草谱。

注意事项

（1）配制药液时，应先在喷雾器药箱内加少量水，倒入药剂摇匀后加入足量水再摇匀。甜菜宁乳剂一经稀释，应立即喷雾，久置不用会有结晶沉淀形成。

（2）甜菜宁可与大多数杀虫剂混合使用，每次宜与一种药剂混合，随混随用。

（3）避免本药剂接触皮肤和眼睛，或吸入药雾。如果药液溅入眼中，应立即用大量清水冲洗，然后用阿托品解毒，无专门解毒剂，应对症治疗。

复配剂及使用方法

（1）160g/L甜菜安·宁乳油（甜菜安80g/L、甜菜宁80g/L），防除甜菜地一年生阔叶杂草，推荐亩剂量为360～408mL，喷雾处理。

（2）160g/L甜菜安·宁乳油（甜菜安80g/L、甜菜宁80g/L），防除甜菜田一年生阔叶杂草，推荐亩剂量为300～400mL，茎叶喷雾处理；防除草莓田一年生阔叶杂草，推荐亩剂量为300～400mL，茎叶喷雾处理。

（3）21%安·宁·乙呋黄乳油（甜菜安7%、甜菜宁7%、乙氧呋草黄7%），防除甜菜田一年生阔叶杂草，推荐亩剂量为350～400mL，茎叶喷雾处理。

特丁津

（terbuthylazine）

$C_9H_{16}ClN_5$, 229.71, 5915-41-3

化学名称　6-氯-N-（1，1-二甲乙基）-N'-乙基-1，3，5-三嗪-2，4-二胺。

理化性质　原药为白色晶体状粉末，熔点175℃，224℃分解，相对密度1.19，溶解度（20℃，mg/L）：水6.6，丙酮41000，甲苯

9800，正辛醇 12000，正己烷 410。

毒性 原药对大鼠急性经口毒性 $LD_{50} > 1000mg/kg$，中等毒性，短期喂食毒性高；对山齿鹑急性毒性 $LD_{50} > 1236mg/kg$，中等毒性；对虹鳟 LC_{50}（96h）为 2.2mg/L，中等毒性；对大型溞 EC_{50}（48h）为 21.2mg/kg，中等毒性；对月牙藻 EC_{50}（72h）为 0.012mg/L，中等毒性；对蜜蜂、蚯蚓中等毒性。具眼睛、呼吸道刺激性和皮肤致敏性，无染色体畸变风险。

剂型 97％原药，25％可分散油悬浮剂，50％悬浮剂。

作用机理 三嗪类选择性内吸传导型除草剂，主要通过根部吸收，茎叶吸收较少，传导到植物分生组织及叶部，干扰光合作用，使杂草死亡。

防除对象 登记用于玉米田防除一年生禾本科杂草、莎草和某些阔叶杂草，对阔叶杂草效果优于禾本科杂草，但对多年生杂草效果较差。

使用方法 春玉米播后苗前、一年生杂草 3～5 叶前施药，进行土壤处理，50％悬浮剂亩制剂用量 80～120mL，兑水 30～50L 稀释均匀后喷雾。也登记用于春、夏玉米 3～5 叶期进行茎叶喷雾，25％可分散油悬浮剂亩制剂用量 180～200mL。

注意事项

（1）避开低温、高湿天气，施药后发生大量降雨时玉米易发生药害，积水的玉米田更为严重，雨前 1～2d 内施药对玉米不安全。

（2）春玉米与其他作物间套或混种，不宜使用。药后 3 个月以内不能种植大豆、十字花科蔬菜等。连续使用含特丁津的除草剂后茬作物需谨慎选择，种植指数高的地区不宜使用。

（3）后茬不宜种植苋菜、蔬菜等敏感作物，与敏感作物套种的大豆田慎用。

复配剂及使用方法

（1）30％烟嘧·特丁津可分散油悬浮剂，主要用于玉米田防除一年生杂草，茎叶喷雾，推荐亩用量 180～220mL；

（2）55％特津·硝·异丙悬乳剂，主要用于玉米田防除一年生杂草，茎叶喷雾，推荐亩用量 70～100mL；

（3）50％草胺·特丁津悬乳剂，主要用于春玉米田防除一年生杂草，土壤喷雾，推荐亩用量 200～250mL 等。

特丁净

(terbutryn)

$$C_{10}H_{19}N_5S, 241.36, 886-50-0$$

化学名称 2-甲硫基-4-乙氨基-6-特丁氨基-1,3,5-三嗪。

理化性质 原药为白色或无色晶体状粉末，熔点104℃，相对密度1.12，水溶液弱碱性，溶解度（20℃，mg/L）：水25，丙酮220000，己烷9000，正辛醇130000，甲醇220000。

毒性 原药对大鼠急性经口毒性 $LD_{50}>2500mg/kg$，低毒；对绿头鸭急性毒性 $LD_{50}>4640mg/kg$，低毒；对虹鳟 $LC_{50}(96h)>1.1mg/L$，中等毒性；对大型溞 $EC_{50}(48h)>2.66mg/kg$，中等毒性；对月牙藻 $EC_{50}(72h)$ 为 $0.0024mg/L$，高毒；对蜜蜂低毒，对蚯蚓中等毒性。具眼睛刺激性，无呼吸道、皮肤刺激性，无神经毒性和染色体畸变风险。

剂型 97%原药，50%悬浮剂。

作用机理 三嗪类选择性内吸传导型除草剂，以根部吸收为主，也可被芽和茎叶吸收，运送到绿色叶片内抑制光合作用。

防除对象 用于冬小麦田防除一年生杂草。

使用方法 播后苗前施药，进行土壤处理，50%悬浮剂亩制剂用量160～240mL，兑水30～50L稀释均匀后喷雾。

注意事项

（1）施用时保持畦面湿润。

（2）以春季一年生杂草发生为主的冬小麦田不适合使用。

复配剂及使用方法 50%异甲·特丁净乳油，主要用于花生田防除一年生杂草，土壤喷雾，推荐亩用量200～300mL。

五氟磺草胺

（penoxsulam）

$C_{16}H_{14}F_5N_5O_5S$, 483.4, 219714-96-2

化学名称　3-(2,2-二氟乙氧基)-N-(5,8-二甲氧基-[1,2,4]三唑并[1,5-c]嘧啶-2-基)-α,α,α-三氟苯基-2-磺酰胺。

其他名称　DE-638，XDE-638，XR-638，DASH-001，DASH-1100，X-638177，Clipper 25 OD，Cranite gR，graniee SC，稻杰，稻盛。

理化性质　原药为浅褐色固体，熔点212℃，214℃分解，相对密度1.61，蒸气压$2.49×10^{-14}$Pa（20℃），$9.55×10^{-14}$Pa（25℃），溶解度（20℃，mg/L）：水408，丙酮20300，甲醇1480，正辛醇35，乙腈15300。

毒性　原药对大鼠急性经口毒性LD_{50}＞5000mg/kg，低毒；对山齿鹑急性毒性LD_{50}＞2025mg/kg，低毒；对虹鳟LC_{50}（96h）＞100mg/L，低毒；对大型溞EC_{50}（48h）为98.3mg/kg，中等毒性；对鱼腥藻EC_{50}（72h）为0.49mg/L，中等毒性；对蜜蜂、蚯蚓低毒。无眼睛、皮肤、呼吸道无刺激性和神经毒性，无生殖影响和染色体畸变风险。

作用机理　三唑并嘧啶磺酰胺类苗后用除草剂，通过抑制乙酰乳酸合成酶（ALS）而起作用，为传导型除草剂。经茎叶、幼芽及根系吸收，通过木质部和韧皮部传导至分生组织，抑制植株生长，使生长点失绿，处理后7～14d顶芽变红，坏死，2～4周植株死亡。

剂型　98%原药，25g/L、50g/L、5%、10%、15%、20%可分散油悬浮剂，22%悬浮剂，0.025%、0.12%、0.3%颗粒剂。

防除对象　为稻田用广谱除草剂，对稗草、一年生莎草以及多种阔叶草均有良好的防效，对千金子防效不佳，持效期长达30～60天，一次用药能基本控制全季杂草危害。

使用方法　五氟磺草胺适用于水稻的旱直播田、水直播田、秧田以及抛秧、插秧栽培田。于水稻田稗草2～3叶期，秧田稗草1.5～2.5叶期施药，以25g/L可分散油悬浮剂为例，亩制剂用量40～80mL（水稻抛秧田、移栽田、直播田）和35～45mL（秧田），兑水20～30kg，混合均匀后茎叶喷雾，也可毒土法施药。施药时应保留浅水层，杂草露出水面2/3以上，药后24～72h灌水，保持3～5cm水层5～7h，水层勿淹没稻心。

注意事项

（1）严格按照推荐剂量施用，请勿擅自增加使用剂量，当剂量超高时，早期对水稻根部的生长有一定的抑制作用。

（2）施药量按稗草密度和叶龄确定，稗草密度大、草龄大，使用上限用药量。

（3）施药前后遇冷害或缓苗期、秧苗长势弱，可能存在药害风险，不推荐使用。

（4）不宜在缺水田、漏水田及盐碱田的田块使用。鱼或虾蟹套养稻田禁用，施药后的田水不得直接排入水体。

（5）在东北、西北秧田不推荐使用，在制种田使用等情况下，须根据当地示范试验结果使用。

复配剂及使用方法

（1）12%噁唑·五氟磺可分散油悬浮剂，主要用于水稻田（直播）防除一年生杂草，茎叶喷雾，推荐亩用量60～80mL；

（2）60g/L五氟·氰氟草可分散油悬浮剂，主要用于水稻田（直播）防除一年生杂草，茎叶喷雾，推荐亩用量100～130mL；

（3）16%五氟·唑·氰氟可分散油悬浮剂，主要用于水稻田（直播）防除一年生杂草，茎叶喷雾，推荐亩用量40～60mL；

（4）28%五氟·氰·氯吡可分散油悬浮剂，主要用于水稻田（直播）防除一年生杂草，茎叶喷雾，推荐亩用量40～50mL；

（5）6%五氟·嘧肟可分散油悬浮剂，主要用于水稻田（直播）防除一年生杂草，茎叶喷雾，推荐亩用量50～80mL；

（6）27%二氯·双·五氟可分散油悬浮剂，主要用于水稻田（直播）防除一年生杂草，茎叶喷雾，推荐亩用量60～80mL；

（7）15%丙噁·五氟磺可分散油悬浮剂，主要用于水稻移栽田防除一年生杂草，药土法，推荐亩用量30～40mL等。

戊炔草胺

（propyzamide）

$C_{12}H_{11}Cl_2NO$, 256.1, 23950-58-5

化学名称 3,5-二氯-N-（1,1-二甲基丙炔基）苯甲酰胺。

其他名称 炔苯酰草胺，拿草特，快敌蜱。

理化性质 纯品为无色结晶粉末，熔点156℃，沸点283℃，蒸气压（25℃）0.058mPa，溶解度（mg/L，20℃）：水9.0，丙酮139000，甲醇63800，正己烷501，甲苯9670。土壤与水中稳定，不易降解。

毒性 原药对大鼠急性经口毒性$LD_{50}>5000mg/kg$，低毒；对日本鹌鹑急性毒性$LD_{50}>5000mg/kg$，低毒；对虹鳟LC_{50}（96h）>4.7mg/L，中等毒性；大型溞EC_{50}（48h）>5.6mg/L，中等毒性；对月牙藻EC_{50}（72h）为2.8mg/L，中等毒性；对蜜蜂低毒；对蚯蚓中等毒性。对眼睛、皮肤可能具刺激性，无神经毒性、呼吸道刺激性和致敏性，有致癌风险。

作用机理 酰胺类除草剂，具内吸传导选择性，土壤中持效期长，主要通过根系吸收传导，干扰植物有丝分裂，进而抑制生长，出苗后仍可通过叶鞘吸收药剂抑制杂草生长。

剂型 97%、98%原药，50%可湿性粉剂，50%、80%、90%水分散粒剂。

防除对象 主要用于防治莴苣、姜田一年生杂草，对一年生禾本科杂草及部分小粒种子阔叶杂草具有较好防效，如马唐、看麦娘、稗草、早熟禾、狗尾草、藜、苋等。

使用方法 莴苣田，移栽莴苣定植前或直播莴苣播种后1~3d苗前，以50%可湿性粉剂为例，亩制剂用量200~250g，用水40kg，二次稀释后进行土壤喷雾；姜田，在姜播后苗前，以90%水分散粒剂为例，亩制剂用量100~120g，用水40kg，二次稀释后进行土壤喷雾。

注意事项

（1）一般播后芽前用药效果好于苗后早期。

（2）需在雨后或灌水后使用，药后避免破坏地表土层。

（3）不可与碱性物质混用，避免降低药效。

西草净
（simetryn）

$$SCH_3$$

C_2H_5HN—（triazine ring）—NHC_2H_5

$C_8H_{15}N_5S$, 213.3, 1014-70-6

化学名称　2-甲硫基-4,6-二（乙胺基）-1,3,5-三嗪。

其他名称　棉阔净，gy-Ben，g 32911。

理化性质　白色晶体状粉末，熔点 82.5℃，沸点 337℃，相对密度 1.02，溶解度（20℃，mg/L）：水 450（25℃），丙酮 400000，甲醇 380000，甲苯 300000，己烷 4000。

毒性　原药对大鼠急性经口毒性 LD_{50} >750mg/kg，中等毒性；对虹鳟 LC_{50}（96h）>7.0mg/L，中等毒性；对大型溞 EC_{50}（48h）>50mg/kg，中等毒性；对鱼腥藻 EC_{50}（72h）为 0.0098mg/L，高毒。对眼睛、皮肤无刺激性。

作用机理　西草净是选择性内吸传导型三氮苯类除草剂。主要从根部吸收，也可从茎叶透入体内，运输至绿色叶片内，抑制光合作用希尔反应，影响糖类的合成和淀粉的积累，发挥除草作用。西草净在土壤中移动性中等，药效长达 35~45d。

剂型　80%、94%原药，25%、55%可湿性粉剂，13%乳油。

防除对象　西草净用于稻田防除恶性杂草眼子菜效果好，对早期稗草、瓜皮草、牛毛草、水绵均有显著效果。施药晚则防效差，因此应视杂草基数选择施药适期及用药量。

使用方法　水稻分蘖盛期或末期，插秧后 15~30d，大部分眼子菜叶片转绿时，每亩用 25%可湿性粉剂 200~250g（东北地区）、100~150g（其他地区）混细潮土 20kg，均匀撒施。施药后保持 5~7cm 药水层 5~7d，勿淹没稻心叶。

注意事项

（1）根据杂草基数，选择合适的施药时间和用药剂量。田间以稗草和阔叶草为主，施药应适当提早，于秧苗返青后施药。但小苗、弱苗秧易产生药害，最好与除稗草药剂混用以减低用量。

（2）用药量要准确，避免重施。水稻生育期严禁茎叶喷雾，否则容易出现药害，应采用毒土法，撒药均匀。

（3）要求地平整，土壤质地 pH 对安全性影响较大，有机质含量少的沙质土，低洼排水不良地及重盐或强酸性土使用，易发生药害，不宜使用。

（4）用药时温度应在 30℃ 以下，超过 30℃ 易产生药害。西草净主要在北方使用。

（5）不同水稻品种对西草净耐药性不同。在新品种稻田使用西草净时，应注意水稻的敏感性。

（6）25% 西草净可湿性粉剂属低毒除草剂，但配药和施药人员仍需注意防治感染手、脸和皮肤，如有污染应及时清洗。施药后，各种工具要认真清洗，污水和剩余药液要妥善处理或保存，不得任意倾倒，以免污染水源、土壤和造成药害。

复配剂及使用方法

（1）5.3% 丁·西颗粒剂，主要用于水稻田防除多种杂草，撒施，推荐亩用量 1000～1510g（南方地区）、1510～2000g（东北地区）；

（2）28% 噁草·西草净乳油，主要用于水稻田防除一年生杂草，药土法，推荐亩用量 140～180mL；

（3）80% 苯·吡·西草净水分散粒剂，主要用于水稻移栽田防除一年生杂草，药土法，推荐亩用量 30～50g；

（4）45% 苄·西·扑草净可湿性粉剂，主要用于水稻移栽田防除一年生杂草，药土法，推荐亩用量 30～50g；

（5）18% 硝磺·西草净可湿性粉剂，主要用于水稻移栽田防除一年生杂草，药土法，推荐亩用量 100～140g；

（6）14% 丙草·西草净可湿性粉剂，主要用于水稻移栽田防除一年生杂草，甩施，推荐亩用量 260～340g 等。

西玛津

（simazine）

$C_7H_{12}ClN_5$, 201.7, 122-34-9

化学名称 2-氯-4,6-二乙氨基-1,3,5-三嗪。

其他名称 西玛嗪，田保净，gesatop，Princep，Simanex，Aquzine，Weedex。

理化性质 纯品为白色晶体，226℃降解，相对密度1.3，溶解度（20℃，mg/L）：水5，乙醇570，丙酮1500，甲苯130，正己烷3.1。化学性质稳定，但在较强的酸碱条件下和较高温度下易水解，生成无活性的羟基衍生物，无腐蚀性。

毒性 原药对大鼠急性经口毒性 $LD_{50}>5000mg/kg$，低毒，短期喂食毒性高；对绿头鸭急性毒性 LD_{50} 为 $4640mg/kg$，低毒；对蓝鳃鱼 LC_{50}（96h）为 $90mg/L$，中等毒性；对大型溞 EC_{50}（48h）为 $1.1mg/kg$，中等毒性；对 *Scenedesmus subspicatus* 的 EC_{50}（72h）为 $0.04mg/L$，中等毒性；对蜜蜂、蚯蚓中等毒性。无呼吸道刺激性，无染色体畸变风险。

作用机理 选择性内吸传导型土壤处理除草剂。被杂草的根系吸收后沿木质部随蒸腾流迅速向上传导到绿色叶片内，抑制杂草光合作用，使杂草饥饿而死亡。温度高时植物吸收传导快。西玛津的选择性是由不同植物生态及重量化等方面的差异所致。西玛津水溶性极小，在土壤中不易向下移动，被土壤吸附在表层形成药层，一年生杂草大多发生在浅层，杂草幼苗根吸收到药液而死，而深根性作物主根明显，并迅速下扎而不受害。在抗性植物体内含有谷胱甘肽-S-转移酶，通过谷胱甘肽轭合作用，使西玛津在其体内丧失毒性而对作物安全。

剂型 85%、90%、95%、97%、98%原药，50%悬浮剂，90%水分散粒剂，50%可湿性粉剂。

防除对象 西玛津登记用于茶园、甘蔗田、公路、红松苗圃、梨树（12年以上树龄）、苹果树（12年以上树龄）、森林防火道、铁路、玉米防除一年生阔叶杂草及禾本科杂草，如马唐、稗草、牛筋草、碎米莎草、野苋菜、苘麻、反枝苋、马齿苋、铁苋菜等。

使用方法 以50%可湿性粉剂为例：

（1）玉米播后苗前使用，亩制剂用量300～400g；

（2）甘蔗播种后或甘蔗埋垄后杂草发芽前使用，亩制剂用量150～250g；

（3）茶园田间杂草处于萌发盛期出土前土壤处理，亩制剂用量150～250g；

（4）红松苗圃制剂用量按照每平方米0.4～0.8g施药；

（5）果园于杂草萌发期使用，亩制剂用量240～400g；

（6）公路、铁路、防火道按照每平方米1.6～4g剂量兑水30～50kg稀释均匀后进行地表喷雾，勿喷至植株叶片上。

注意事项

（1）西玛津的残效期长，对某些敏感后茬作物生长有不良影响，如对小麦、大麦、棉花、大豆、水稻、十字花科蔬菜等有药害。施用西玛津的地块，不宜套种豆类、瓜类等敏感作物，以免发生药害。

（2）西玛津用药量应根据土壤的有机质含量、土壤质地、气温而定，一般气温高有机质含量低的沙质土用量低，反之用量高。在有机质含量很高的黑地块，因用量大成本高，最好不要用西玛津。

（3）西玛津不可用于落叶松的新播、换床苗圃以及一些玉米自交系新品种。

（4）西玛津可通过食道、呼吸道等引起人体中毒，中毒症状有全身不适、头晕、口中有异味、嗅觉减退或消失等；吸入西玛津可出现呼吸道刺激症状，重者引起支气管肺炎、肺出血、肺水肿及肝功能损害等；慢性中毒主要引起贫血。中毒时可采用一般急救措施和对症处理，治疗可应用抗贫血药物，呼吸困难时给予氧气吸入，还可给予维生素B和铁剂等。

烯草酮

（clethodim）

$C_{17}H_{26}ClNO_3S$, 359.91, 99129-21-2

化学名称　（±）-2-[（E）-1-[（E）-3-氯烯丙氧基亚氨基]丙基]-5-[2-（乙硫基）丙基]-3-羟基环己-2-烯酮。

其他名称　赛乐特，收乐通，Select，Selectone，RE-45601。

理化性质　纯品烯草酮为透明、琥珀色液体，沸点温度下分解；原药为淡黄色油状液体；溶解性（20℃）：溶于大多数有机溶剂；紫外线、高温及强酸碱介质中分解。

毒性　烯草酮原药急性LD_{50}（mg/kg）：大鼠经口1630（雄）、1360

（雌），兔经皮＞5000；对兔眼睛和皮肤有轻微刺激性；以 30mg/（kg·d）剂量饲喂大鼠两年，未发现异常现象；对鱼类低毒，对动物无致畸、致突变、致癌作用。

作用机理 本品是一种内吸传导型高选择性芽后除草剂，可迅速被植物叶片吸收，并传导到根部和生长点，抑制植物支链脂肪酸的生物合成，被处理的植物体生长缓慢并丧失竞争力，幼苗组织早期黄化，随后其余叶片萎蔫，导致杂草死亡。

剂型 120g/L，240g/L，24％，26％，30％，35％乳油，12％可分散油分散剂，90％，94％，95％原药，37％，70％母药。

防除对象 适用于大豆、油菜、棉花、花生等阔叶田防除野燕麦、马唐、狗尾草、牛筋草、早熟禾、硬草等一年生和多年生禾本科杂草以及许多阔叶作物田中的自生禾谷类作物。对于阔叶杂草或薹草则没有或稍有活性。禾本科作物如大麦、玉米、燕麦、水稻、高粱及小麦等对烯草酮敏感，因此，在非禾本科作物田中的这些自生作物可用烯草酮防除。

使用方法 在禾本科杂草生长旺盛期施药可获得最好的防除效果。干旱、低温（15℃以下）及其他不利因素有时会降低烯草酮的活性。一年生禾本科杂草于 3～5 叶期，多年生禾本科杂草于分蘖后施药；非施药适期则需要提高剂量或增加施药次数。如能获得雾滴的均匀分布，低喷液量（即 $50kg/hm^2$）比高喷液量（180～280kg/hm^2）更有效。加入植物油 2.34kg/hm^2，可提高生物活性。烯草酮中的有效成分在 1h 内即被植物吸收，因此，施药后的降雨不能降低效果。烯草酮可与某些防除双子叶杂草的除草剂混用。

多次施用低剂量的烯草酮 [28～56g（a.i.）/hm^2] 可有效地防除阿拉伯高粱。狗牙根比一年生杂草难于防除，施用烯草酮 [250g（a.i.）/hm^2] 1 次或 140g（a.i.）/hm^2 施用 2 次即可获得有效防除。

注意事项

（1）掌握施药适期很关键。一年生禾本科杂草草龄 3～5 叶期且生长旺盛时施药，对多年生禾本科杂草宜分蘖后施药。此时药剂易于喷洒到杂草叶面，杂草吸收传导速度也快，一次用药可有效防除大部分禾本科杂草。

（2）注意气候条件对药效的影响。温度过高会使杂草气孔关闭造成吸收缓慢，加之喷到叶面的药剂很快被蒸发，药效也就发挥不好。

（3）不宜用在大麦、玉米、燕麦、水稻、高粱及小麦等禾本科作物田。施药时也要避免药剂飘移到这些作物上，与禾本科作物间、混、套种的田块不能使用。

复配剂及使用方法

(1) 16%二吡·烯·草灵可分散油悬浮剂，防除油菜田一年生禾本科杂草及阔叶杂草，茎叶喷雾，推荐亩剂量为100~125g。

(2) 32%氟·松·烯草酮乳油，防除春大豆田一年生禾本科杂草及阔叶杂草，茎叶喷雾，推荐亩剂量为110~130mL。

(3) 15%砜嘧·烯草酮可分散油悬浮剂，防除马铃薯田一年生杂草，茎叶喷雾，推荐亩剂量为40~60mL；防除烟草田一年生杂草，定向茎叶喷雾，推荐亩剂量为30~50mL。

(4) 21%氟磺·烯草酮可分散油悬浮剂，防除绿豆田一年生杂草，茎叶喷雾，推荐亩剂量为100~120mL。

烯禾啶

（sethoxydim）

$C_{17}H_{29}NO_3S$, 327.48, 74051-80-2(I), 71441-80-0(II)

化学名称 (±)-(*EZ*)-2-[1-(乙氧基亚氨基)丁基]-5-[2-(乙硫基)丙基]-3-羟基环己-2-烯酮。

其他名称 拿捕净，西草杀，硫乙草丁，乙草丁，硫乙草灭，Checkmate，Expand，Nabugram，Sertin，Super Monolox。

理化性质 纯品稀禾啶为无嗅液体，沸点>90℃/4mPa；水中溶解度（20℃）为4.7g/L（pH 7），与甲醇、己烷、乙酸乙酯、甲苯、辛醇、二甲苯等有机溶剂互溶；不能与无机或有机铜化合物相混配。

毒性 原药急性LD_{50}（mg/kg）：大鼠经口3200~3500，大鼠经皮>5000；对兔眼睛和皮肤无刺激性；以17.2mg/(kg·d)剂量饲喂大鼠两年，未发现异常现象；对动物无致畸、致突变、致癌作用；对鱼类低毒。

作用机理 稀禾啶是一种具有高度选择性的芽后除草剂，主要通过杂草茎叶吸收，迅速传导到生长点和节间分生组织，抑制细胞分裂。其作用缓慢，禾本科杂草一般在施药后 3d 停止生长，5～7d 叶片褪绿、变紫，基本逐渐变褐枯死，10～14d 后整株枯死，对阔叶作物安全。本剂在土壤中残留时间短，施药后当天可播种阔叶作物，药后 4 周可播种禾谷类作物。

剂型　94％、95％、96％原药，12.5％、20％、25％乳油，50％母药。

防除对象　防除稗草、看麦娘、马唐、狗尾草、牛筋草、野燕麦、狗牙根、白茅、黑麦属、宿根高粱等一年生和多年生禾本科杂草，对阔叶杂草、莎草属、紫羊茅、早熟禾无效。

使用方法　用于苗后茎叶喷雾处理。主要是大豆、棉花、油菜、花生、马铃薯、甜菜、向日葵等作物防除一年生禾本科杂草和部分多年生禾本科杂草。用药量应根据杂草的生长情况和土壤墒情确定。水分适宜，杂草小，用量宜低，反之宜高。一般情况下，在一年生禾本科杂草 3～5 叶期，每亩使用 20％乳油 50～80mL；防除多年生禾本科杂草，每亩需使用 80～150mL，每亩加水 30～50kg 进行茎叶喷雾。阔叶杂草发生多的田块，应和防除阔叶杂草的除草剂混用或交替使用。在大豆田可与氟磺胺草醚（虎威）混用，或与灭草松等交替使用。

注意事项

（1）稀禾啶是防除禾本科杂草的除草剂，在使用时应注意避免药液飘移到小麦、水稻等禾本科作物上，以免发生药害。

（2）对阔叶杂草无效。阔叶草密度大时除结合中耕除草外，可采取稀禾啶与其他防除阔叶杂草的药剂混用或交替应用的措施。

（3）施药时间以早晚为好，中午或气温较高时不宜用药。干旱杂草较大或防除多年生禾本科杂草应适当增加用药量。

（4）12.5％和 20％乳油与磺酰脲类混用要慎重。

（5）施药后立即洗手、脸、漱口。药械要冲洗干净。

复配剂及使用方法

（1）20.8％氟磺·烯禾啶微乳剂，防除春大豆田一年生杂草，茎叶喷雾，推荐亩剂量为 130～150mL。

（2）31.5％氟胺·烯禾啶乳油，防除大豆田一年生杂草，茎叶喷雾，推荐亩剂量为 70～80mL。

酰嘧磺隆
（amidosulfuron）

$C_9H_{15}N_5O_7S_2$, 369.4, 120923-37-7

化学名称　1-(4,6-二甲氧基-2-嘧啶基)-3-(N-甲基甲磺酰胺磺酰基)-脲。

其他名称　好事达，使阔得，Hoestar，Adret，gratil。

理化性质　纯品为白色晶体状粉末，熔点 179℃，185℃分解，相对密度 1.51，土壤中易降解，溶解度（20℃，mg/L）：水 5600，丙酮 8100，乙酸乙酯 3000，甲苯 256，正己烷 1。

毒性　原药对大鼠急性经口毒性 LD_{50}＞5000mg/kg，低毒，短期喂食毒性中等；对山齿鹑经口 LD_{50}＞2000mg/kg，低毒；对蓝鳃鱼 LC_{50}(96h)＞100mg/L，低毒；对大型溞 EC_{50}(48h) 为 36mg/kg，中等毒性；对 *Scenedesmus subspicatus* 的 EC_{50}(72h) 为 47mg/L，低毒；对蜜蜂、黄蜂、蚯蚓低毒。对眼睛具刺激性，无皮肤、呼吸道刺激性和致敏性，无染色体畸变和致癌风险。

剂型　97%原药，50%水分散粒剂。

作用机理　乙酰乳酸合成酶抑制剂，通过杂草根和叶吸收，在植株体内传导，抑制细胞有些分裂，植株停止生长、叶色褪绿，而后枯死。施药后的除草效果不受天气影响，效果稳定。土壤中易被土壤微生物分解，不易在土壤中残留积累。

防除对象　用于小麦田防除多种恶性阔叶杂草如猪殃殃、播娘蒿、荠菜、苋、苣荬菜、田旋花、独行菜、野萝卜、本氏蓼、皱叶酸模等，对猪殃殃有特效。

使用方法　冬小麦 2～6 叶期、阔叶杂草出齐（2～5 叶期）且生长旺盛时施药，50%水分散粒剂亩制剂用量 3～4g 兑水 30kg，混匀后进行茎叶喷雾。

注意事项

(1) 冬季低温霜冻期、小麦起身拔节后、大雨前、低洼积水，以及遭受涝害、冻害、盐碱害、病害等胁迫的小麦田不宜施用，避免药害。

（2）杂草基本出齐苗后用药，越早越好。

（3）干旱、低温时杂草枯死速度减慢，但不影响最终药效。

复配剂及使用方法

（1）6.25%酰嘧·甲碘隆水分散粒剂，主要用于冬小麦田防除一年生阔叶杂草，喷雾，推荐亩用量10～20g；

（2）65%2甲·酰嘧可湿性粉剂，主要用于冬小麦田防除一年生阔叶杂草，茎叶喷雾，推荐亩用量30～40g；

（3）12%双氟·酰嘧水分散粒剂，主要用于小麦田防除一年生阔叶杂草，茎叶喷雾，推荐亩用量9～11g。

硝磺草酮

（mesotrione）

$C_{14}H_{13}NO_7S$, 339.32, 104206-82-8

化学名称　2-(4-甲磺酰基-2-硝基-苯甲酰基)环己烷-1,3-二酮。

其他名称　耘囍，玉踪，玉贝宁。

理化性质　纯品为黄色至棕褐色固体，熔点165.3℃，166℃分解，相对密度1.49，弱酸性，溶解度（20℃，mg/L）：水1500，丙酮93300，乙酸乙酯18600，甲苯3100，二甲苯1600。

毒性　原药对大鼠急性经口毒性LD_{50}＞5000mg/kg，低毒，短期喂食毒性高；对山齿鹑急性毒性LD_{50}＞37760mg/kg，低毒；对蓝鳃鱼LC_{50}（96h）＞120mg/L，低毒；大型溞EC_{50}（48h）＞622mg/kg，低毒；对月牙藻EC_{50}（72h）为3.5mg/L，中等毒性；对蜜蜂接触毒性低，喂食毒性中等，对蚯蚓低毒。对眼睛、皮肤具刺激性，无皮肤致敏性、神经毒性和生殖影响，无染色体畸变和致癌风险。

剂型　94%、95%、96%、97%、97.5%、98%原药，9%、10%、15%、20%、25%、40%悬浮剂，10%、15%、20%、25%、30%可分散油悬浮剂、82%、75%水分散粒剂，12%泡腾粒剂。

作用机理　三酮类除草剂，可被植物的根和茎叶吸收，通过抑制对羟基苯基酮酸酯双氧化酶的活性，导致酪氨酸的积累，使质体醌和生育酚的生物合成受阻，进而影响到类胡萝卜素的生物合成，杂草茎叶白化后死亡。

防除对象 主要用于玉米田、甘蔗田、水稻移栽田、早熟禾草坪防除一年生阔叶杂草和部分禾本科杂草，如苍耳、三裂叶豚草、苘麻、藜、苋、蓼、苘麻、红花酢浆草、香附子、马唐、狗尾草、牛筋草、稗草等。

使用方法

（1）玉米苗后 4～5 片叶、禾本科杂草 3～5 叶、阔叶杂草 2～4 叶期，10%悬浮剂亩制剂用量 100～120mL，兑水稀释后茎叶喷雾；

（2）甘蔗苗后、杂草 2～4 叶期，10%悬浮剂亩制剂用量 70～90mL，兑水稀释后茎叶喷雾；

（3）水稻移栽前 3d，10%悬浮剂亩制剂用量 40～50mL，毒土法施药，施药时田间水深 3～5cm，药后保水 5～7d，施药后 2d 内尽量只灌不排；

（4）冷季型草坪杂草旺盛生长期（2～4 叶前）施药，40%悬浮剂亩制剂用量 24～40mL 兑水 30～50kg 茎叶喷雾。

注意事项

（1）暖季型草坪，如狗牙根、海滨雀稗、结缕草和狼尾草等，对本品敏感，不能使用。草剪股颖和一年生早熟禾草坪对硝磺草酮敏感，不得使用。

（2）勿与任何有机磷类、氨基甲酸酯类杀虫剂混用或在间隔 7d 内使用。

（3）豆类和十字花科作物对硝磺草酮敏感，避免大风或极端天气条件下施药。后茬种植甜菜、苜蓿、烟草、蔬菜、油菜、豆类需先做试验后种植。一年两熟地区，后茬不得种植油菜。

（4）观赏玉米、甜玉米和爆裂玉米对硝磺草酮较敏感，应谨慎使用。不得用于玉米与其他作物的间、套或混种田。

（5）籼稻及含有籼稻血缘的粳稻有药害风险，不宜在这类水稻品种使用，如需使用应先进行试验后再考虑使用。

（6）茎叶喷雾时空气相对湿度较大（＞65%）时有利于杂草对药剂的吸收，增加除草效果。

复配剂及使用方法

（1）52%丁·硝·莠去津悬乳剂，主要用于玉米田防除一年生杂草，茎叶喷雾，推荐亩用量 120～150mL；

（2）16%硝·烟·氯吡嘧可分散油悬浮剂，主要用于玉米田防除一年生杂草，茎叶喷雾，推荐亩用量80～90mL；

（3）60%硝·2甲·莠灭可湿性粉剂，主要用于甘蔗田防除一年生杂草，茎叶喷雾，推荐亩用量100～120g；

（4）46%硝·灭·氰草津可湿性粉剂，主要用于甘蔗田防除一年生杂草，定向茎叶喷雾，推荐亩用量100～200g；

（5）81%苯·苄·硝草酮可湿性粉剂，主要用于水稻移栽田防除一年生杂草，药土法，推荐亩用量40～50g等。

辛酰碘苯腈

（ioxynil octanoate）

$C_{15}H_{17}I_2NO_2$, 497.1, 3861-47-0

化学名称　3,5-二碘-4-辛酰氧苯甲腈。

理化性质　原药为白色粉末，熔点56.6℃，240℃分解，相对密度1.81，溶解度（20℃，mg/L）：水0.03，丙酮1000000，乙酸乙酯1000000，甲醇111800，二甲苯1000000。土壤与水中不稳定，易降解。

毒性　原药对大鼠急性经口毒性LD_{50}为165mg/kg，中等毒性；对日本鹌鹑急性毒性$LD_{50}>677$mg/kg，中等毒性；对某鱼类LC_{50}（96h）为0.043mg/L，高毒；对大型溞EC_{50}（48h）为0.011mg/kg，高毒；对蜜蜂、蚯蚓中等毒性。具眼睛刺激性，无神经毒性和呼吸道、皮肤刺激性，无染色体畸变和致癌风险。

剂型　95%原药，30%水乳剂。

作用机理　具内吸活性的触杀型除草剂，能被植物茎叶迅速吸收，并通过抑制植物的电子传递、光合作用及呼吸作用而呈现杀草活性，在植物体其他部位无渗透作用，适合杂草幼期使用。

防除对象　用于玉米田防除一年生阔叶杂草。

使用方法　玉米3～4叶期、杂草2～4叶期施药，进行定向喷雾，30%水乳剂亩制剂用量120～170mL，兑水30～50L稀释均匀后定向喷雾，不要喷到玉米叶片上。

注意事项

（1）光照强，气温高，有利于药效发挥，加速杂草死亡。

（2）大风天或预计 6h 内降雨，不宜施药。

（3）不宜与肥料、助剂混用，易产生药害。

辛酰溴苯腈

（bromoxynil octanoate）

$$C_{15}H_{17}Br_2NO_2, 403.1, 1689-99-2$$

化学名称　3,5-二溴-4-辛酰氧苯甲腈。

其他名称　溴苯腈辛酸酯，阔草克。

理化性质　纯品为白色精细粉末，熔点 45.3℃，180℃分解，相对密度 1.638，溶解度（20℃，mg/L）：水 0.05，丙酮 1215000，乙酸乙酯 847000，甲醇 207000，甲苯 813000。土壤与水中不稳定，易降解。稳定性较溴苯腈强，实际应用辛酰溴苯腈较多。

毒性　溴苯腈原药对大鼠急性经口毒性 $LD_{50} > 141mg/kg$，中等毒性；对山齿鹑急性毒性 LD_{50} 为 170mg/kg，中等毒性；对虹鳟 LC_{50}（96h）为 0.041mg/L，高毒；对大型溞 EC_{50}（48h）为 0.044mg/kg，高毒；对月牙藻 EC_{50}（72h）$> 28mg/L$，低毒；对蜜蜂低毒；对蚯蚓中等毒性。对眼睛、皮肤、呼吸道无刺激性和神经毒性，具皮肤致敏性，无染色体畸变风险。

作用机理　溴苯腈是选择性苗后茎叶处理触杀型除草剂。主要经由叶片吸收，在植物体内进行极其有限的传导，通过抑制光合作用的各个过程迅速使植物组织坏死。

剂型　95%、97%原药，25%、30%乳油，25%可分散油悬浮剂。

防除对象　用于小麦、玉米、大蒜田防除一年生阔叶杂草，如播娘蒿、麦瓶草、猪殃殃、婆婆纳、藜、蓼、荠菜、麦家公等。

使用方法

（1）小麦田于小麦 3～6 叶期、阔叶杂草 2～4 叶期用药，25%乳油亩制剂用量 120～150mL（春小麦田）/100～150mL（冬小麦田），兑水 20～25kg 稀释均匀后喷撒。

（2）大蒜田于大蒜 3～4 叶期，阔叶杂草基本出齐后施药，25％乳油亩制剂用量 90～108mL。

（3）玉米田于玉米苗后 3～5 叶期、杂草出齐至 4 叶期施药，25％乳油亩制剂用量 100～150mL。

注意事项

（1）应选择晴天、光照强、气温高时用药，有利于药效发挥，加速杂草死亡。高温或低温均可降低产品使用效果，并加重药害反应。

（2）施药后需 6h 内无雨，以保证药效。

（3）不宜与肥料混用，也不能添加助剂，否则也会造成作物药害。不宜与呈碱性农药等物质混用。

（4）对阔叶作物敏感，施药时应避免药液飘移到这些作物上，以防产生药害。

复配剂及使用方法

（1）40％辛·烟·莠去津可分散油悬浮剂，主要用于玉米田防除一年生杂草，茎叶喷雾，推荐亩用量 70～90mL；

（2）30％辛·烟·氯氟吡可分散油悬浮剂，主要用于玉米田防除一年生杂草，茎叶喷雾，推荐亩用量 50～80mL；

（3）35％硝·辛·莠去津悬浮剂，主要用于玉米田防除一年生杂草，茎叶喷雾，推荐亩用量 200～250mL；

（4）20％烟嘧·辛酰溴可分散油悬浮剂，主要用于春玉米田防除一年生杂草，茎叶喷雾，推荐亩用量 80～100mL；

（5）43％ 2 甲·辛酰溴悬浮剂，主要用于小麦田防除一年生阔叶杂草，茎叶喷雾，推荐亩用量 100～120mL 等。

溴苯腈

（bromoxynil）

$C_7H_3Br_2NO$, 276.9, 1689-84-5

化学名称　3,5-二溴-4-羟基-1-氰基苯。

其他名称　伴地农，Brominil，Buctril，Brominal，Bronate，M&B

10064，Nu lawn weeder，16272RP，ENT-20852，ButiLChlorofos。

理化性质 纯品为透明至白色晶体，熔点 190.5℃，270℃分解，相对密度 1.63，溶解度（20℃，mg/L）：水 38000，丙酮 186000，甲醇 80500，正辛醇 46700，己经 51100。土壤与水中不稳定，半衰期短。

毒性 原药对大鼠急性经口毒性 LD_{50} 为 130mg/kg，中等毒性；短期喂食毒性高；对山齿鹑急性毒性 LD_{50} 为 217mg/kg，中等毒性；对蓝鳃鱼 LC_{50}（96h）>29.2mg/L，中等毒性；对大型溞 EC_{50}（48h）为 12.5mg/kg，中等毒性；对舟形藻的 EC_{50}（72h）为 0.12mg/L，中等毒性；对蜜蜂接触毒性低，喂食毒性中等；对黄蜂接触毒性低；对蚯蚓中等毒性。对眼睛、皮肤、呼吸道无刺激性，无神经毒性，具皮肤致敏性和生殖影响。

作用机理 溴苯腈是选择性苗后茎叶处理触杀型除草剂。主要经由叶片吸收，在植物体内进行极其有限的传导，通过抑制光合作用的各个过程迅速使植物组织坏死。施药 24h 内叶片褪绿，出现坏死斑。在气温较高、光线较强的条件下，加速叶片枯死。

剂型 97%原药，80%可溶粉剂。

防除对象 适用于小麦、玉米田防除阔叶杂草蓼、藜、苋、麦瓶草、龙葵、苍耳、猪毛菜、麦家公、田旋花、荞麦蔓等。

使用方法

（1）小麦田于 3～5 叶期、杂草 4 叶前施药，80%可溶粉剂亩制剂用量 30～40g 兑水 30～40kg 稀释后茎叶喷雾。

（2）玉米田于玉米 3～8 叶期、杂草 4 叶前施药，80%可溶粉剂亩制剂用量 40～50g 兑水 30～40kg 稀释后茎叶喷雾。

注意事项

（1）施用溴苯腈（伴地农）遇到低温或高湿的天气，除草效果可能降低，作物安全性降低。

（2）施药后需 6h 内无雨，以保证药效。

（3）不宜与肥料混用，也不能添加助剂，否则也会造成作物药害。

（4）为腈类除草剂，建议与其他作用机制不同的除草剂轮换使用。

（5）本药剂应贮存在 0℃以上的条件下，同时要注意存放在远离种子、化肥和食物以及儿童接触不到的地方。如本药在 0℃以下时发生冰冻，在使用时应将药剂放在温度较高的室内，并不断搅动，直至冰块溶解。

（6）对阔叶作物敏感，施药时应避免药液飘移到这些作物上，以防产生药害。

复配剂及使用方法

（1）38％2甲·溴苯腈可溶粉剂，主要用于冬小麦田防除一年生禾本科杂草及阔叶杂草或水稻旱直播田防除一年生阔叶杂草及部分莎草科杂草，茎叶喷雾，推荐亩用量85～100g（冬小麦田）、85～95g（水稻旱直播田）；

（2）78％溴腈·莠灭净可湿性粉剂，主要用于甘蔗田防除杂草或玉米田防除一年生杂草，茎叶喷雾，推荐亩用量150～250g（甘蔗田）、125～150g（玉米田）；

（3）75％烟嘧·溴苯腈水分散粒剂，主要用于玉米田防除一年生杂草，茎叶喷雾，推荐亩用量25～30g等。

烟嘧磺隆

（nicosulfuron）

$C_{15}H_{18}N_6O_6S$, 410.41, 111991-09-4

化学名称 2-(4,6-二甲氧嘧啶-2-基氨基羰基氨基磺酰基)-N,N-二甲基烟酰胺。

其他名称 烟磺隆，玉农乐，Accent，Nisshin，Sl 950，DPX-V 9360，MU 495。

理化性质 纯品烟嘧磺隆为白色粉末或无色晶体，熔点145℃，150℃分解，相对密度0.31，中性与碱性条件下稳定，酸性条件下易降解，溶解度（20℃，mg/L）：水7500，丙酮8900，二氯甲烷21300，甲醇400，乙酸乙酯2400。

毒性 原药对大鼠急性经口毒性LD_{50}＞5000mg/kg，低毒，短期喂食毒性中等；对山齿鹑急性毒性LD_{50}＞2000mg/kg，低毒；对虹鳟LC_{50}（96h）为65.7mg/L，中等毒性；对大型溞EC_{50}（48h）为90.0mg/kg，中等毒性；对鱼腥藻EC_{50}（72h）为7.8mg/L，中等毒性；对蜜蜂中等毒性；对蚯蚓低毒。对眼睛、皮肤、呼吸道具刺激性，具皮肤致敏性，无神经毒性，无染色体畸变风险。

作用机理　烟嘧磺隆被杂草叶片或根部迅速吸收后，通过木质部和韧皮部在植物体内传导，通过抑制植物体内乙酰乳酸合成酶（ALS）的活性，阻止支链氨基酸缬氨酸、亮氨酸与异亮氨酸合成，进而阻止细胞分裂，使敏感植物生长停滞、茎叶褪绿、逐渐枯死。施用后杂草停止生长，4～5d 新叶褪色、坏死，并逐步扩展到整个植株，一般条件下处理后 20～25d 植株死亡。

剂型　90%、94%、95%、96%、97%、98%原药，4%、4.2%、6%、8%、10%、20%可分散油悬浮剂，75%、80%可湿性粉剂。

防除对象　用于玉米田防除一年生、多年生禾本科杂草、某些阔叶杂草以及莎草科杂草，如稗草、野燕麦、狗尾草、马唐、牛筋草、野黍、香附子、画眉草、反枝苋、龙葵、苍耳、苘麻、问荆、刺儿菜等。

使用方法　玉米 3～5 叶期，杂草基本出齐，芽高达 5cm 左右施用，以 4%可分散油悬浮剂为例，每亩制剂用量 65～100mL 兑水 30～45kg，充分混匀后茎叶喷雾。

注意事项

（1）不要和有机磷杀虫剂混用或使用本剂前后 7d 内不要使用有机磷类杀虫剂，以免发生药害。

（2）作物对象玉米为马齿型和硬玉米品种，易产生药害，个别马齿型玉米品种如登海系列、济单 7 号较为敏感，同时甜玉米、糯玉米、爆裂玉米、制种田玉米田、自交系玉米田，及玉米 2 叶期和 10 叶期后，不宜使用。

（3）此药剂为玉米田专用除草剂，用在玉米以外的作物上会产生药害，施药时不要把药剂洒到或流入周围的其他作物田里。

（4）应选早晚气温低、风小时施药，土壤水分、空气温度适宜时施药有利于杂草对本品的吸收传导，长期干旱、低温和空气相对湿度低于 65%时不宜施药，施药 6h 后下雨，对本品无明显影响。

（5）对后茬小麦、大蒜、向日葵、苜蓿、马铃薯、大豆等无药害，但对小白菜、甜菜、菠菜、油菜、萝卜等有药害，应做好对后茬蔬菜的药害试验后再选择后茬作物种类。

复配剂及使用方法

（1）56%烟·莠·异丙甲可湿性粉剂，主要用于玉米田防除一年生杂草，茎叶喷雾，推荐亩用量 120～160g；

（2）16％硝・烟・氯吡嘧可分散油悬浮剂，主要用于玉米田防除一年生杂草，茎叶喷雾，推荐亩用量80～90mL；

（3）24％烟嘧・氨唑酮可分散油悬浮剂，主要用于玉米田防除一年生杂草，茎叶喷雾，推荐亩用量80～100mL；

（4）36％2甲・莠・烟嘧可分散油悬浮剂，主要用于玉米田防除一年生杂草，茎叶喷雾，推荐亩用量80～120mL等。

野麦畏

(triallate)

$$\text{(CH}_3)_2\text{CH}$$
$$\text{(CH}_3)_2\text{HC—N—C—S—CH}_2\text{—C=C—Cl}$$

$C_{10}H_{16}Cl_3NOS, 304.66, 2303-17-5$

化学名称 S-(2,3,3-三氯丙烯基)-N,N-二异丙基硫赶氨基甲酸酯。

其他名称 阿畏达，燕麦畏，三氯烯丹，Fargo。

理化性质 野麦畏工业品为琥珀色液体。略带特殊气味，纯品为无色或淡黄色固体，熔点29～30℃，沸点136℃/133.3Pa，沸点117℃/40mPa，相对密度1.27（25℃），分解温度大于200℃。可溶于丙酮、三乙胺、苯、乙酸乙酯等大多数溶剂。20℃在水中的溶解度为40mg/kg，不易燃、不易爆，无腐蚀性；紫外线辐射不易分解，常温下稳定。

毒性 野麦畏属于低毒除草剂，原药大鼠经口 LD_{50} 为 1675～2165mg/kg，家兔急性经皮 LD_{50} 为 2225～4050mg/kg。大鼠急性吸入 $LC_{50} > 5.3mg/L$，对眼睛有轻度的刺激作用，对皮肤有中等的刺激性，在动物体内的积蓄作用属于中等。Ames 试验为阴性（对 TA_{1535}，TA_{98}，TA_{100}），有轻度诱变作用。野麦畏剂量组可导致小鼠骨髓细胞微核率增高。

作用机理 野麦畏为防除野燕麦类的选择性土壤处理剂。野燕麦在萌芽通过土层时，主要由芽鞘或第一片叶吸收药剂，并在体内传导，生长点部位最为敏感，影响细胞的有丝分裂和蛋白质的合成，抑制细胞生长，芽鞘顶端膨大，鞘顶空心，致使野燕麦能出土而死亡；而出苗后的野燕麦，由根部吸收药剂，野燕麦吸收药剂中毒后，生长停止，叶片深绿，心叶干枯而死亡。小麦萌发24h后便有较强的耐药性。野麦畏挥发性强，其蒸气对野麦也有毒杀作用，施后要及时混土。在土壤中主要为土壤微生物分解。适用于小麦、大麦、青稞、油菜、豌豆、蚕豆、亚麻、甜菜、大豆等作物田防除野燕麦。

剂型 94%、97%原药，40%微囊悬浮剂，37%、400g/L乳油。

防除对象 适用于小麦、大麦、青稞、油菜、豌豆、蚕豆、亚麻、甜菜、大豆等作物中防除野燕麦。

使用方法

(1) 播前施药深混土处理 适用于干旱多风的西北、东北、华北等春麦区应用。对小麦、大麦、青稞较安全，药害伤苗一般不超过1%，不影响基本苗。在小麦、大麦（青稞）等播种之前，将地整平，每亩用400g/L野麦畏乳油150～200mL，加水20～40kg，混匀后喷洒于地表。也可混潮湿细沙（土），每亩用40～50kg，充分混匀后均匀撒施。施药后要求在2h内进行混土，混土深度为8～10cm（播种深度为5～6cm），以拖拉机圆盘耙或手扶拖拉机旋耕器混土最佳，随施随混土。如混土过深（14cm），除草效果差；混土浅（5～6cm），对小麦、青稞药害加重。混土后播种小麦、青稞。土壤墒情适宜，土层疏松，药土混合作用良好，药效高，药害轻。若田间过于干旱，地表板结，耕翻形成大土块，既影响药效，也影响小麦出苗；若田间过于潮湿，则影响药土混合的均匀程度。药剂处理后至小麦出苗前，如遇大雨雪造成表土板结，应注意及时耙松表土，以减轻药害，利于保苗。

(2) 播后苗前浅混土处理 一般适用于播种时雨水多，温度较高，土壤潮湿和冬麦区。在小麦、大麦等播种后，出苗前施药，每亩用40%野麦畏微囊悬浮剂200mL，加水喷雾，或拌潮湿沙土撒施。施药后立即浅混土2～3cm，以不耙出小麦种、不伤害麦芽为宜。施药后如遇干旱除草效果往往较差。

注意事项

(1) 野麦畏具有挥发性，需随施药随混土，如间隔4h后混土，除草效果显著降低，如相隔24h后混土，除草效果只有50%左右。

(2) 播种深度与药效、药害关系很大。如果小麦种子在药层之中直接接触药剂，则会产生药害。

(3) 野麦畏人体每日允许摄入量（ADI）是0.17mg/kg。使用野麦畏应遵守我国农药合理使用准则系列标准（GB/T 8321.1～GB/T 8321.10），每亩最高用药量为40%微囊悬浮剂200mL，使用方法为喷雾（土壤处理或苗后处理），最多使用1次。最后1次施药应在春小麦播种前 5～7d。

(4) 野麦畏对眼睛和皮肤有刺激性，使用时应注意防护。药液若溅入眼睛，应立即用清水冲洗，最好找医生治疗；溅到皮肤上，用肥皂洗净。经药液污染的衣服，需洗净后再穿。吞服对身体有害，严禁儿童接触药液。

(5) 野麦畏乳油具有可燃性，应在空气流通处操作，切勿贮存在高温或有明火的地方，应贮存于阴凉、温度在零度以上的库房。若有渗漏，应用水冲洗。

(6) 在贮存使用过程中，要避免污染饮水、粮食、种子或饲料。

野燕枯

（difenzoquat）

$C_{17}H_{17}N_2$, 249.3, 49866-87-7

化学名称　1,2-二甲基-3,5-二苯基吡唑阳离子。

其他名称　燕麦枯，双苯唑快，Avenge，Finaven。

理化性质　纯品为无色无臭晶体，易吸潮，熔点 155℃，160℃分解，蒸气压 $<1\times10^{-2}$ mPa，相对密度 1.48，溶解度（g/L，25℃）：水765，二氯甲烷 360，氯仿 500，甲醇 588，1,2-二氯乙烷 71，异丙醇23，丙酮 9.8，二甲苯 <0.01；微溶于石油醚、苯和二氧六环。水溶液对光稳定，对热稳定，弱酸介质中稳定，但遇强酸和氧化剂分解。

毒性　原药对大鼠急性经口毒性 LD_{50} 为 470mg/kg，中等毒性；对绿头鸭急性毒性 LD_{50} 为 10338mg/kg，低毒；对虹鳟 LC_{50}（96h）为76mg/L，中等毒性；对大型溞 EC_{50}（48h）为 2.6mg/kg，中等毒性。对眼睛具刺激性，无皮肤刺激性、神经毒性和生殖影响，无致癌风险。

作用机理　是一种内吸传导型选择性野燕麦苗期茎叶处理除草剂，通过茎叶吸收，破坏生长点细胞分裂。

剂型　96%原药，40%水剂。

防除对象　主要用于防除小麦田中的恶性杂草野燕麦。防除效果达到 90%左右，增产效果显著。

使用方法 于野燕麦 3～5 叶期进行茎叶喷雾一次，40％水剂亩制剂用量 200～250mL，兑水稀释后均匀喷雾。喷液量人工每公顷 300～600kg，拖拉机喷雾机 100～150L。配药方法：先在一个容器内配母液，在药箱内加 1/3 水，再加入配好的野燕枯母液，充分搅拌，再加入药液量的 0.4％～0.5％表面活性剂，最后加药液量 0.005％硅酮消泡剂，搅拌均匀。喷药时气温 20℃以上、空气相对湿度 70％以上的晴天药效好。在干旱少雨地区麦田先灌水后施药。

注意事项

（1）日平均温度 10℃、相对湿度 70℃以上，土壤墒情较好，药效更佳，施药后应保持 4h 无雨。

（2）不同品种小麦耐药性有差异，用药后可能会出现暂时褪绿现象，20d 后可恢复正常，不影响产量。

（3）野燕枯不能与钠盐、胺盐除草剂或其他碱性农药混用，以免产生沉淀，影响药效。

（4）40％野燕枯水剂在北方冬季应放温室贮存，遇零度以下低温会结晶，温热溶解后使用，不影响药效。

（5）可与 72％的 2,4-D 丁酯混合使用，兼除阔叶杂草且有相互增效作用，但 2,4-D 丁酯亩用量不得超过 50mL。

乙草胺

（acetochlor）

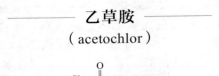

$C_{14}H_{20}ClNO_2$, 269.8, 34256-82-1

化学名称 N-(2-甲基-6-乙基苯基)-N-(乙氧甲基)氯乙酰胺。

其他名称 刘草胺，消草胺，禾耐斯，乙基乙草胺，Harness，Sacemid，Acenit，acetochlore。

理化性质 纯品乙草胺为淡黄色液体，熔点 10.6℃，沸点 172℃，238℃分解，溶解度（20℃，mg/L）：水 282，丙酮 5000000，乙酸乙酯 500000，甲苯 756000，乙醇 100000。

毒性 原药对大鼠急性经口毒性 LD_{50} 为 1929mg/kg，中等，短期喂食毒性高；对山齿鹑急性毒性 LD_{50} ＞928mg/kg，中等毒性；对虹鳟 LC_{50}（96h）为 0.36mg/L，中等毒性；对大型溞 EC_{50}（48h）＞8.3mg/kg，中等毒性；对月牙藻 EC_{50}（72h）为 0.0036mg/L，高毒；对蜜蜂低毒；对蚯蚓中等毒性。对皮肤、呼吸道具刺激性，具皮肤致敏性，无神经毒性、眼睛刺激性，基因毒性未知。

作用机理 乙草胺是一种选择性芽前土壤封闭处理剂，能被杂草的幼芽和根吸收，抑制杂草的蛋白质合成，而使杂草死亡，在土壤中持效期可达两个月左右。禾本科杂草吸收乙草胺的能力比阔叶杂草强，所以防除禾本科杂草的效果优于阔叶杂草。

剂型 90%、92%、93%、94%、95%、97%原药，50%、81.5%、89%、900g/L、990g/L 乳油，40%、48%、50%、900g/L 水乳剂，25%微囊悬浮剂，20%、40%可湿性粉剂，50%微乳剂。

防除对象 主要用于大豆、花生、油菜、玉米、马铃薯、棉花、水稻等作物田防除一年生禾本科杂草及部分阔叶杂草，如稗草、狗尾草、马唐、牛筋草、秋稷、臂形草、藜、苋、马齿苋、鸭跖草、菟丝子、刺黄花稔、黄香附子、紫香附子、双色高粱、春蓼等。

使用方法

（1）在作物播种后杂草出土前施药，以 900g/L 乳油为例，大豆田亩制剂用量 100～140mL（东北地区）、60～100mL（其他地区），花生田亩制剂用量 58～94mL，棉花田亩制剂用量 60～70mL（南疆）、70～80mL（北疆）、60～80mL（其他地区），油菜田亩制剂用量 40～60mL，玉米田亩制剂用量 100～120mL（东北地区）、60～100mL（其他地区），马铃薯田亩制剂用量 100～140mL，每亩兑水 45～60kg 混匀后进行土壤喷雾。地膜覆盖田在盖膜前用药，用药量比露地栽培减少 1/3。

（2）水稻田以毒土法施药，栽插后 4～5d 将 900g/L 乙草胺乳油按照 7～9mL 的用量与稀土拌匀后撒施，控制田间水层 5cm 左右，保水 5d。

注意事项

（1）杂草对本剂的主要吸收部位是芽鞘，因此必须在杂草出土前施药，只能作土壤处理，不能作杂草茎叶处理。

（2）本剂的应用剂量取决于土壤湿度和土壤有机质含量，应根据不同地区、不同季节，确定使用剂量。施药前后土壤保持湿润，有利于药效发挥，田间积水则易发生药害。土壤有机质含量高、黏壤土或干旱情况用最高推荐剂量，土壤有机质含量低、沙质土应减少用量。

（3）黄瓜、菠菜、小麦、韭菜、谷子、高粱、水稻等作物，对本剂比较敏感，不宜应用。水稻秧田不能用，移栽田宜用于大苗、壮苗，不可用于小苗、弱苗，灌水不宜过深避免淹没稻心叶。

（4）大豆苗期遇低温、多湿、田间长期渍水的情况，乙草胺对大豆有抑制作用，表现为叶片皱缩，待大豆3叶复活后，可恢复正常生长，一般对产量无影响。

（5）乙草胺不可与碱性农药混合使用。

复配剂及使用方法

（1）70%乙·嗪·滴辛酯乳油，主要用于春玉米田防除一年生杂草，土壤喷雾，推荐亩用量150～200mL；

（2）75%嗪酮·乙草胺乳油，主要用于春大豆田、马铃薯田防除一年生杂草，土壤喷雾，推荐亩用量90～130mL；

（3）58% 2甲·乙·莠悬乳剂，主要用于玉米田防除一年生杂草，土壤喷雾，推荐亩用量150～250mL；

（4）69%扑·乙乳油，主要用于花生田防除一年生杂草，土壤喷雾，推荐亩用量100～150mL；

（5）12%苄·乙大粒剂，主要用于水稻抛秧田防除一年生杂草，撒施，推荐亩用量30～40mL；

（6）52%戊·氧·乙草胺乳油，主要用于大蒜田防除一年生杂草，土壤喷雾，推荐亩用量150～180mL等。

乙羧氟草醚

（fluoroglyeofen-ethyl）

$C_{18}H_{13}ClF_3NO_7$, 447.75, 77501-90-7

化学名称 O-[5-(2-氯-α,α,α-三氟-对甲苯氧基)-2-硝基苯甲酰基]氧乙酸乙酯。

其他名称 Compete，克草特。

理化性质 纯品为深琥珀色固体，熔点65℃。相对密度1.01（25℃）。稳定性：0.25mg/L水溶液在22℃下的DT_{50}：231d（pH=5）、15d（pH=7）、0.15d（pH=9）。其水悬浮液因紫外线而迅速分解，土壤中因微生物而迅速降解。

毒性 大鼠急性经口 LD_{50} ＞1500mg/kg，兔急性经皮 LD_{50} ＞5000mg/kg，对兔皮肤和眼睛有轻微刺激性。大鼠急性吸入 LC_{50}（4h）＞7.5mg/L（乳油制剂）。Ames 试验结果表明，无致突变作用。山齿鹑急性经口 LD_{50} ＞3160mg/kg，山齿鹑和野鸭饲喂试验 LC_{50}（8d）＞5000mg/kg。鱼毒 LC_{50}（96h，mg/L）：虹鳟鱼 23，大翻车鱼 1.6。蜜蜂接触 LD_{50}（96h）＞100μg/只。

作用机理 本品属二苯醚类除草剂，是原卟啉氧化酶抑制剂。本品一旦被植物吸收，只有在光照条件下，才发挥效力。该化合物同分子氯反应，生成对植物细胞具有毒性的化合物四吡咯，积聚而发生作用。积聚过程中，使植物细胞膜完全消失，然后引起细胞内含物渗漏。

剂型 10％、15％、20％乳油，10％微乳剂，95％原药。

防除对象 适用于防除大豆、小麦、大麦、燕麦、花生和水稻田的阔叶杂草和禾本科杂草，尤其是猪殃殃、婆婆纳、堇菜、苍耳属杂草和甘薯属杂草。

使用方法 在大豆 2～3 片复叶期间，北方每亩用 10％乙羧氟草醚乳油 40～60mL 兑水 10kg，均匀喷雾，气温高，阳光充足，有利于药效发挥。与异丙隆、绿麦隆等混用可扩大杀草谱，提高药效。

药害

（1）小麦 用其做土壤处理受害，表现出苗、生长较慢，叶色稍淡，并在叶片上产生漫连形白色枯斑，有的叶片从中基部枯折。用其做茎叶处理受害，表现在着药叶片上产生白色枯斑，有的叶片从枯斑较大的部位折垂。

（2）玉米 用其做土壤处理受害，表现叶色褪淡，叶脉、叶鞘变紫，叶脉和叶肉形成两色相间的条纹，底叶叶尖黄枯，根系缩短并横长，植株矮缩，生长缓慢。

（3）大豆 用其做茎叶处理受害，表现在着药叶片上产生小点状白色或淡褐色枯斑。用其做土壤处理受害，表现叶片产生大块状淡褐色枯斑并扭卷皱缩，有的叶片变小卷缩，下胚轴变粗而弯曲，根系纤细短小，植株显著萎缩。

（4）花生 用其做土壤处理受害，表现下胚轴缩短、变粗，根系缩成秃尾状，子叶产生褐斑，真叶叶柄弯曲，叶片窄小。受害严重时，植株、顶芽萎缩，生长停滞。

（5）棉花 用其做土壤处理受害，表现子叶产生漫连形褐色枯斑，并皱缩、变小。

复配剂及使用方法

（1）15％精喹·乙羧氟乳油，防除花生田一年生杂草，茎叶喷雾，推荐亩剂量为 50～60mL。

（2）30％乙羧·氟磺胺水剂，防除春大豆田一年生阔叶杂草，喷雾，推荐亩剂量为 45～50g（东北地区）。

（3）30％苄·羧·炔草酯可湿性粉剂，防除小麦田一年生杂草，茎叶喷雾，推荐亩剂量为 30～40g。

（4）24％乙羧·草铵膦可分散油悬浮剂，防除非耕地杂草，茎叶喷雾，推荐亩剂量为 100～200mL。

乙氧呋草黄
（ethofumesate）

C$_{13}$H$_{18}$O$_5$S, 286.3, 26225-79-6

化学名称　2-乙氧基-2,3-二氢-3,3-二甲基-5-苯并呋喃甲基磺酸酯。

其他名称　乙氧呋草磺，甜菜呋，甜菜净，Nortron，Trama，Betanal，Tandem，Betanal Progress，Progress，Tranat，Ethosat，Ethosin，Keeper，Primassan。

理化性质　纯品为白色至米黄色结晶固体，熔点 70.7℃，相对密度 1.3，溶解度（20℃，mg/L）：水 50（25℃），丙酮 260000，二氯甲烷 600000，乙酸乙酯 600000，甲醇 114000。

毒性　原药对大鼠急性经口毒性 LD$_{50}$＞2000mg/kg，低毒；对绿头鸭急性毒性 LD$_{50}$＞2000mg/kg，低毒；对鲤鱼 LC$_{50}$（96h）为 10.92mg/L，中等毒性；对大型溞 EC$_{50}$（48h）为 13.52mg/kg，中等毒性；对月牙藻 EC$_{50}$（72h）为 3.9mg/L，中等毒性；对蜜蜂、蚯蚓中等毒性。对眼睛、皮肤无刺激性，无神经毒性，无染色体畸变和致癌风险。

剂型　96％、97％原药，20％乳油。

作用机理　苯并呋喃烷基磺酸类选择性内吸性除草剂，双子叶植物主要通过根部吸收，单子叶植物主要经萌发的幼芽吸收，当植物形成成熟的角质层后一般不容易吸收。抑制植物体脂类物质合成，阻碍分生组织生长和细胞分裂，限制蜡质层的形成。

防除对象　用于甜菜田防除看麦娘、野燕麦、早熟禾、狗尾草等一年生禾本科杂草和多种阔叶杂草。

使用方法　甜菜出苗后、杂草于 2～4 叶期，进行常规茎叶喷雾，20％乙氧呋草黄乳油亩制剂用量 400～533mL 兑水 30～40kg，稀释均匀后喷雾。

注意事项

（1）不得与酸性或碱性农药混用，以免水解降低药效。

（2）干旱及杂草叶龄较大时施药会降低药效，因此在苗后尽早施药。

乙氧氟草醚

（oxyfluorfen）

$C_{15}H_{11}ClF_3NO_4$, 361.7, 42874-03-3

化学名称　2-氯-α,α,α-三氟对甲氧基-(3-乙氧基-4-硝基苯基)醚。

其他名称　果尔，goal，galigan。

理化性质　纯品乙氧氟草醚为橘色固体，熔点 85～90℃，沸点 358.2℃（分解），溶解度（20℃，g/100g）：丙酮 72.5，氯仿 50～55，环己酮 61.5，DMF＞50。

毒性　乙氧氟草醚原药急性 LD_{50}（mg/kg）：大鼠经口＞5000，经皮兔＞5000。对兔皮肤有轻度刺激性。对兔眼睛有中度刺激性。以 100mg/kg 剂量饲喂狗两年，未发现异常现象。对鸟类、蜜蜂低毒。对动物无致畸、致突变、致癌作用。

作用机理　乙氧氟草醚是一种触杀型除草剂，在有光的情况下发挥杀草作用，最好在傍晚施药。主要通过胚芽、中胚轴进入植物体内，经根部吸收较少，仅有极微量通过根部向上运输进入叶部。芽前和芽后早期施用效果最好，对种子萌发的杂草除草谱较广，能防除阔叶杂草、莎草及稗草，但对多年生杂草只有抑制作用。在水田里，施入水层中后在 24h 内沉降在土表，水溶性极低，移动性较小，施药后很快吸附于 0～

3cm 表土层中，不易垂直向下移动，三周内被土壤中的微生物分解成二氧化碳，在土壤中半衰期为 30d 左右。

剂型 240g/L、24％、32％乳油，5％、35％悬浮剂，30％微乳剂，24％展膜油剂，97％原药。

防除对象 用于水稻、大豆、玉米、棉花、玉米等作物防除多种阔叶杂草、莎草科杂草和多种禾本科杂草，如飞扬草、鸭舌草、鳢肠、苍耳、反枝苋、草龙、鬼针草、胜红蓟、矮慈姑、节节草、小藜、陌上草、旱稗、千金子、牛筋草、稗、孔雀稗、野燕麦、狗尾草、马唐、扁穗莎草、日照飘拂草、萤蔺、异型莎草、毛轴莎草、碎米莎草等。

使用方法

(1) 水稻移栽田 适用于秧龄 30d 以上，苗高 20cm 以上的一季中稻和双季晚稻移植田，移栽后 3～5d，水稻缓苗后，稗草芽期至 1.5 叶期，视草情、气候条件确定用药量，每亩用 24％乙氧氟草醚乳油 10～20mL（有效成分 2.4～4.8g），兑水 300～500mL，然后均匀洒在备用的 15～20kg 沙土中混匀。稻田水层 3～5cm，均匀撒施或将亩用药量兑水 1.5～2kg 装入盖上打有三个小孔的瓶内，手持药瓶每隔 4m 一行，前进四步向左右各撒 1 次，使药液均匀分布在水层中，施药后保水层 5～7d。

混用：水稻移栽后，稗草 1.5 叶期前，每亩用 24％乙氧氟草醚 6mL＋10％吡嘧磺隆 6g 或 12％噁草酮 60mL 混用；防治 3 叶期前的稗草，24％乙氧氟草醚 10mL＋96％禾草敌（禾草特）100mL。

(2) 南方冬麦田 在水稻收割后、麦类播种 9d 前施药，亩用 24％乙氧氟草醚 12mL。

(3) 棉田 苗床在棉花播种后施药，亩用 24％乙氧氟草醚 12～18mL，可混合 60％丁草胺 60mL 使用；地膜覆盖棉田在棉花播种覆土后盖膜前施药，用 24％乙氧氟草醚 18～24mL；直播棉田在棉花苗后苗前施，用 24％乙氧氟草醚 36～48mL；移栽棉田在棉花移栽前施药，用 24％乙氧氟草醚 40～90mL。

(4) 大蒜田 大蒜播种后至立针期或大蒜苗后 2 叶 1 心期以后，24％乙氧氟草醚亩用 40～50mL，土壤喷雾处理，沙质土用低药量，壤质土、黏质土用较高药量；地膜大蒜用 24％乙氧氟草醚 40mL；盖草大蒜用 24％乙氧氟草醚 70mL，可与氟乐灵、二甲戊灵混用。

(5) 洋葱田 直播洋葱 2～3 叶期施药，用 24％乙氧氟草醚 40～50mL；移栽洋葱在移栽后 6～10d（洋葱 3 叶期后）施药，用 24％乙氧氟草醚 70～100mL。

（6）花生田　播后苗前施药，用 24％乙氧氟草醚 40～50mL。

（7）针叶苗圃　针叶苗圃播种后立即施药对苗木安全，24％乙氧氟草醚亩用 50～80mL，土壤喷雾处理。

（8）茶园、果园、幼林抚育　杂草 4～5 叶期施药，用 24％乙氧氟草醚 30～50mL。

（9）甘蔗田　在甘蔗种植后苗前施药，土壤封闭处理，用 240g/L 乙氧氟草醚 30～50mL。

注意事项

（1）乙氧氟草醚为触杀型除草剂，喷施药时要求均匀周到，施药剂量要准。用于大豆田，在大豆出苗后即停止使用，以免对大豆产生药害。

（2）插秧田使用时，以药土法施用比喷雾安全，应在露水干后施药，施药田应整平，保水层，切忌水层过深淹没稻心叶。在移栽稻田时使用，稻苗高应在 20cm 以上，秧龄应为 30d 以上的壮秧，气温达 20～30℃。切忌在日温低于 20℃、土温低于 15℃或秧苗过小、嫩或遭伤还未能恢复的稻苗上施用。勿在暴雨来临之前施药，施药后遇大暴雨田间水层过深，需要排出水层，保浅水层，以免伤害稻苗。

（3）本药用量少，活性高，对水稻、大豆易产生药害，使用时切勿任意提高用药量，初次使用时，应根据不同气候带，先经小规模试验，找出适合当地使用的最佳施药方法和最适剂量后，再大面积使用。在刮大风、下暴雨、田间露水未干时不能施用，以免产生药害。

（4）乙氧氟草醚对人体每日允许摄入量（ADI）是 0.003mg/(kg·d)。安全间隔期为 50d。

（5）本药剂对人体有害，避免与眼睛和皮肤接触。若药剂溅入眼睛或皮肤上，立即用大量清水冲洗，并立即送医院。

（6）勿将本药剂置放在湖边、池塘或河沟边，或清洗喷药器具和处理废物而导致水源污染，用后的空容器应予以压碎，并埋在远离水源的地方。

复配剂及使用方法

（1）45％戊·氧·乙草胺乳油，防除大蒜田一年生杂草，播后苗前土壤喷雾处理，推荐亩剂量为 100～160mL。

（2）40％氧氟·草甘膦可湿性粉剂，防除非耕地杂草，茎叶喷雾，推荐亩剂量为 200～250mL。

（3）20％氧氟·甲戊灵乳油，防除姜田一年生杂草，土壤喷雾处理，推荐亩剂量为 $130\sim180mL$。

（4）43%丁·氧·噁草酮乳油，防除水稻移栽田一年生杂草，土壤喷雾，推荐亩剂量为 $40\sim60mL$。

———— 乙氧磺隆 ————
（ethoxysulfuron）

$C_{15}H_{18}N_4O_7S$, 398.39, 126801-58-9

化学名称　1-（4,6-二甲氧基嘧啶-2-基）-3-（2-乙氧基苯氧磺酰基）脲。

其他名称　乙氧嘧磺隆，速丰，泰德仕，太阳星，泰阔莎。

理化性质　原药为米白色粉末，熔点 $150℃$，相对密度 1.44，水溶液弱酸性，溶解度（$20℃$，mg/L）：水 5000，正己烷 6，甲苯 2500，丙酮 36000，甲醇 7700。在土壤与水中不稳定，易降解。

毒性　原药对大鼠急性经口毒性 LD_{50} 为 $3270mg/kg$，低毒，短期喂食毒性高；对山齿鹑急性毒性 $LD_{50} > 2000mg/kg$，低毒；对鲤鱼 $LC_{50}（96h）$ 为 $80mg/L$，中等毒性；对大型溞 $EC_{50}（48h）$ 为 $307mg/kg$，低毒；对月牙藻 $EC_{50}（72h）$ 为 $0.19mg/L$，中等毒性；对蜜蜂、蚯蚓低毒。具眼睛、皮肤刺激性，无神经毒性和致癌风险。

剂型　95%、96%、97%原药，15%水分散粒剂。

作用机理　酰胺类内吸选择性除草剂，抑制支链氨基酸合成酶活性，阻断支链氨基酸的生物合成，阻止细胞分裂和植物生长。

防除对象　用于水稻田防除大多数莎草和阔叶杂草，如鸭舌草、三棱草、飘拂草、异型莎草、碎米莎草、牛毛毡、水莎草、萤蔺、野荸荠、眼子菜、泽泻、鳢肠、矮慈姑、慈姑、长瓣慈姑、狼杷草、鬼针草、草龙、丁香蓼、节节菜、耳叶水苋、水苋菜、（四叶）萍、小茨藻、苦草、水绵、谷精草。

使用方法

（1）毒土法　插秧稻、抛秧稻栽后南方 $3\sim6d$、北方 $4\sim10d$、杂草

2叶期前，每亩使用15％水分散粒剂制剂3～5g（华南地区）、5～7g（长江流域地区）、7～14g（东北、华北地区），与5～7kg沙土或化肥混均后，均匀撒施到3～5cm水层的稻田中，药后保持3～5cm水层7～10d，勿使水层淹没稻苗心叶。

（2）喷雾法　直播稻南方播后10～15d、北方播后15～20d、稻苗2～4叶，每亩使用15％水分散粒剂制剂4～6g（华南地区）、6～9g（长江流域地区）、10～15g（华北、东北地区），兑水10～25kg稀释均匀后进行茎叶喷雾；插秧稻、抛秧稻栽后10～20d，杂草2～4叶期，每亩使用15％水分散粒剂制剂3～5g（华南地区）、5～7g（长江流域地区）、7～14g（东北、华北地区），兑水10～25kg稀释均匀后茎叶喷雾。

注意事项

（1）不宜栽前使用。

（2）盐碱地中采用推荐的低用药量，施药3d后可换水排盐。

复配剂及使用方法

（1）30％莎稗磷·乙氧磺隆可湿性粉剂，主要用于水稻移栽田防除一年生杂草，药土法，推荐亩用量50～65g；

（2）75％乙磺·苯噻酰可湿性粉剂，主要用于水稻移栽田防除一年生杂草，药土法，推荐亩用量50～60g等。

异丙草胺
（propisochlor）

$C_{15}H_{22}ClNO_2$, 283.8, 86763-47-5

化学名称　2-氯-N-(异丙基甲基)-N-(2-乙基-6-甲基)苯基乙酰胺。

其他名称　普乐宝，地瓜宝，地瓜乐，Propisochlore。

理化性质　纯品为无色液体，熔点21.8℃，沸点277℃，150℃分解，相对密度1.0966，溶解度（20℃，mg/L）：水90.8，丙酮483000，二氯甲烷538000，庚烷582000，甲醇598000。

毒性　原药对大鼠急性经口毒性LD_{50}为2290mg/kg，低毒；对日

本鹌鹑急性毒性 LD_{50} > 1562mg/kg，中等毒性；对虹鳟 LC_{50}（96h）为 1.3mg/L，中等毒性；对大型溞 EC_{50}（48h）为 14mg/kg，中等毒性；对 *Scenedesmus subspicatus* 的 EC_{50}（72h）为 0.012mg/L，中等毒性；对蜜蜂低毒；对蚯蚓中等毒性。具皮肤致敏性，无皮肤、眼睛刺激性，无致癌风险。

剂型　90%、92%原药，50%、70%、72%、86.8%、90%乳油，30%可湿性粉剂。

作用机理　异丙草胺是内吸传导型选择性芽前除草剂，主要通过杂草幼芽吸收。

防除对象　主要用于大豆、春油菜、玉米、花生、甘薯田、水稻移栽田防除一年生禾本科杂草及部分小粒种子阔叶杂草，如稗草、狗尾草、马唐、鬼针草、看麦娘、反枝苋、卷茎蓼、本氏蓼、大蓟、小蓟、猪毛菜、苍耳、苘麻、牛筋草、秋稷、马齿、苋、藜、龙葵、蓼等。

使用方法

（1）一般作物播后苗前、杂草出土前使用，以 72%乳油为例，每亩兑水 50L，混匀后喷洒于土壤表面，春玉米、大豆田亩制剂用量 150～200mL（东北地区），夏玉米、大豆田亩制剂用量 100～150mL，花生田亩制剂用量 120～150mL，春油菜制剂用量 125～175mL。

（2）甘薯田在移苗后使用，每亩用 50%异丙草胺乳油 200～250g，兑水 40～60kg 进行土壤喷雾。水稻（南方地区）施药在移栽后 3～5d，每亩用 50%异丙草胺乳油 15～20g 用少量水稀释后拌细土（或化肥）15～20kg，均匀撒施，药前保持 3～4cm 水层（水层不能淹没水稻心叶），药后保持水层 7～10d。

注意事项

（1）土壤湿度是异丙草胺药效发挥的前提，用药时土壤要保持一定湿度，干旱条件下应加大兑水量。

（2）高粱、麦类、苋菜、菠菜、生菜等对本品敏感，施药时应注意避开。

（3）有机质含量高和黏性大的土壤用药量应适当增加。

复配剂及使用方法

（1）42%烟嘧·莠·异丙可分散油悬浮剂，主要用于玉米田防除一年生杂草，茎叶喷雾，推荐亩用量 150～200mL；

（2）55%特津·硝·异丙悬乳剂，主要用于玉米田防除一年生禾本科杂草及部分阔叶杂草，茎叶喷雾，推荐亩用量 70～100mL；

（3）45％硝磺·异丙·莠可分散油悬浮剂，主要用于玉米田防除一年生杂草，茎叶喷雾，推荐亩用量150～200mL；

（4）30％异丙·苄可湿性粉剂，主要用于水稻抛秧田防除一年生杂草，药土法，推荐亩用量30～40g；

（5）52％丙·噁·嗪草酮乳油，主要用于春大豆田防除一年生杂草，土壤喷雾，推荐亩用量250～300mL等。

异丙甲草胺
（metolachlor）

$C_{15}H_{22}ClNO_2$, 283.8, 51218-45-2

化学名称　2-甲基-6-乙基-N-(1-甲基-2-甲氧乙基)-N-氯代乙酰基苯胺。

其他名称　甲氧毒草胺，莫多草，屠莠胺，稻乐思，毒禾草，都阿，杜耳，都尔，Dual，metetilachlor，dimethachlor，dimethyl，Bicep，Milocep，CgA 24705，Cg 119。

理化性质　异丙甲草胺原药为无色至棕白色液体，熔点－62.1℃，相对密度1.12，水中溶解度（20℃）530mg/L，与苯、甲苯、甲醇、乙醇、辛醇、丙酮、二甲苯、二氯甲烷、DMF、环己酮、己烷等有机溶剂互溶。

毒性　原药对大鼠急性经口毒性LD_{50}为1200mg/kg，中等毒性，短期喂食毒性高；对绿头鸭急性毒性LD_{50}为2000mg/kg，中等毒性；对虹鳟LC_{50}（96h）为3.9mg/L，中等毒性；对大型溞EC_{50}（48h）为23.5mg/kg，中等毒性；对月牙藻EC_{50}（72h）为57.1mg/L，低毒；对蜜蜂低毒；对蚯蚓中等毒性。对眼睛、皮肤具刺激性，无神经毒性、呼吸道刺激性，无染色体畸变风险。

作用机理　异丙甲草胺为酰胺类选择性芽前除草剂，主要通过幼芽吸收，向上传导，抑制幼芽与根的生长。主要抑制发芽种子蛋白质的合成，其次抑制胆碱渗入磷脂，干扰卵磷脂形成。

剂型　95％、96％、97％、98％原药，720g/L、88％、960g/L乳

油，50％水乳剂，85％微乳剂。

防除对象　适用于甘蔗、红小豆、花生、西瓜、大豆、玉米、烟草、移栽水稻、高粱田防除一年生禾本科杂草及部分阔叶性杂草，如牛筋草、马唐、千金子、狗尾草、稗草、碎米莎草、鸭舌草、马齿苋、藜、蓼、荠菜等。

使用方法　主要在杂草萌发前期使用，作物播后苗前或移栽前使用（烟草移栽前后均可，水稻移栽后 5～7d 缓苗后），以 720g/L 乳油为例，甘蔗、花生、西瓜、烟草亩制剂用量 100～150g，春大豆、春玉米亩制剂用量 150～200g，红小豆、夏玉米亩制剂用量 120～150g，夏大豆亩制剂用量 100～130g，兑水 30～45kg，稀释均匀后进行土壤喷雾。水稻移栽田，720g/L 乳油亩制剂用量 10～20g，毒土或喷雾法均可，施药前田块灌水 3cm 水层，不淹没稻苗心叶，并保水层 7d 以上。

注意事项

（1）对萌发而未出土的杂草有效，对已出土的杂草无效。作物拱土前五天不宜用药，否则可能会出现药害。

（2）药效易受气温和土壤肥力条件的影响。温度偏高时和沙质土壤用药量宜低；反之，气温较低时和黏质土壤用药量可适当偏高。

（3）湿润土壤除草效果好，干旱、无雨条件下施药后需浅层混土。施药后遇大雨，地面有明水易产生药害。

（4）本品对麦类敏感，应注意避开这些作物，以免产生药害。

（5）烟草田施用时不宜直接喷施在烟株上。

（6）水旱轮作栽培的西瓜田和小拱棚不宜使用异丙甲草胺。

（7）水稻移栽田不得使用在移栽小苗、弱苗上，同时不得用于水稻秧田和直播田，也不得随意加大用药量，防治产生药害。

（8）禾本科杂草幼芽吸收异丙甲草胺的能力比阔叶杂草强，该药防除禾本科杂草的效果好于阔叶杂草，如需防治其他杂草可与其他除草剂混用扩大杀草谱。

复配剂及使用方法

（1）45％甲戊·异丙甲乳油，主要用于棉花田防除一年生杂草，土壤喷雾，推荐亩用量 140～160mL；

（2）50％异甲·特丁净乳油，主要用于花生田防除一年生杂草，土壤喷雾，推荐亩用量 200～300mL；

（3）45％硝磺·异甲·莠悬乳剂，主要用于玉米田防除一年生杂草，茎叶喷雾，推荐亩用量 150～250mL；

（4）55％乙氧·异·甲戊乳油，主要用于大蒜田防除一年生杂草，土壤喷雾，推荐亩用量110~130mL；

（5）50％异甲·莠去津悬乳剂，主要用于高粱田防除一年生杂草，土壤喷雾，推荐亩用量150~200mL；10％异·异丙·扑净颗粒剂，主要用于莲藕田防除一年生杂草，撒施，推荐亩用量300~400g；

（6）42％异甲·嗪草酮悬乳剂，主要用于马铃薯田防除一年生杂草，土壤喷雾，推荐亩用量200~250mL等。

异丙隆

（isoproturon）

$C_{12}H_{18}N_2O$, 206.3, 34123-59-6

化学名称　3-对-异丙苯基-1,1-二甲基脲。

其他名称　麦扬，快达，早禾，Alon，Arelon，graminon，Tokan。

理化性质　纯品异丙隆为无色晶体，熔点157.3℃，相对密度1.17，溶解度（20℃，mg/L）：水70.2，正己烷100，二氯甲烷46000，二甲苯2000，丙酮30000；在强酸、强碱介质中水解为二甲胺和相应的芳香胺。

毒性　原药对大鼠急性经口毒性LD_{50}为1826mg/kg，中等毒性；对鸟类急性毒性LD_{50}为1401mg/kg，中等毒性；对鱼类LC_{50}（96h）为18mg/L，中等毒性；对溞类EC_{50}（48h）为0.58mg/L，中等毒性；对舟形藻的EC_{50}（72h）为0.013mg/L，中等毒性；对蜜蜂、蚯蚓低毒。对眼睛、皮肤具刺激性，无神经毒性和致敏性，有致癌风险。

作用机理　异丙隆为取代脲类选择性芽前、芽后除草剂，具内吸传导性，主要通过根部吸收，药剂被植物根部吸收后，输导并积累在叶片中，抑制光合作用电子传递过程，影响光合产物积累，杂草叶尖、叶缘褪绿，叶黄，最后枯死。

剂型　95％、97％、98％原药，25％、50％、70％、75％可湿性粉剂，50％悬浮剂，75％水分散粒剂，35％可分散油悬剂。

防除对象　登记用于小麦田防除一年生禾本科杂草及部分阔叶杂草，如马唐、小藜、看麦娘、日本看麦娘、硬草、蔺草、野燕麦、早熟禾、黑麦草属、春蓼、兰堇、田芥菜、田菊、萹蓄、大爪草、牛繁缕、野老鹳、猪殃殃、大巢菜等。

使用方法　异丙隆主要通过根部吸收，可作播后苗前土壤处理，也可作苗后茎叶处理，小麦播种前至麦苗拔节前均可以施用，杂草齐苗后使用效果最佳，杂草草龄偏大效果降低。以50%可湿性粉剂为例，亩制剂用量140～160g，于杂草齐苗后兑水40～60L，二次稀释后进行土壤或茎叶均匀喷雾。

注意事项

(1) 使用过磷酸钙的土地不要使用；

(2) 作物生长势弱或受冻害的、漏耕地段及沙性重或排水不良的土壤不宜施用；

(3) 异丙隆使用后会降低麦苗的抗冻能力，药后遇寒流易引发"冻药害"，应避开寒流使用，或者在寒流过后"冷尾暖头"时期用药；

(4) 异丙隆对一些作物敏感，不宜用于套种或间作玉米、棉花、油菜、花生、豆类、瓜类、甜菜、白菜等阔叶作物的小麦田，也不得用于以上述作物为后茬的小麦田。

复配剂及使用方法

(1) 70%苯磺·异丙隆可湿性粉剂，主要用于冬小麦田防除一年生杂草，茎叶喷雾，推荐亩用量100～150g；

(2) 72%噻磺·异丙隆可湿性粉剂，主要用于冬小麦田防除一年生杂草，喷雾，推荐亩用量100～120g；

(3) 60%苄嘧·异丙隆可湿性粉剂，主要用于水稻田防除一年生及部分多年生杂草，水稻直播田采用喷雾法施药，推荐亩用量40～50g，水稻移栽田采用药土法施药，推荐亩用量60～80g；

(4) 50%噁禾·异丙隆可湿性粉剂，主要用于冬小麦田防除一年生杂草，茎叶喷雾，推荐亩用量60～80g；

(5) 50%苄·丁·异丙隆可湿性粉剂，主要用于直播水稻田防除一年生及部分多年生杂草，药土或喷雾，推荐亩用量50～60g；

(6) 60%丙草·异丙隆可湿性粉剂，主要用于冬小麦田防除一年生杂草，喷雾，推荐亩用量125～150g；

(7) 40%2甲·异丙隆可湿性粉剂，主要用于水稻移栽田防除阔叶杂草和莎草，喷雾，推荐亩用量60～70g；

(8) 60%吡酰·异丙隆可湿性粉剂，主要用于冬小麦田防除一年生杂草，茎叶喷雾，推荐亩用量120～150g；

（9）50％苄·戊·异丙隆可湿性粉剂，主要用于直播水稻田防除一年生杂草，土壤喷雾，推荐亩用量 60～70g；

（10）50％异隆·炔草酯可湿性粉剂，主要用于冬小麦田防除一年生禾本科杂草，茎叶喷雾，推荐亩用量 80～100g；

（11）50％禾丹·异丙隆可湿性粉剂，主要用于直播稻田防除一年生杂草，喷雾，推荐亩用量 80～120g；

（12）47％异隆·丙·氯吡可湿性粉剂，主要用于冬小麦田和水稻旱直播田防除一年生杂草，土壤喷雾，推荐亩用量分别为 120～150g 和 80～120g；

（13）68％异丙·炔·氟唑可湿性粉剂，主要用于冬小麦田防除一年生杂草，茎叶喷雾，推荐亩用量 70～90g；

（14）25％环吡·异丙隆可分散油悬浮剂，主要用于冬小麦田防除一年生禾本科杂草及部分阔叶杂草，茎叶喷雾，推荐亩用量 160～250mL。

—— 异丙酯草醚 ——
（pyribambenz-isopropyl）

$C_{23}H_{25}N_3O_5$, 423.5, 420138-41-6

化学名称　4-[2-(4,6-二甲氧基嘧啶-2-氧基)苄氨基]苯甲酸异丙酯。

其他名称　ZJ0272。

理化性质　纯品为白色固体，熔点 83～84℃，溶解度（20℃，mg/L）：水 1.39，乙醇 1070；常温条件下稳定。原药外观为白色至米黄色粉末。对光、热稳定，遇强酸、强碱会逐渐分解。

毒性　异丙酯草醚原药急性 LD_{50}（mg/kg）：大鼠经口＞5000，经皮＞2000；对兔皮肤无刺激性，对兔眼睛轻度刺激性；对动物无致畸、致突变、致癌作用。

作用机理　异丙酯草醚为我国具有自主知识产权的新型油菜田除草

剂，它可以通过杂草的茎叶、根、芽吸收，在植株体内迅速传导至全株，抑制乙酰乳酸合成酶（ALS）和氨基酸的生物合成。

剂型　10%乳油、10%悬浮剂、98%原药。

防除对象　主要用于油菜田防除一年生和部分阔叶杂草，如看麦娘、日本看麦娘、牛繁缕、雀舌草等，对大巢菜、野老鹳草、碎米荠效果差，对泥胡菜、稻槎菜、鼠麦基本无效。

使用方法　冬油菜移栽田，移栽成活后，杂草4叶期前用药，10%异丙酯草醚乳油每亩用药量35～50g，茎叶喷雾处理。

注意事项

（1）油菜移栽田，宜油菜缓苗成活后，杂草4叶期前施药。

（2）异丙酯草醚活性发挥较慢，需施药15d以上才能出现明显症状，30d以上才能完全发挥除草活性。

--- **异噁草松** ---

（clomazone）

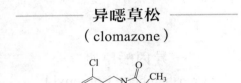

C$_{12}$H$_{14}$ClNO$_2$, 239.7, 81777-89-1

化学名称　2-(2-氯苄基)-4,4-二甲基异噁唑-3-酮。

其他名称　除三菜，封锄，广灭灵，豆草灵，Command。

理化性质　原药为淡稻黄色液体，熔点33.9℃，沸点281.7℃，相对密度1.19，溶解度（20℃，mg/L）：水1212，丙酮250000，二氯甲烷955000，正庚烷161800，甲醇969000。

毒性　原药对大鼠急性经口毒性LD$_{50}$为754mg/kg，中等毒性，短期喂食毒性高；对山齿鹑急性毒性LD$_{50}$＞2224mg/kg，低毒；对鲤鱼LC$_{50}$(96h)为14.4mg/L，中等毒性；对大型溞EC$_{50}$(48h)为12.7mg/kg，中等毒性；对藻类EC$_{50}$(72h)为0.136mg/L，中等毒性；对蜜蜂、蚯蚓中等毒性，对黄蜂低毒。无皮肤致敏性和神经毒性，具生殖影响，无染色体畸变和致癌风险。

剂型　90%、92%、93%、94%、95%、96%、97%、98%原药，360g/L、45%、480g/L、48%乳油，360g/L微囊悬浮剂。

作用机理　有机杂环噁唑烷（oxazolidine）类苗前选择性除草剂，

影响敏感植物（杂草）叶绿素的合成，使植物在短期内死亡。

防除对象 单剂登记用于防除大豆、油菜、甘蔗、水稻田防除禾本科杂草如马唐、止血马唐、宽叶臂形草、芒稷、稗、牛筋草、野黍、秋稷黍、大狗尾草、金狗尾草、狗尾草、二色高粱、阿拉伯高粱等，以及阔叶杂草如苘麻、铁苋菜、苋属杂草、美洲豚草、藜、腺毛巴豆、扭曲山蚂蝗、曼陀罗、菊芋、野西瓜苗、宾州蓼、马齿苋、刺苋花稔、龙葵、佛罗里达马蹄莲、苍耳等。

使用方法

（1）大豆田播前或播后苗前土壤喷雾，480g/L乳油亩制剂用量139～167mL；

（2）甘蔗田芽前土壤喷雾，480g/L乳油亩制剂用量110～140mL；

（3）移栽水稻于移栽后5d撒毒土，360g/L微囊悬浮剂亩制剂用量27.8～35mL，田间保持水层2～3cm，药后保水5d；

（4）南方直播水稻播种后7～10d喷雾，360g/L微囊悬浮剂亩制剂用量27.8～35mL，药后保持田间湿润，药后2d建立水层，水层高度以不淹没水稻心叶为准；

（5）北方直播水稻播种前3～5d喷雾，360g/L微囊悬浮剂亩制剂用量35～40mL，药后保持田间湿润，5～7d后建立水层，水层高度以不淹没水稻心叶为准；

（6）甘蓝型油菜移栽前1～3d土壤喷雾处理，360g/L微囊悬浮剂亩制剂用量26～33mL。

注意事项

（1）仅限于非豆麦轮作区使用，药剂在土壤中的生物活性可持续6个月以上，使用后当年秋天或次年春天，不宜种植小麦、大麦、燕麦、黑麦、谷子、苜蓿，施药后的次年春季，可以种植水稻、玉米、棉花、花生、向日葵等作物。

（2）在水稻、油菜田使用，作物叶片可能出现白化现象，在推荐剂量下使用不影响后期生长和产量。

（3）对白菜型油菜和芥菜型油菜敏感，不宜使用。

复配剂及使用方法

（1）48％丙草·丙噁·松乳油，水稻移栽田，主要用于水稻移栽田防除一年生杂草，喷雾，推荐亩用量45～65mL；

（2）40％异噁·甲戊灵微囊悬浮剂，主要用于水稻直播田防除一年生杂草，土壤喷雾，推荐亩用量80～100mL；

（3）36％异松·乙草胺乳油，主要用于冬油菜田、花生田防除一年生杂草，移栽前土壤喷雾（油菜），推荐亩用量 60～80mL，播后苗前土壤喷雾（花生），推荐亩用量 150～200mL；

（4）10％异·异丙·扑净颗粒剂，主要用于莲藕田防除一年生杂草，撒施，推荐亩用量 300～400g；

（5）29％精喹·异噁松乳油，主要用于烟草田防除一年生杂草，定向茎叶喷雾，推荐亩用量 50～70mL 等。

异噁唑草酮
（isoxaflutole）

$C_{15}H_{12}F_3NO_4S$, 359.3, 141112-29-0

化学名称 5-环丙基-1,2-噁唑-4-基（α,α,α-三氟甲基-2-甲磺酰基对甲苯基）酮。

其他名称 百农思，Balance，Merlin。

理化性质 纯品异噁唑草酮类白色固体，熔点 140℃，205℃分解，相对密度 1.59，溶解度（20℃，mg/L）：水 6.2，丙酮 293000，乙酸乙酯 142000，甲苯 31200，甲醇 13800。酸性条件下相对稳定，土壤与碱性条件下易分解。

毒性 异噁唑草酮原药对大鼠急性经口毒性 LD_{50}＞5000mg/kg，低毒，短期喂食毒性高；对绿头鸭急性毒性 LD_{50}＞2150mg/kg，低毒；对虹鳟 LC_{50}（96h）＞1.7mg/L，中等毒性；对大型溞 EC_{50}（48h）＞1.5mg/kg，中等毒性；对月牙藻 EC_{50}（120h）为 0.12mg/L，中等毒性；对蜜蜂、蚯蚓低毒。对眼睛、皮肤、呼吸道无刺激性，无皮肤致敏性和染色体畸变风险。

作用机理 一种有机杂环类选择性内吸型苗前除草剂，主要经由杂草幼根吸收传导，作用于对羟苯基丙酮酸双氧化酶，破坏叶绿素的形成，导致受害杂草失绿枯萎，引起白化。

剂型 97％、97.2％、98％原药，75％水分散粒剂，20％悬浮剂。

防除对象 登记用于防除玉米田中的苘麻、藜、地肤、猪毛菜、龙葵、反枝苋、柳叶刺蓼、鬼针草、马齿苋、繁缕、香薷、苍耳、铁苋菜、水棘针、酸模叶蓼、婆婆纳等多种一年生阔叶杂草，对马唐、稗草、牛筋草、千金子、大狗尾草和狗尾草等一些一年生禾本科杂草也有较好的防效，对苣荬菜、鸭跖草、田旋花等多年生杂草及铁苋菜、龙葵、苍耳等大粒种子杂草仅有一定的抑制作用。

使用方法 玉米播后苗期及早施用，以 20％悬浮剂为例，亩制剂用量 30～40mL，兑水 30～50L 二次稀释均匀后进行土壤喷雾。

注意事项

（1）异噁唑草酮在施用时或施用后，因土壤墒情不好而滞留于表层土壤中的有效成分虽不能及时地发挥出防除杂草的作用，但仍能保持较长时间不被分解，待遇到降雨或灌溉，仍能发挥防除杂草的作用，甚至对长到 4～5 叶的敏感杂草也能抑制和杀伤。因此要求播种前把地整平，播种后把地压实，配制药液时要把水量加足。不然难以保证药效。

（2）异噁唑草酮的杀草活性较高，施用时不要超过推荐亩用量，并力求把药喷施均匀，以免影响药效和产生药害。

（3）异噁唑草酮用于碱性土或有机质含量低、淋溶性强的沙质土，有时会使玉米叶片产生黄化、白化药害症状。另外，爆裂型玉米对该药较为敏感，在这些玉米田上不宜使用。

（4）长期干旱或持续降雨，对药效有一定的影响，导致效果下降，大风天严禁用药。

复配剂及使用方法

（1）26％噻酮·异噁唑悬浮剂，主要用于玉米田防除一年生杂草，茎叶喷雾、土壤喷雾，推荐亩用量 25～30mL；

（2）53％异噁唑·莠悬浮剂，主要用于春玉米田防除一年生杂草，土壤喷雾，推荐亩用量 160～200mL 等。

茚草酮

（indanofan）

$C_{20}H_{17}ClO_3$, 340.7, 133220-30-1

化学名称 (RS)-2-[2-(3-氯苯基)-2,3-环氧丙基]-2-乙基茚满-1,3-二酮。

其他名称 Trebiace，kirifuda，Regnet，grassy，granule。

理化性质 纯品为灰白色晶体，熔点 $60.0 \sim 61.1^{\circ}C$，蒸气压 2.8×10^{-6} Pa（$25^{\circ}C$）。溶解度（$20^{\circ}C$）：水 17.1mg/L，在酸性条件下水解。

毒性 大鼠急性经口 LD_{50}（mg/kg）：雌＞631，雄 460。大鼠急性经皮 LD_{50}＞2000mg/kg，大鼠急性吸入 LC_{50}（4h）1.5mg/L 空气。对兔皮肤无刺激性，对兔眼睛有轻微刺激性，无致突变性。

作用机理 是一种主要用于水稻和草坪上的新型的茚满类除草剂，由日本三菱化学公司于 1987 年发现，并于 1999 年在日本上市。

药剂特点

(1) 杀草谱广，对作物安全。茚草酮具有广谱的除草活性，在苗后早期有效成分用量为 $150g/hm^2$ 能很好地防除水稻田一年生杂草和阔叶杂草，如稗草、扁秆藨草、鸭舌草、异型莎草、牛毛毡等。苗后有效成分用量为 $250 \sim 500g/hm^2$ 能防除旱田一年生杂草，如马唐、稗草、早熟禾、叶蓼、繁缕、藜、野燕麦等，对水稻、大麦、小麦以及草坪安全。

(2) 用药时间长。茚草酮有一个宽余的用药时机，能防除水稻田苗后至 3 叶期稗草。

(3) 低温性能好。即使在低温下，茚草酮也能有效地除草。

莠灭净

(ametryn)

$C_9H_{17}N_5S$, 227.12, 834-12-8

化学名称 N-2-乙氨基-N-4-异丙氨基-6-甲硫基-1,3,5-三嗪。

其他名称 甘蔗乐，蔗无草，蔗耙。

理化性质 原药为白色粉末，熔点 $86.7^{\circ}C$，沸点 $337^{\circ}C$，相对密度 1.18，溶解度（$20^{\circ}C$，mg/L）：水 200，丙酮 56900，正己烷 1400，甲苯 4600。

毒性 原药对大鼠急性经口毒性 LD_{50} 为 1009mg/kg，中等毒性；对绿头鸭急性毒性 $LD_{50} > 5620$mg/kg，低毒；对虹鳟 LC_{50}（96h）为 5mg/L，中等毒性；对大型溞 EC_{50}（48h）为 28mg/kg，中等毒性；对藻类 EC_{50}（72h）为 0.0036mg/L，高毒；对蜜蜂低毒；对蚯蚓中等毒性。对眼睛、皮肤具刺激性，无染色体畸变风险。

剂型 95％、97％、98％原药，80％、90％水分散粒剂，40％、75％、80％可湿性粉剂，45％、50％悬浮剂。

作用机理 三氮苯类内吸传导选择型除草剂，通过对光合作用电子传递的抑制，导致叶片内亚硝酸盐积累，致植物受害至死亡。

防除对象 主要用于甘蔗、菠萝田防除稗草、牛筋草、狗牙根、马唐、雀稗、狗尾草、大黍、秋稷、千金子、苘麻、一点红、菊芹、大戟属杂草、蓼属杂草、眼子菜、马蹄莲、田荠、胜红蓟、苦苣菜、空心莲子菜、水蜈蚣、苋菜、鬼针草、罗氏草、田旋花、臂形草、藜属杂草、猪屎豆、铁荸荠等一年生杂草。

使用方法

（1）甘蔗苗前进行土壤喷雾，80％可湿性粉剂亩制剂用量 130～200g 兑水 40～50kg 稀释后喷雾。

（2）甘蔗芽后 3～4 叶期、杂草出齐后 10cm 左右，对准垄沟杂草定向喷雾，80％水分散粒剂亩制剂用量 100～140g，药液不得直接喷到甘蔗心叶上。

（3）菠萝田定向喷雾防除杂草，80％可湿性粉剂亩制剂用量 120～150g。

注意事项

（1）对香蕉苗、水稻、花生、红薯及谷类、豆类、茄类、瓜类、菜类敏感，施药时应采用定向茎叶喷雾，尽量避免药液飘移。

（2）避免中午高温施药。

（3）勿与呈碱性的农药物质混用。

（4）低洼积水易发生药害，沙壤和有机质含量低的蔗田，应使用推荐低剂量，剂量过大易造成叶片发黄、生长缓慢症状，一般两周左右可恢复正常。杂草高大、茂密的地块，要确保药液喷到杂草根部，保证药效。

（5）间作大豆、花生等作物的蔗田，不能使用。莠灭净对果蔗不安全，新台糖 16 号、23 号、28 号、粤糖 63/237 号、93/158 号、93/159 号、76/169 号品种对莠灭净敏感，不宜使用。

（6）防除菠萝田杂草，建议单用，混用其他除草剂可能会降低菠萝品质。

复配剂及使用方法

（1）38％乙氧·莠灭净悬浮剂，主要用于苹果园防除一年生杂草，定向茎叶喷雾，推荐亩用量200～250g；

（2）60％硝·2甲·莠灭可湿性粉剂，主要用于甘蔗田防除一年生杂草，茎叶喷雾，推荐亩用量100～120g；

（3）46％硝·灭·氰草津可湿性粉剂，主要用于甘蔗田防除一年生杂草，定向茎叶喷雾，推荐亩用量100～200g；

（4）78％溴腈·莠灭净可湿性粉剂，主要用于甘蔗田、玉米田防除一年生杂草，茎叶喷雾，推荐亩用量150～250g（甘蔗）、125～150g（玉米）；

（5）40％莠灭·乙草胺悬乳剂，主要用于夏玉米田防除一年生杂草，土壤喷雾，推荐亩用量160～210g等。

莠去津
（atriazine）

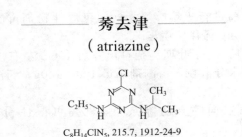

C$_8$H$_{14}$ClN$_5$, 215.7, 1912-24-9

化学名称　2-氯-4-乙氨基-6-异丙氨基-1,3,5-三嗪。

其他名称　阿特拉津，盖萨普林，莠去尽，阿特拉嗪，园保净，Artrex，Atrasol，Atratol，Semparol，Atrazinegeigy，gesaprim，Primatol-A。

理化性质　白色结晶，熔点175.8，相对密度1.23，溶解度（20℃，mg/L）：水35，乙酸乙酯24000，氯仿28000，甲苯4000，正己烷110。在微酸性和微碱性介质中稳定，但在高温下，碱和无机酸可将其水解为无除草活性的羟基衍生物，无腐蚀性。

毒性　原药对大鼠急性经口毒性LD$_{50}$为1869mg/kg，中等毒性；对日本鹌鹑急性毒性LD$_{50}$为4237mg/kg，低毒；对虹鳟LC$_{50}$（96h）为4.5mg/L，中等毒性；对大型溞EC$_{50}$（48h）＞85mg/kg，中等毒性；对月牙藻EC$_{50}$（72h）为0.059mg/L，中等毒性；对蜜蜂低毒；对蚯蚓中等毒性。对眼睛、皮肤、呼吸道具刺激性，无染色体畸变和致癌风险。

作用机理　内吸选择性苗前、苗后除草剂。根吸收为主，茎叶吸收很少。杀草作用和选择性同西玛津，易被雨水淋洗至土壤较深层，对某些深根草亦有效，但易产生药害。持效期也较长。

剂型　85%、88%、92%、95%、96%、97%、98%原药，48%、80%可湿性粉剂，20%、38%、45%、500g/L、50%、55%、60%悬浮剂，25%、50%可分散油悬浮剂，90%水分散粒剂。

防除对象　用于防除玉米、高粱、甘蔗、糜子、茶树、梨树、苹果树、葡萄树、红松苗圃、林地、橡胶等田地的马唐、稗草、狗尾草、莎草、看麦娘、蓼、藜等一年生禾本科杂草和阔叶杂草，对某些多年生杂草也有一定抑制作用。

使用方法　高粱、玉米、糜子、甘蔗田播后苗前施药，地表土壤喷雾；茶园、果园、橡胶园杂草萌发高峰期稀释后地表喷雾，不得喷洒至作物，同时应避开葡萄根部。以48%可湿性粉剂为例，亩制剂用量如下：茶园208～312.5g；甘蔗156～260g；高粱、糜子260～365g（东北地区）；红松苗圃每平方米0.5～1g；梨树、苹果树（12年以上树龄）417～521g（东北地区）；玉米田、葡萄树312.5～417g；橡胶园521～625g；公路每平方米1.7～4.2g；铁路、森林每平方米2.1～5.2g。

注意事项

（1）大豆、桃树、小麦、水稻等对莠去津敏感，不宜使用。玉米田后茬为小麦、水稻时，应降低剂量与其他安全的除草剂混用。北京、华北地区，玉米后茬作物多为冬小麦，故莠去津单用每亩不能超过200g（商品量）（有效成分100g）。要求喷雾均匀，否则因用量过大或喷雾不均，常引起小麦点片受害，甚至死苗。连种玉米地，用量可适当提高。青饲料玉米，在上海地区只作播后苗前使用。苗期3～4叶期，作茎叶处理对后茬水稻有影响。玉米套种豆类，不宜使用莠去津。

（2）有机质含量超过6%的土壤，不宜做土壤处理，以茎叶处理为好。

（3）果园使用莠去津，对桃树不安全，因桃树对莠去津敏感，表现为叶黄、缺绿、落果、严重减产，一般不宜使用。

（4）莠去津播后苗前，土表处理时，要求施药前整地要平，土块要整。

复配剂及使用方法

(1) 52%丁·硝·莠去津悬乳剂，主要用于玉米田防除一年生杂草，茎叶喷雾，推荐亩用量 120～150mL；

(2) 66%乙·莠·滴辛酯悬乳剂，主要用于春玉米田防除一年生杂草，土壤喷雾，推荐亩用量 150～180mL；

(3) 34%异噁唑·莠悬乳剂，主要用于玉米田防除一年生杂草，土壤喷雾，推荐亩用量 150～200mL；

(4) 26%苯唑·莠去津可分散油悬浮剂，主要用于玉米田防除一年生杂草，茎叶喷雾，推荐亩用量 150～200mL 等。

仲丁灵
（butralin）

$C_{14}H_{21}N_3O_4$, 295.33, 33629-47-9

化学名称 N-仲丁基-4-特丁基-2,6-二硝基苯胺。

其他名称 地乐胺，比达宁，双丁乐灵，止芽素，稻施金，A-820，Amchem70-25。

理化性质 纯品为橘黄色晶体，熔点 60～61℃，蒸气压 1.7mPa（25℃），水中溶解度（25℃）0.3mg/kg，有机溶液中溶解度（mg/L）：苯 2700，丙酮 4480，甲醇 98，乙醇 73。

毒性 急性经口 LD_{50}（mg/kg）：大鼠 2500，大鼠急性经皮 LD_{50} 4600mg/kg。以 20～30mg/kg 剂量喂养大鼠 2 年，未见不良影响。对鱼类毒性中等，虹鳟鱼 LC_{50}（48h）为 3.4mg/L。

作用机理 选择性芽前土壤处理类除草剂，作用机理与氟乐灵、氨氟乐灵相似，药剂主要通过杂草的胚芽鞘和胚轴吸收，双子叶植物吸收部位为下胚轴，单子叶植物为幼芽。药剂进入植物后，抑制细胞分裂过程中纺锤体的形成，影响根系和芽的生长，从而抑制新萌发的杂草种子生长发育。本品对已出苗的杂草无效。

剂型　30％水乳剂，36％悬浮剂，360g/L、36％、48％乳油，95％、96％原药。

防除对象　用于防除大豆、棉花、玉米、西瓜、甘蔗、水稻、马铃薯、花生等作物的一年生禾本科杂草及部分小粒种子的阔叶杂草，主要为稗草、马唐、千金子、牛筋草、狗尾草等，对苍耳、鸭跖草及多年生杂草防效较差。

使用方法

（1）棉花田　播后苗前土壤喷雾处理，30％仲丁灵水乳剂每亩用药量为350～400mL，兑水40～60kg，苗前施药一次。

（2）大豆田　大豆播前2～3d或播后苗前，春大豆每亩用48％仲丁灵乳油250～300mL，夏大豆每亩用48％仲丁灵乳油200～250mL兑水40～50kg，土壤均匀喷雾后混土，混土深度为3～5cm。在低温季节或用药后浇水，不混土也有较好防效。

（3）西瓜田　西瓜播后苗前或移栽前施用，48％仲丁灵乳油每亩用药量150～200mL，均匀进行土壤喷雾处理，如果为大棚西瓜种植，选择低剂量处理。

（4）水稻田　水稻移栽田每亩用48％仲丁灵乳油200～250mL，在水稻移栽5～7d后，药土法施药，保持水层3～5cm 5～7d。

注意事项

（1）本品属芽前除草剂，对已出苗杂草无效。

（2）本品是选择性芽前除草剂，在水稻萌发后施药存在药害风险。

（3）本品对鱼有毒，远离水产养殖区施药，禁止在河塘中清洗施药器具。鱼或虾蟹套养稻田禁用，施药后的用水不得直接排入水体。赤眼蜂及天敌放飞区禁用。

复配剂及使用方法

（1）32％噁草·仲丁灵水乳剂，防除水稻移栽田一年生杂草，药土法，推荐亩剂量为200～300mL。

（2）33％扑草·仲丁灵乳油，防除大蒜田一年生禾本科杂草及部分阔叶杂草，播后苗前土壤喷雾处理，推荐亩剂量为150～200mL；防除棉花田一年生杂草，播后苗前土壤喷雾处理，推荐亩剂量为150～200mL。

（3）40％仲灵·异噁松乳油，防除烟草一年生杂草，移栽前土壤喷雾处理，推荐亩剂量为125～137mL。

唑啉草酯
（pinoxaden）

C23H32N2O4, 400.5, 243973-20-8

化学名称　8-(2,6-二乙基-4-甲基苯基)-1,2,4,5-四氢-7-氧-7*H*-吡唑[1,2-*d*][1,4,5]氧二氮杂草-9-基-2,2-二甲基丙酸酯。

其他名称　爱秀。

理化性质　纯品为白色粉末固体，熔点121.1℃，相对密度1.16，溶解度（20℃，mg/L）：水200（25℃），丙酮250000，二氯甲烷500000，正己烷1000，甲苯13000。土壤与水中不稳定，降解迅速。

毒性　原药对大鼠急性经口毒性LD_{50}>5000mg/kg，低毒；对绿头鸭急性毒性LD_{50}>2250mg/kg，低毒；对山齿鹑经口LD_{50}>5620mg/kg，低毒；对虹鳟LC_{50}(96h)为10.3mg/L，中等毒性；对骨藻EC_{50}(72h)为0.91mg/L，中等毒性；对蜜蜂、蚯蚓低毒。对眼睛、皮肤、呼吸道具刺激性，无神经毒性、致癌作用和生殖影响，无DNA损失和基因突变风险。

剂型　95％、96.2％原药，5％乳油，10％可分散油悬浮剂。

作用机理　唑啉草酯属新苯基吡唑啉类除草剂，作用靶点为乙酰辅酶A羧化酶（ACC），可被杂草茎叶吸收，快速传导至分生组织，造成脂肪酸合成受阻，使细胞生长分裂停止，导致杂草死亡。一般施药后敏感杂草48h停止生长，1～2周开始发黄，3～4周死亡。

防除对象　主要用于防除小麦或大麦田一年生禾本科杂草，如看麦娘、日本看麦娘、野燕麦、黑麦草、蔄草、狗尾草、硬草、茵草、棒头草等。是目前登记在大麦田中安全使用的为数不多的除草剂之一。

使用方法　在小麦或大麦2叶1心期至旗叶期，杂草3～5叶期施用，以5％乳油为例，大麦田制剂用量60～100mL，小麦田制剂用量60～80mL，兑水15～30kg，二次稀释后进行茎叶喷雾。

注意事项

（1）不良条件下大麦叶片可能会出现暂时失绿，但不影响产量，勿在冬前使用，避免低温导致药害产生，通常加入解草酯等安全剂配合使用。

（2）切忌重喷、多喷，避免药害。

（3）耐雨水，施药 1h 后遇雨不影响药效。

（4）土壤降解快且根吸收弱，施药部位为茎叶。

（5）不推荐与 2 甲 4 氯、麦草畏等激素类除草剂混用。

复配剂及使用方法　5％唑啉·炔草酯乳油，主要用于春冬小麦田防除禾本科杂草，小麦 3 叶期后、杂草 3～5 叶期，茎叶喷雾，推荐亩用量春小麦田 40～80mL，冬小麦田 60～100mL，不宜在大麦、高粱、玉米等作物中使用。

唑嘧磺草胺
（flumetsulam）

$C_{12}H_9F_2N_5O_2S$，325.2，98967-40-9

化学名称　2′,6′-二氟-5-甲基[1,2,4]三唑并[1,5-a]嘧啶-2-磺酰苯胺。

其他名称　阔草清，豆草能，Broedstrike，Preside，Scorpion。

理化性质　纯品唑嘧磺草胺为灰白色固体，熔点 252℃，相对密度 1.77。溶解度（20℃，mg/L）：水 5650，丙酮 1600；几乎不溶于甲苯和正己烷。

毒性　唑嘧磺草胺原药对大鼠急性经口毒性 LD_{50} ＞5000mg/kg，低毒；对山齿鹑急性毒性 LD_{50} 为 2250mg/kg，低毒；对虹鳟 LC_{50}（96h）＞300mg/L，低毒；对大型溞 EC_{50}（48h）＞254mg/kg，低毒；对小球藻 EC_{50}（72h）为 10.68mg/L，低毒；对蜜蜂低毒。对眼睛、皮肤具刺激性，无神经毒性和染色体畸变风险。

作用机理　属三唑并嘧啶磺酰胺类，是典型的乙酰乳酸合成酶抑制剂，通过抑制支链氨基酸合成使蛋白质合成受阻，植物停止生长。残效期长、杀草谱广，土壤、茎叶处理均可。

剂型 97％、98％原药，80％水分散粒剂，10％悬浮剂。

防除对象 适于玉米、大豆、小麦田中防治1年生及多年生阔叶杂草，如问荆（节骨草）、荠菜、小花糖芥、独行菜、播娘蒿（麦蒿）、蓼、婆婆纳（被窝絮）、苍耳（老场子）、龙葵（野葡萄）、反枝苋（苋菜）、藜（灰菜）、苘麻（麻果）、猪殃殃（涩拉秧）、曼陀罗等。

使用方法

（1）大豆田、玉米田播前或播后芽前土壤喷雾处理，80％水分散粒剂亩制剂用量分别为3.75～5g（大豆田、春玉米田）、2～4g（夏玉米田），兑水30～60kg混匀喷雾。

（2）小麦田于返青至拔节前，杂草2～5叶期进行茎叶喷雾处理，80％水分散粒剂亩制剂用量1.67～2.5g，每亩用水量15～30kg均匀喷雾。

注意事项

（1）正常推荐剂量下后茬可以种植玉米、小麦、大麦、水稻、高粱；后茬如果种植油菜、棉花、甜菜、向日葵、马铃薯、亚麻、茄科植物及十字花科蔬菜等敏感作物需隔年，其余作物后茬种植需经试验后方可进行。

（2）不宜在地表太干燥或下雨时施药，在土壤墒情好时施药最佳。

（3）盐碱地、低洼地、风沙地、河沙地禁止使用。

（4）节骨草、刺菜等多年生抗性阔叶草建议连续使用2～3年，方可达到理想效果。对田旋花、苍耳，抑制作用较好，防除效果较弱。

复配剂及使用方法

（1）38％莠•唑嘧胺悬浮剂，主要用于玉米田防除一年生杂草，土壤喷雾，推荐亩用量200～300mL；

（2）20％双氟•唑嘧胺悬浮剂，主要用于冬小麦田防除一年生阔叶杂草，茎叶喷雾，推荐亩用量3～4mL；

（3）56％乙•莠•唑嘧胺悬乳剂，主要用于玉米田防除一年生杂草，土壤喷雾，推荐亩用量3～4mL等。

唑酮草酯

（carfentrazone-ethyl）

$C_{13}H_{14}Cl_2F_3N_3O_3$, 412, 128639-02-1

化学名称　乙基-2-氯-3-{2-氯-5-[4-(二氟甲基)-4,5-二氢-3-甲基-5-氧-1H-1,2,4-三唑-1-基]-4-氟苯基}丙酸乙酯。

其他名称　唑草酮，福农，快灭灵，三唑酮草酯，唑酮草酯。

理化性质　原药外观为无色至黄色黏性液体，熔点22.1℃，沸点350℃，相对密度1.46，溶解度（20℃，mg/L）：水29.3，丙酮2000000，甲苯900000，己烷30000，乙醇2000000。

毒性　原药对大鼠急性经口毒性LD_{50}＞5000mg/kg，低毒；对山齿鹑急性毒性LD_{50}＞2250mg/kg，低毒；对虹鳟LC_{50}（96h）为1.6mg/L，中等毒性；对大型溞EC_{50}（48h）＞9.8mg/kg，中等毒性；对鱼腥藻EC_{50}（72h）为0.012mg/L，中等毒性；对蜜蜂低毒；对蚯蚓中等毒性。对眼睛、皮肤、呼吸道无刺激性，无神经毒性和皮肤致敏性，无染色体畸变风险。

作用机理　唑酮草酯是由美国富美实（FMC）公司开发的三唑啉酮类除草剂，是一种触杀型选择性除草剂，在有光的条件下，在叶绿素生物合成过程中，通过抑制原卟啉原氧化酶导致有毒中间物的积累，从而破坏杂草的细胞膜，使叶片迅速干枯、死亡。唑酮草酯在喷药后15min内即被植物叶片吸收，其不受雨淋影响，3～4h后杂草就出现中毒症状，2～4d死亡。杀草速度快，受低温影响小，用药机会广，由于唑草酮有良好的耐低温和耐雨水冲刷效应，可在冬前气温降到很低时用药，也可在降雨频繁的春季抢在雨天间隙及时用药，而且对后茬作物十分安全，是麦田春季化除的优良除草剂。

剂型　90%、91%、92%、95%、96%原药，52.6%母液，5%微乳剂，10%、15%、20%可湿性粉剂，10%、40%水分散粒剂，400g/L乳油。

防除对象　主要用于小麦、水稻田防除阔叶杂草和莎草如猪殃殃、野芝麻、婆婆纳、苘麻、萹蓄、藜、红心藜、空管牵牛、鼬瓣花、酸模叶蓼、柳叶刺蓼、卷茎蓼、反枝苋、铁苋菜、宝盖菜、苣荬菜、野芝麻、小果亚麻、地肤、龙葵、白芥等，对猪殃殃、苘麻、红心藜、荠、泽漆、麦家公、空管牵牛等杂草具有优异的防效，对磺酰脲类除草剂产生抗性的杂草等具有很好的活性。

使用方法　春小麦 3~4 叶期，冬小麦返青至拔节期用药，水稻田插秧两周后，杂草基本出土后即可施药，10% 唑酮草酯亩制剂用量 22~24g（春小麦）/18~20g（冬小麦）/10~15g（移栽水稻田），兑水 25~30kg，稀释均匀后茎叶喷雾。水稻田药前排水，施药后 1~2d 放水回田，保水 3~5cm 5~7d。

注意事项

(1) 唑酮草酯为超高效除草剂，但小麦对唑酮草酯的耐药性较强，在小麦 3 叶期至拔节前（一般为 11 月至次年 3 月）均可使用，但如果施药不当，施药后麦苗叶片上会产生黄色灼伤斑，用药量大、用药浓度高，则灼伤斑大，药害明显。因此施药时药量一定要准确，最好将药剂配成母液，再加入喷雾器。喷雾应均匀，不可重喷，以免造成作物的严重药害。唑草酮没有内吸传导作用，通常不引起全株死亡，在药害严重时，少数处于 1~2 叶期的麦苗，由于叶片严重损伤，可能出现死亡，较大麦苗一般不会死亡。药害通常在施药后 2~4d 即充分表现出来并趋于稳定，如果受到药害时麦苗较小，田间群体不足，即麦苗受伤会影响分蘖和分蘖成穗，对产量影响较大。目前对受害麦苗应适当增施氮肥，每亩施尿素 5~10kg，促进麦苗分蘖，争取小分蘖成穗，到拔节孕穗期再根据苗情适当早施、重施拔节孕穗肥，减少产量损失。

(2) 唑酮草酯只对杂草有触杀作用，没有土壤封闭作用，用药应尽量在田间杂草大部分出苗后进行。

(3) 小麦在拔节期至孕穗期喷药后，或喷液量不足时，叶片上会出现黄色斑点，但施药后 1 周就可恢复正常绿色，不影响产量。

(4) 唑酮草酯的药效发挥与光照条件有一定的关系，施药后光照条件好，有利于药效充分发挥，阴天不利于药效正常发挥。气温在 10℃ 以上时杀草速度快，2~3d 即见效，低温期施药杀草速度会变慢。

(5) 喷施唑酮草酯及其与苯磺隆、2 甲 4 氯、苄嘧磺隆的复配剂时，药液中不能加洗衣粉、有机硅等助剂，否则容易对作物产生药害。

(6) 含唑酮草酯的药剂不宜与精噁唑禾草灵等乳油制剂混用，否则可能会影响唑酮草酯在药液中的分散性，喷药后药物易在叶片上分布不均，着药多的部位容易受到药害，但可分开使用，例如：头天打一种药，第二天打另一种药，就不会出现药害，但考虑到苯磺隆、苄嘧磺隆、2甲4氯等药剂会影响精噁唑禾草灵的防效，最好相隔一周左右使用。

复配剂及使用方法

（1）8%双氟·唑酮草酯悬乳剂，主要用于冬小麦田防除一年生阔叶杂草，茎叶喷雾，推荐亩用量10～15mL；

（2）16%五氟·唑·氰氟可分散油悬浮剂，主要用于水稻田（直播）防除一年生杂草，茎叶喷雾，推荐亩用量40～60mL；

（3）36%唑草·苯磺隆水分散粒剂，主要用于小麦田（直播）防除一年生阔叶杂草，茎叶喷雾，推荐亩用量6～8g；

（4）54%2甲·唑·双氟可湿性粉剂，主要用于冬小麦田防除一年生阔叶杂草，茎叶喷雾，推荐亩用量15～20g；

（5）12%氯吡·唑草酮可分散油悬浮剂，主要用于小麦田防除一年生阔叶杂草，茎叶喷雾，推荐亩用量40～50mL等。

参 考 文 献

[1] 柏亚罗，陈燕玲. 炔草酯——优秀的谷物田除草剂[J]. 农村新技术，2016(1)：39.

[2] 柏亚罗，顾林玲. 唑啉草酯及其应用与开发进展[J]. 现代农药，2017，16(3)：40-44.

[3] 柏亚罗. 水稻田长效除草剂——噁嗪草酮[J]. 农药市场信息，2014(24)：42.

[4] 边强，于淑晶，寇俊杰，等. 25%咪唑烟酸水剂对非耕地杂草和狗牙根的防除效果[J]. 农药，2019，58(3)：223-225，234.

[5] 曹斌，杨强，张耀. 小麦田除草剂甲基二磺隆药害试验研究[J]. 现代农业科技，2018(11)：116，119.

[6] 曹敏. 二硝基苯胺类除草剂微生物降解研究进展[J]. 微生物学通报，2020，47(1)：282-294.

[7] 陈翠芳，孙玉华，赵伟，等. 5%唑啉草酯乳油(爱秀)防除大麦田硬草的药效研究[J]. 现代农业科技，2015(24)：127，133.

[8] 陈树文，苏少范. 农田杂草识别与防除新技术[M]. 北京：中国农业出版社，2007.

[9] 程文超，李光宁，相世刚，等. 安融乐对2种除草剂防除冬小麦田禾本科杂草的增效作用[J]. 杂草学报，2019，37(1)：64-70.

[10] 程元霞. 50%异丙隆可湿性粉剂对小麦幼根生理特性的影响[J]. 现代农业科技，2017(13)：102，104.

[11] 崔海军. 咪唑烟酸用于毛竹林清除草灌木的环境效应评价[D]. 北京：中国林业科学研究院，2012.

[12] 崔海兰，林荣华，张宏军，等. 70%氟唑磺隆水分散粒剂对麦田禾本科杂草的防效评价[J]. 农药科学与管理，2018，39(11)：58-61.

[13] 崔丽娜，姜晓君，崔丽. 50%异丙隆可湿性粉剂对小麦发芽的影响[J]. 现代农业科技，2017(11)：110，114.

[14] 刁杰，敖飞. 新型除草剂碘甲磺隆钠盐[J]. 农药，2007，46(7)：484-485.

[15] 杜蔚，任春阳，宋巍，等. 除草剂苄草酮的合成[J]. 农药，2019，58(3)：24-26.

[16] 范添乐，魏芩杰，陈小军，等. 氟唑磺隆在野燕麦中的内吸传导特性[J]. 农药学学报，2018，20(6)：809-813.

[17] 范晓季，宋昊，孙立伟，等. 禾草灵对水稻生长和典型土壤酶活性的影响[J]. 生态毒理学报，2017，12(6)：164-170.

[18] 方圆. 施用异丙隆和甲基二磺隆后短期内遇霜冻易发生药害[N]. 江苏农业科技，2017-12-9.

[19] 封云涛，郭晓君，李光玉，等. 33%二甲戊灵乳油及其不同处理方式防除胡萝卜田杂草试验[J]. 山西农业科学，2018(2)：265-267，302.

[20] 冯丽萍. 绿麦隆过量施用对后茬水稻药害症状调查[J]. 云南农业科技，2002，S1：225-226.

[21] 冯莉，田兴山，杨彩宏，等. 不同蔬菜对甲咪唑烟酸土壤残留的敏感性[J]. 广东农业科学，2016，43(11)：103-108，193.

[22] 冯莉，张泰杰，高家东，等. 甲咪唑烟酸残留对后茬不同蔬菜幼苗生长的影响[C]. 中国植物保护学会学术年会，2014.

[23] 付丹妮，赵铂锤，陈彦，等. 东北稻田野慈姑对苄嘧磺隆抗药性研究[J]. 中国植保导刊，2018，38(1)：17-23.

[24] 付丹妮，赵铂锤，孙中华，等. 抗苄嘧磺隆野慈姑乙酰乳酸合成酶的突变研究[J]. 植物保护，2018，44(3)：142-145，155.

[25] 高英，伊米尔，张勇. 25%敌草隆棉田除草防效试验[J]. 新疆农业科技，1999(3)：22.

[26] 管欢，刘晓亮，唐文伟，等. 环嗪酮对不同甘蔗品种苗期生长的影响[J]. 江苏农业科学，2015，43(5)：98-100.

[27] 管欢. 环嗪酮对甘蔗及其间套种作物的影响[D]. 南宁：广西大学，2015.

[28] 郭良芝，郭青云，张兴. 二氯吡啶酸防除春油菜田刺儿菜和苣荬菜的效果[J]. 杂草科学，2009(1)：53-54.

[29] 郭艳春，毛景英，马玉红. 50%速收 WP 防除麦田杂草田间药效试验初报[J]. 农药，2002，41(12)：39-40.

[30] 韩德新，刘宇龙，芮静，等. 不同除草剂对大豆田反枝苋的防除效果研究[J]. 东北农业科学，2016(41)：82.

[31] 华乃震. 新型高效安全麦田除草剂甲基二磺隆市场与应用述评[J]. 农药市场信息，2018，2(7)：6-10.

[32] 黄晓宇，顾剑，高明伟，等. 95%咪唑烟酸原药对大鼠致畸试验的影响分析[J]. 农药，2014，53(9)：658-659.

[33] 黄雅丽，顾刘金，杨校华，等. 啶嘧磺隆的亚慢性毒性研究[J]. 毒理学杂志，2008，22(2)：135-136.

[34] 辉胜. 高效麦田除草剂氟唑磺隆国内登记状况[J]. 农药市场信息，2017(14)：38.

[35] 辉胜. 老花新开 二氯吡啶酸复配产品潜力依旧[J]. 农药市场信息，2017(12)：38.

[36] 火庆忠，火良余，焦俊森，等. 75%异丙隆可湿性粉剂与不同除草剂混用对冬小麦田日本看麦娘防效比较[J]. 现代农业科技，2017(19)：103-104，109.

[37] 季万红，马秀凤，张雅东. 19%氟酮磺草胺 SC 防除机插秧稻田杂草的效果[J]. 杂草科学，2012，30(2)：53-54.

[38] 蒋洪权. 新颖除草剂唑啉草酯及其合成方法[J]. 世界农药，2017，39(4)：47-48.

[39] 兰大伟，刘永立. 丙酯草醚对植物细胞有丝分裂的影响[J]. 安徽农业科学，2016(36)：5-6.

[40] 李春琪. 10%精噁唑禾草灵乳油防除大豆田杂草田间药效试验总结[J]. 农业技术与装备，2018，346(10)：13-14.

[41] 李莉，朱文达，李林，等. 10%乙羧氟草醚 EC 对大豆田阔叶杂草的防除效果[J]. 湖北农业科学，2018，57(7)：65-68.

[42] 李莉，朱文达，李林，等. 17.5%精喹禾灵 EC 对大豆一年生禾本科杂草防除效果研究[J]. 湖北农业科学，2017(23)：97-100.

[43] 李涛，钱振官，温广月，等. 50g/L 唑啉草酯乳油防除大麦田杂草应用技术[J]. 杂草科学，2014，32(4)：66-68.

[44] 李玮. 50%双氟磺草胺·氟唑磺隆 WDG 防除春小麦田杂草效果试验[J]. 安徽农学通报，2014，20(9)：95-98.

[45] 李玮. 70%氟唑磺隆水分散粒剂防除春小麦田杂草效果及其对小麦安全性试验[J]. 青海农林科技，2014(3)：8-10.

[46] 李香菊，梁帝允，袁会珠. 除草剂科学使用指南[M]. 北京：中国农业科学技术出版社，2015.

[47] 李小艳. 二氯喹啉草酮及其复配剂在水稻田中的应用[D]. 南京：南京农业大学，2016.

[48] 李娅，封云涛，郭晓君，等. 17%炔草酯·氟唑磺隆可分散油悬浮剂防除冬小麦田间杂草试验[J]. 山西农业科学，2019，47(9)：1618-1621.

[49] 李元祥，柏连阳，胡彭昱. 嘧啶水杨酸类除草剂中间体 DMSP 的合成研究进展[J]. 广州化工，2010(3)：11-14.

[50] 李源，于乐祥，张学忠. 丙嗪嘧磺隆合成及应用[J]. 化工设计通讯，2017，43(1)：134，147.

[51] 刘安昌，董元海，余玉，等. 新型除草剂唑啉草酯的合成工艺[J]. 农药，2017，56(6)：407-409.

[52] 刘安昌，张树康，余彩虹，等. 新型除草剂丙嗪嘧磺隆的合成研究[J]. 世界农药，2016，38(5)：30-32.

[53] 刘才，王作平，杨梦婷，等. 玉米骨干自交系对除草剂苯磺隆和甲咪唑烟酸的敏感性差异[J]. 河南农业科学，2019，48(3)：77-82.

[54] 刘刚. 第 3 个炔苯酰草胺原药产品获批[J]. 农药市场信息，2009(10)：23.

[55] 刘刚. 二氯吡啶酸适用于防除胡麻田刺儿菜[J]. 农药市场信息，2018(16)：40.

[56] 刘刚. 氟唑磺隆为防除小麦田雀麦的理想除草剂[J]. 农药市场信息，2017(10)：52.

[57] 刘刚. 国内企业首个喹禾糠酯原药产品登记[J]. 农药市场信息，2011(11)：22.

[58] 刘刚. 甲基碘磺隆钠盐首次在玉米田登记[J]. 农药市场信息，2019(2)：33.

[59] 刘刚. 目前我国批准登记的甲咪唑烟酸制剂产品[J]. 农药市场信息，2015(12)：40.

[60] 刘刚. 双唑草腈的除草活性及对水稻的安全性再次被证实[J]. 农药市场信息，2017(28)：55.

[61] 刘刚. 双唑草腈在水稻田具有很好的应用前景[J]. 农药市场信息，2017(22)：51.

[62] 刘刚. 硝磺草酮与二氯吡啶酸复配应用于玉米田除草效果好[J]. 农药市场信息，2016(1)：56.

[63] 刘刚. 新型除草剂二氯喹啉草酮在水稻田应用前景广阔[J]. 农药市场信息，2016(11)：51.

[64] 刘建军. 环嗪酮在山核桃林地的残留分析及其应用[D]. 北京：中国林业科学研究院，2013.

[65] 刘向国. 氨氟乐灵对福州市结缕草草坪杂草的防除试验[J]. 中国园艺文摘，2018(1)：44-45.

[66] 刘旬胜，王忠秋，周ındı虎，等. 绿麦隆防除麦田杂草药害产生原因及预防[C]. 农作物药害预防及控制技术研讨会论文集，2005.

[67] 刘洋. 未来水稻田除草剂登记的热点产品系列之双唑草腈[J]. 农药市场信息，2017(18)：24-29.

[68] 刘洋. 未来水稻田除草剂登记的热点产品之嘧草醚[J]. 农药市场信息，2017(21)：9-12.

[69] 刘洋. 未来水稻田除草剂登记的热点产品之嗪吡嘧磺隆[J]. 农药市场信息，2017(13)：24-25，69.

[70] 刘洋. 未来小麦田除草剂登记的热点产品之唑啉草酯[J]. 农药市场信息，2017(30)：24-26.

[71] 刘洋. 小麦田除草剂登记的热点产品之甲基二磺隆[J]. 农药市场信息，2017(11)：29-31，76.

[72] 刘占山. 新颖水田除草剂——碘甲磺隆[J]. 世界农药，2010，32(5)：54.

[73] 卢政茂. 环酯草醚杀草谱及作用特性室内生测研究[J]. 农药，2018，57(10)：79-81.

[74] 卢宗志，逯忠斌，张浩. 除草剂喹禾糠酯在土壤中的吸附研究[J]. 吉林农业科学，2005，30(3)：54-55.

[75] 鲁传涛，等. 除草剂原理与应用原色图鉴[M]. 北京：中国农业科学技术出版社，2014.

[76] 鲁传涛，等. 农田杂草识别与防治原色图鉴[M]. 北京：中国农业科学技术出版社，2014.

[77] 陆勇伟，朱晓群，孙会锋. 33%嗪吡嘧磺隆水分散粒剂防除水稻机械穴直播田杂草效果及安全性研究[J]. 现代农业科技，2018(10)：115，117.

[78] 路伟，李琳，李世奎，等. 水溶性氟乐灵纳米制剂对向日葵列当的毒力及田间药效[J]. 植物保护，2019，45(3)：242-245，253.

[79] 马国兰，刘都才，刘雪源，等. 双唑草腈的除草活性及对不同水稻品种和后茬作物的安全性[J]. 植物保护，2017，43(4)：218-223.

[80] 马奇祥，常中先. 农田化学除草新技术[M]. 北京：金盾出版社，2008.

[81] 孟丹丹，范洁群，郭水良，等. 基于生理指标早期诊断异丙隆对小麦药害的研究[J]. 植物保护，2019，45(5)：186-189，213.

[82] 穆杰，吴松兰，姚刚. 超高效除草剂——甲咪唑烟酸应用情况分析[J]. 吉林农业，2010(10)：71，98.

[83] 南秋利，方红新，李玲，等. 含氟酮磺草胺与哒草特除草组合物对水稻田杂草的防除效果[J]. 安徽农业科学，2018，46(32)：140-143.

[84] 钮璐. 麦田杂草防除配方[J]. 河南农业，2019(4)：33.

[85] 农药研究与应用编辑部. 环嗪酮原药产品最新登记动态[J]. 农药研究与应用，2012，16(3)：28.

[86] 潘同霞，王国富，张保民，等. 绿麦隆防除麦田禾本科杂草试验[J]. 河南农业科学，1995(10)：21-22.

[87] 钱振官，管丽琴，李涛，等. 25%啶嘧磺隆水分散颗粒剂对苗木的安全性及对杂草的防治效果研究[J]. 林业实用技术，2012(8)：42-43.

[88] 强胜. 杂草学[M]. 北京：中国农业出版社，2008.

[89] 曲风臣，张弘弼. 喹禾糠酯4%乳油向日葵田间药效试验[J]. 农药科学与管理，2011，32(11)：60-61.

[90] 朱文达，颜冬冬，李林，等. 精吡氟禾草灵防除油菜田禾本科杂草的效果及对光照和养分的影响[J]. 江西农业学报，2019，31(4)：60-64.

[91] 曲耀训. 值得关注开发的唑啉草酯[J]. 山东农药信息，2019(3)：21-22.

[92] 曲耀训. 唑啉草酯具备多种性能优势 未来前景广阔值得关注开发[J]. 农药市场信息，2019，649(10)：37-38.

[93] 任浩章，于海英，崔振强，等. 75%环嗪酮水分散粒剂防除林下杂草效果[J]. 杂草科学，2010(3)：60-61.

[94] 石磊，周益民，邹利军. 唑啉草酯防治小麦田禾本科杂草的试验与示范[C]. 第十二届全国杂草科学大会论文摘要集，2015.

[95] 石磊. 绿麦隆除草剂进入静止状态[J]. 农药市场信息，2003(18)：14.

[96] 石凌波. 新型专利除草剂二氯喹啉草酮或将获我国首登[J]. 农药市场信息，2018
  （23）：30.

[97] 史磊，宁跃翠，韩晓辉，等. 除草剂使用过程中主要药害及情况调查[J]. 农业与技术，
  2019，39(21)：51-52，90.

[98] 水清. 氟唑磺隆与炔草酯混用除草效果好[N]. 江苏农业科技报，2012-11-28.

[99] 苏少泉. 除草剂作用靶标与新品种创制[M]. 北京：化学工业出版社，2001.

[100] 苏旺苍，孙兰兰，张强，等. 甲咪唑烟酸在土壤中的残留对后茬小麦幼苗生长和光合作
  用的影响[J]. 麦类作物学报，2013，33(6)：1226-1231.

[101] 苏旺苍. 甲咪唑烟酸残留对后茬作物的影响及土壤修复研究[C]. 第十一届全国杂草科
  学大会论文摘要集，2013.

[102] 孙涛，付声姣，江志彦，等. 啶嘧磺隆对南方暖季型草坪主要杂草的防除效果[J]. 湖北
  农业科学，2016，55(2)：371-373.

[103] 孙文忠，周怀江，邓权才，等. 20％二氯喹啉草酮悬浮剂防除水稻机插秧田杂草试验[J].
  现代农业科技，2016(24)：114，117.

[104] 孙宇，李小艳，贺建荣，等. 二氯喹啉草酮对不同龄期稻田主要杂草的生物活性[J]. 杂
  草学报，2016，34(1)：56-60.

[105] 孙宇. 新型除草化合物二氯喹啉草酮的作用机理初探[D]. 南京：南京农业大学，2016.

[106] 谭立云. 二氯吡啶酸除玉米田刺儿菜高效[J]. 农药市场信息，2018(20)：44.

[107] 谭立云. 喹禾糠酯对各类油菜安全　杀草谱与高效氟吡甲禾灵相仿[J]. 农药市场信息，
  2012(1)：43.

[108] 唐建明. 油菜田小苣藚可用二氯吡啶酸防除[J]. 杂草科学，2010(3)：62.

[109] 唐韵. 新型水稻除草剂丙嗪嘧磺隆及其应用技术[J]. 农药市场信息，2015(17)：50.

[110] 陶波，池源，滕春红，等. 助剂对氟磺胺草醚在土壤中分布影响研究[J]. 东北农业大学
  学报，2018，49(4)：21-28.

[111] 陶波，胡凡. 杂草化学防除实用技术[M]. 北京：化学工业出版社，2009.

[112] 王红春，李小艳，孙宇，等. 新型除草剂二氯喹啉草酮的除草活性及对水稻的安全性评
  价[J]. 江苏农业学报，2016，32(1)：67-72.

[113] 王红春，李小艳，孙宇，等. 新型除草剂二氯喹啉草酮的除草活性与安全性[C]. 第十二
  届全国杂草科学大会论文摘要集，2015.

[114] 王红军. 异丙隆对白菜生长发育及生理指标的影响[J]. 河南农业科学，2017，46(5)：
  112-115.

[115] 王慧，周小军，马丽. 氟酮磺草胺防除直播水稻田杂草效果试验[J]. 浙江农业科学，
  2018，59(8)：1434-1435.

[116] 王亮，伦志安，穆娟微. 1％噁嗪草酮悬浮剂防治水稻移栽田杂草试验[J]. 北方水稻，
  2018，48(3)：25-27.

[117] 王嫱，孙克，张敏恒. 碘甲磺隆钠盐分析方法述评[J]. 农药，2014，53(3)：231-233.

[118] 王诗白，严彪，顾宝贵，等. 绿麦隆药后盖草防除麦田杂草[J]. 安徽农业科学，1999，27
  (1)：44.

[119] 王守宝，王香芝，肖林云. 甲基二磺隆药害原因及预防补救措施[J]. 基层农技推广，
  2018，6(8)：92-93.

[120] 王霞. 新型麦田除草剂之唑啉草酯[J]. 山东农药信息，2014(2)：26-27，30.

[121] 王险峰. 如何选择大豆田除草剂品种[J]. 农药市场信息, 2009(7): 40.

[122] 王香芝, 王守宝, 张玉华. 甲基二磺隆对节节麦的田间防效及敏感性研究[J]. 基层农技推广, 2019, 7(8): 33-35.

[123] 王晓岚. 安道麦噁草酸或将在我国首获登记[J]. 农药市场信息, 2018, 632(23): 32.

[124] 王晓霞, 姬鹏燕, 魏万磊, 等. 唑啉草酯合成的研究进展[J]. 农药, 2018, 57(8): 547-550, 559.

[125] 王晓艳. 9.5%丙嗪嘧磺隆悬浮剂防除移栽稻田杂草试验[J]. 植物医生, 2017, 30(1): 59-60.

[126] 王秀平, 肖春, 叶敏, 等. 抗除草剂油菜施用甲咪唑烟酸和阿特拉津对下茬作物水稻的影响[J]. 农药, 2007(9): 622-624.

[127] 王学东. 除草剂咪唑烟酸在非耕地环境中的降解及代谢研究[D]. 杭州: 浙江大学, 2003.

[128] 王彦兵, 陈齐斌, 苏旺苍, 等. 小麦甲基二磺隆安全剂筛选[J]. 安徽农业科学, 2015, 43(30): 11-13.

[129] 王长方, 卢学松, 占志雄, 等. 敌草隆、阿灭净防除蔗田杂草试验[J]. 甘蔗, 1996, 3(3): 24-25.

[130] 王振东, 穆娟微. 48%仲丁灵乳油防治寒地水稻秧田杂草试验[J]. 北方水稻, 2018, 48(3): 28-29.

[131] 翁华, 郭良芝, 魏有海, 等. 70%氟唑磺隆对春麦田杂草除草活性及其后茬作物安全性初探[J]. 大麦与谷类科学, 2018, 35(5): 24-28.

[132] 吴翠霞, 周超, 张田田, 等. 乙羧氟草醚与高效氟吡甲禾灵混配的联合作用[J]. 农药, 2018, 57(3): 222-224.

[133] 吴仁海, 孙慧慧, 苏旺苍, 等. 氟噻草胺与氟唑磺隆混配协同作用及在小麦田杂草防治中的应用[J]. 植物保护, 2018, 44(2): 209-214.

[134] 吴小美, 曹书培, 朱友理, 等. 几种新型除草剂对机插稻田杂草的防效[J]. 浙江农业科学, 2018, 59(7): 1186-1188.

[135] 吴张钢. 20%氟酮磺草胺悬浮剂防除直播单季稻高龄禾本科杂草药效研究[J]. 现代农业科技, 2016(9): 129-130.

[136] 筱禾. 2, 4-滴的回顾与展望(上)[J]. 世界农药, 2017, 39(3): 31-38, 48.

[137] 筱禾. 2, 4-滴的回顾与展望(下)[J]. 世界农药, 2017, 39(4), 32-41.

[138] 筱禾. 新颖除草剂嗪吡嘧磺隆(metazosulfuron)[J]. 世界农药, 2017, 39(1): 58-61.

[139] 谢梦醒. 环嗪酮•敌草隆在甘蔗、土壤中的残留消解动态及敌草隆的土壤吸附行为研究[D]. 合肥: 安徽农业大学, 2010.

[140] 谢艳红. 不同小麦对甲基二磺隆耐药性及安全剂对耐药性的影响[D]. 北京: 中国农业大学, 2004.

[141] 熊飞. 新型花生地专用除草剂——甲咪唑烟酸[J]. 科学种养, 2011(7): 49-50.

[142] 徐朝阳, 陈律, 周益民, 等. 50%禾草丹乳油防除旱直播杂草试验效果与应用技术研究. 上海农业科技, 2016, 356(2): 129-130.

[143] 徐德锋, 徐祥建, 王彬, 等. 高效除草剂嘧啶肟草醚研究进展[J]. 农药, 2019(6): 398-402.

[144] 徐汉青. 使用这几种麦田除草剂要注意环境温度[J]. 农药市场信息, 2017, 608

(29)：53.

[145] 徐磊. 关注复配，开发打造除草剂大品——唑啉草酯未来市场分析[J]. 营销界，2019
(1)：70-73.

[146] 徐蓬，王红春，吴佳文，等. 2%双唑草腈颗粒剂对机插秧稻田杂草的防效及水稻的安全
性[J]. 杂草学报，2016，34(3)：45-49.

[147] 徐蓬，吴佳文，王红春，等. 双唑草腈的除草活性及对水稻的安全性[J]. 植物保护，
2017，43(5)：198-204.

[148] 徐蓬. 水稻田除草剂双唑草腈应用技术研究[D]. 南京：南京农业大学，2017.

[149] 徐森富，方辉，王会福. 氟酮磺草胺·呋喃磺草酮防除水稻直播田杂草效果及应用技术
[J]. 浙江农业科学，2018，59(5)：772-774.

[150] 徐源辉，唐涛，刘都才，等. 丙嗪嘧磺隆等药剂对直播稻田杂草的防除效果[J]. 湖南农
业科学，2015(2)：23-25，28.

[151] 许贤，刘小民，李秉华，等. 10%噁草酸乳油除草活性及对棉花安全性测定[C]. 第十三
届全国杂草科学大会，2017.

[152] 杨翠芝. 麦田使用绿麦隆不当对下茬水稻造成药害[J]. 云南农业，2009(10)：12.

[153] 杨光. 93.6%氟酮磺草胺原药等 18 个产品拟批准正式登记[J]. 农药市场信息，2017
(1)：39.

[154] 杨光. 清原农冠环吡氟草酮田间示范顺利通过国家重点研发计划项目验收[J]. 农药市场
信息，2019(8)：19.

[155] 杨俊伟，王建军，贾鑫，等. 利用二甲戊灵诱导孤雌生殖的研究[J]. 河北农业科学，
2019，23(4)：53-55.

[156] 杨益军. 敌草隆市场现状分析[J]. 农药市场信息，2014(4)：34.

[157] 杨益军. 敌草隆市场现状和未来预测分析[J]. 营销界(农资与市场)，2014(2)：74-76.

[158] 杨子辉，田昊. 唑啉草酯的合成路线评述[J]. 浙江化工，2017，48(7)：3-5.

[159] 张伟星，刘永忠，徐建伟，等. 40%三甲苯草酮水分散粒剂对稻茬麦田杂草的防效及小
麦的安全性[J]. 杂草学报，2017，35(4)：30-35.

[160] 张炜，陆俊武，曹秀霞，等. 二氯吡啶酸防除胡麻田刺儿菜的药效及安全性评价[J]. 植
物保护，2018，44(3)：220-224.

[161] 张栩，王伟民，盛亚红，等. 咪唑烟酸在农田土壤中的降解规律[J]. 上海农业学报，
2014，30(3)：79-81.

[162] 张一宾. 水稻田用除草剂双唑草腈(pyraclonil)的研发及其应用普及[J]. 世界农药，
2014，36(6)：1-3.

[163] 张勇，宋敏，周超，等. 氟唑磺隆防除小麦田杂草效果及对后茬作物安全性[J]. 现代农
药，2019，18(4)：53-56.

[164] 张云月，卢宗志，李洪鑫，等. 抗苄嘧磺隆雨久花乙酰乳酸合成酶突变的研究[J]. 植物
保护，2015，41(5)：88-93.

[165] 赵铭森，邬腊梅，孔佳茜，等. 除草剂混用对大麻田一年生杂草的防除效果[J]. 山西农
业科学，2017，45(1)：105-107.

[166] 赵祖英. 防除雀麦高效除草剂的筛选及氟唑磺隆的应用研究[D]. 泰安：山东农业大
学，2015.

[167] 郑庆伟. 我国在莴苣上批准登记的农药产品[J]. 农药市场信息，2017(28)：36.

[168] 周婷婷, 陈时健. 240g/L 乙氧氟草醚乳油防除水稻移栽田杂草药效试验简报[J]. 上海农业科技, 2018(2): 116-117.

[169] 周宵水, 陈前武, 欧阳勋, 等. 33% 嗪吡嘧磺隆 WG 防治水稻直播田杂草试验报告[J]. 福建农业, 2015(1): 83-84.

[170] 朱春杰. 90% 2, 4-滴异辛酯乳油防除玉米田、大豆田阔叶类杂草效果评价[J]. 辽宁农业科学, 2013(5): 71-73.

[171] 于丹. 异丙隆[N]. 江苏农业科技报, 2012-11-24.

[172] 于建垒, 宋国春, 李瑞娟, 等. 甲咪唑烟酸及其代谢物在花生及土壤中的残留动态研究[J]. 农业环境科学学报, 2006, 25(增刊): 260-264.

[173] 于金萍, 刘亦学, 张惟, 等. 甲基二磺隆和炔草酯防治小麦田禾本科杂草效果研究[J]. 北方农业学报, 2018, 46(6): 87-90.

[174] 余露. 拜耳新活性成分氟酮磺草胺及氟唑菌苯胺获中国药检所首登[J]. 农药市场信息, 2015(11): 34.

[175] 余露. 江苏绿叶炔苯酰草胺获得临时登记[J]. 农药市场信息, 2012(19): 33.

[176] 余露. 日本住友化学丙嗪嘧磺隆原药及悬浮剂产品获药检所首登记[J]. 农药市场信息, 2014(12): 36.

[177] 余露. 双唑草腈将在我国首获登记[J]. 农药市场信息, 2016(24): 36.

[178] 余铮, 邓莉立, 谭显胜, 等. 20% 双草醚可湿性粉剂对水稻直播田杂草的防除效果及安全性评价[J]. 杂草学报, 2017, 35(3): 38-42.

[179] 张宝珠. 70% 氟唑磺隆(彪虎)防治小麦恶性杂草效果好[J]. 农药市场信息, 2011(26): 38.

[180] 张朝贤. 农田杂草与防控[M]. 北京: 中国农业科学技术出版社, 2011.

[181] 张风文, 金涛, 王恒智, 等. 新化合物环吡氟草酮对小麦田杂草的杀草谱与安全性评价[C]. 第十三届全国杂草科学大会, 2017.

[182] 张建萍, 朱晓群, 唐伟, 等. 33% 嗪吡嘧磺隆水分散粒剂在机直播稻"播喷同步"机械除草新技术中的应用[J]. 黑龙江农业科学, 2018(7): 54-57.

[183] 张俊, 廖燕春, 税正, 等. 氯苯胺灵原药高效液相色谱分析方法研究. 四川化工, 2019, 22(1): 35-36, 40.

[184] 张淑东, 张双, 王禹博, 等. 稻田萤蔺对苄嘧磺隆的抗药性[J]. 农药, 2019, 58(8): 621-624.

[185] 张双, 纪明山, 谷祖敏, 等. 2, 4-滴异辛酯的水解及光解特性[J]. 农药学学报, 2019, 21(1): 130-135.

[186] 张特, 赵强, 康正华, 等. 嘧啶(氧)硫苯甲酸类除草剂研究进展[J]. 植物保护, 2018, 44(2): 22-28.

[187] 张田田, 路兴涛, 张勇, 等. 50% 炔苯酰草胺 WP 防除移栽莴苣田杂草的效果及安全性[J]. 杂草科学, 2010(2): 51-52, 59.

[188] 朱建义, 周小刚, 陈庆华, 等. 二氯吡啶酸防除夏玉米田和冬油菜田阔叶杂草的药效试验[C]. 中国植物保护学会成立 50 周年庆祝大会暨学术年会, 2012.

[189] 朱文达, 邓德峰. 25% 绿麦隆可湿性粉剂防除麦田杂草施药时间的研究[J]. 湖北农业科学, 2002(4): 48-50.

[190] 朱海霞, 李明珠, 魏有海. 30g/L 甲基二磺隆可分散油悬浮剂防除春小麦田一年生杂草[J]. 青海农林科技, 2018(3): 1-5, 42.

农药英文通用名称索引

（按首字母排序）

A

acetochlor / 244

acifluorfen / 201

alachlor / 131

ametryn / 264

amicarbazone / 040

amidosulfuron / 232

aminocyclopyrachlor / 163

aminopyralid / 159

anilofos / 215

atriazine / 266

B

benazolin-ethyl / 064

bensulfuron-methyl / 053

bentazone / 181

benzobicyclon / 211

bipyrazone / 214

bispyribac-sodium / 208

bromacil / 068

bromoxynil / 237

bromoxynil octanoate / 236

butachlor / 080

butralin / 268

C

carfentrazone-ethyl / 273

chlorotoluron / 157

chlorpropham / 160

cinosulfuron / 176

clethodim / 228

clodinafop-propargyl / 195

clomazone / 260

clopyralid / 095

cloransulam-methyl / 169

cyanazine / 192

cyhalofop-butyl / 193

cypyrafluone / 125

D

2,4-D / 071

desmedipham / 216

dicamba / 170

diclofop-methyl / 123

diclosulam / 212

difenzoquat / 243

diflufenican / 049

dimepiperate / 183

diquat dibromide / 076

2,4-D isooctyl ester / 072

dithiopyr / 111

diuron / 078

E

ethachlor / 154

ethofumesate / 248

ethoxysulfuron / 252

F

fenoxaprop-P-ethyl / 148

flazaculfuron / 084

florasulam / 210

florpyrauxifen-benzyl / 164

fluazifop-P-butyl / 145

flucarbazone-sodium / 116

flucetosulfuron / 104

flufenacet / 113